发电厂控制与管理系统信息安全

中国自动化学会发电自动化专业委员会　组编
朱松强　主编

中国电力出版社
CHINA ELECTRIC POWER PRESS

内 容 提 要

随着两化深度融合的不断推进，电厂开始了自身数字化、智能化的发展，电厂控制系统对于信息系统的依赖程度越来越高，信息化技术在电厂广泛应用的同时也带来病毒和黑客侵入的威胁，使发电厂控制与管理系统信息安全面临严峻的挑战，这种形势促使中国自动化学会发电自动化专业委员会组织编写了这本书。

本书介绍了发电厂过程控制的发展过程、控制与管理系统当前的信息安全现状与挑战。重点以发电厂控制与管理系统信息安全应用为导向，结合目前电厂的实际生产环境以及国家部委、能源行业的相关规定，提出了发电厂控制与管理系统信息安全防护体系的规划和建设思路，系统性地阐述了电厂控制与管理信息安全防护相关技术原理和技术体系、管理体系建设方案，介绍了电厂控制与管理系统信息安全风险评估和安全防护人才培养的内容、方法与步骤，最后提供了控制与管理系统信息安全防护方案的设计、实施与平台应用情况测试结果的具体案例，供读者参考，帮读者进一步加深对全书内容的理解和掌握。

本书可作为发电厂热控和控制网络信息安全从业人员进行控制网络与信息安全规划、部署建设和日常管理的重要参考，也可作为从事工业控制系统的网络安全规划、设计、工程实施和管理的技术人员或高等院校、电厂热控、信息专业的学习、培训教材。

图书在版编目（CIP）数据

发电厂控制与管理系统信息安全/朱松强主编；中国自动化学会发电自动化专业委员会组编. —北京：中国电力出版社，2017.12

ISBN 978-7-5198-1494-6

Ⅰ. ①发… Ⅱ. ①朱…②中… Ⅲ. ①发电厂－计算机管理系统－信息安全②发电厂－计算机管理系统－信息安全 Ⅳ. ①TM62

中国版本图书馆 CIP 数据核字（2017）第 301608 号

出版发行：中国电力出版社
地　　址：北京市东城区北京站西街 19 号（邮政编码 100005）
网　　址：http://www.cepp.sgcc.com.cn
责任编辑：郑艳蓉（010-63412379）　柳　璐
责任校对：太兴华
装帧设计：王红柳　张　娟
责任印制：蔺义舟

印　　刷：三河市百盛印装有限公司
版　　次：2017 年 12 月第一版
印　　次：2017 年 12 月北京第一次印刷
开　　本：787 毫米×1092 毫米　16 开本
印　　张：17.5
字　　数：371 千字
印　　数：0001—2000 册
定　　价：70.00 元

《发电厂控制与管理系统信息安全》

编 审 单 位

组编单位 中国自动化学会发电自动化专业委员会

编写单位 浙江省能源集团有限公司

浙能台州第二发电有限责任公司

华能国际电力股份有限公司长兴电厂

国网浙江省电力公司电力科学研究院

中国电子技术标准化研究院

浙江浙能技术研究院有限公司

杭州安恒信息技术有限公司

浙江省电力学会

北京京能高安电燃气热电有限责任公司

杭州聚盛广科技有限公司

编 审 人 员

主　　编　朱松强

副 主 编　周慎学　范　渊　陈胜军　周自强

参　　编　夏克晁　范科峰　尹　峰　李　辉

董勇卫　周　俊　范海东　王焕明

傅林平　王剑平　陈学奇　陈胡敏

蔡卫国　华国钧　胡伯勇　陈大宇

姚相振　李　琳　柏元华　吴卓群

虞云军　苏　烨　杜永春　孙　迪

吴侃侃　卢　化　徐晶霞　陈　波

丁俊宏　王　蕙　孙长生　史先亚

孙坚栋

主　　审　刘吉臻

序　言

当前火电厂建设与生产面临新的机遇与挑战。一方面，在地方政府关于节能减排政策的要求下和发电集团集约化管理需求的驱动下，发电厂开始了新一轮以智能化为核心的技术发展。另一方面，智能化电厂在发展中将不断与移动互联网、云计算、大数据和物联网等先进技术相互融合，在促进火电厂的进一步转型升级的同时，也会因为互联而诱发一系列网络安全问题，使发电厂既面临着传统网络的安全风险，也面临工业控制系统安全的风险，工业控制系统的网络安全问题日渐受到重视。

近几年来，工业控制系统网络安全事件层出不穷，震网、乌克兰电网等事件后，我国已深刻认识到黑客攻击、网络病毒将给工业控制系统和国家关键基础设施带来严重危害。发电厂的安全稳定运行关系到国计民生，因此在发电厂智能化发展过程中，必须做好控制系统信息安全防护工作，并建立一套行之有效的控制系统信息安全防护体系。

中国自动化学会发电专委会组织专家积极开展智能发电厂体系建设的研究工作，先后出版了指导性文件《智能电厂技术发展纲要》，制定了中国电力企业联合会团体标准《火力发电厂智能化技术导则》，与工业和信息化部电子工业标准化研究院信息安全研究中心一起组织开展《发电厂控制系统与信息安全防护及管理体系建设》研究与应用试点项目工作，并在总结试点工作的基础上编写了《发电厂控制与管理系统信息安全》。在专业技术竞争激烈的今天，他们将自己长期用心血与汗水换来的宝贵经验，无私地奉献给了广大读者，相信丛书一定会给广大电力工作者和读者带来启发和收益。

本书介绍了发电厂过程控制的自动化、信息化和智能化的发展过程，当前面临的控制与管理系统信息安全问题，提出了安全防护体系建设思路和方案、风险评估过程和方法、信息安全专业人才的培养方式与内容，最后给出了具体电厂的实施案例，基本覆盖了发电厂当前控制与管理系统信息安全防护所要开展的工作内容。

希望本书的出版，能帮助专业人员提高解决工控网络信息安全防护问题的能力，推动我国发电厂控制系统与信息安全防护及管理体系建设的深入开展，为国民经济的增长与繁荣做出贡献。

金耀华

2017 年 11 月 1 日

前　言

随着计算机技术、通信技术和网络技术的发展，工业控制系统正在从数字化、网络化迈向智能化，国内大量发电企业在国家支持和自发驱动下，开始了工业控制系统的升级换代，实现网络化、智能化的生产管理。目前国内绝大多数发电企业的电力调度和生产已完全依赖于计算机监控系统和数据网络，且随着互联网的不断渗透，以及智能设备的使用，电力系统已从原来的相对封闭、稳定的环境变得更加开放和多变，传统工业控制系统的潜在安全性正在遭受严重的挑战。

近些年，工业控制系统网络安全漏洞不断被曝出，网络安全事件层出不穷，震网、乌克兰电网等事件后，世界各国已深刻认识到黑客攻击、网络病毒给工业控制系统、国家关键基础设施可能带来的危害。发电厂作为能源领域的重点行业，其安全稳定运行关系到国计民生，将面临黑客和敌对势力攻击的危险。如何针对发电厂控制网络和信息安全建立一套行之有效的防护体系，已成为我国电力行业的当务之急。

为落实国家主管部门关于加强工业控制系统信息安全（简称工控安全）保障能力建设的相关要求，工信部电子四院积极组织专业技术力量，联合国家信息技术安全研究中心等单位，开展《工业控制系统安全控制应用指南》等国家标准研制工作。为进一步做好工控安全保障工作，树立工控安全标准试点应用项目，形成产业示范效应，工业和信息化部电子四院信息安全研究中心通过中国自动化学会发电自动化专业委员会协调，在浙江能源集团公司、华能国际电力股份有限公司支持下，选择了浙江两家发电厂为试点单位，联合杭州安恒科技有限公司、国网浙江省电力公司电力科学研究院、浙江浙能技术研究院有限公司、杭州聚盛广科技有限公司等单位，在借鉴发电厂两化融合工作中取得的成功经验基础上，共同开展《发电厂控制系统与信息安全防护及管理体系建设》研究与应用试点项目工作，并在试点工作总结的基础上编写了本书。

本书共分为八个章节，第一章简单介绍了发电厂的类型及自动化、数字化、信息化、智能化的发展进程和当前智能化发电厂建设情况；第二章详细阐述了目前发电厂控制与管理系统面临的信息安全威胁及挑战；第三章通过对相关法律法规和标准规范的梳理，结合目前国内外的先进技术理念，提出了发电厂控制与管理系统信息安全保障体系的构建思路和设计方法；第四章给出了适用于发电厂控制与管理系统的信息安全技术方案，并重点介绍了主要采用的安全技术和产品；第五章基于信息安全管理体系（ISO 27001），介绍了电厂如何建立一套全面而有效的信息安全管理体系；第六章重点介绍了电厂开展风险评估的依据、过程和方法，来不断提升电厂控制与管理系统信息安全综合防护能力；第七章阐述了我国信息安全人才的现状，并提出了复合型信息安全人才的新型培养方式和方法；第八章以编写组参与的实际项目为例，阐述了电厂控制与管理系统信息安全防护体系平台的建设方案设计、实施、应用过程情况以及平台的实际测试情况。

本书在编写过程中，除了引用编写组专家多年的工作实践、研究成果和《发电厂控制系统与信息安全防护及管理体系建设》研究与应用试点项目外，还大量参考了一些国内外优秀的论文、书籍，以及在互联网上公布的相关资料，由于互联网上资料数量众多、出处引用不明确，无法将所有文献一一注明出处，对这些资料的作者表示由衷的感谢。

最后，鸣谢参与本书策划和幕后工作人员！存有不足之处，恳请广大读者不吝赐教。

编写组

2017年11月10日

目　录

第一章

发电厂过程控制的发展

发电厂是电力生产中的重要环节，随着智能电网的启动和建设，传统发电厂已不能很好地适应智能电网的发展需要，电厂的智能化发展势在必行。智能化电厂是数字化电厂的进一步深入和发展，在数字信息处理技术和通信技术的基础上，通过集成智能的传感与执行、控制和管理等技术达到更安全、高效、环保的运行，与智能电网及需求侧相互协调，与社会资源和环境相互融合的发电厂。本章主要介绍发电厂的类型及数字化发展进程，着重介绍发电厂过程控制自动化与信息化的发展过程，并对智能化电厂的概念、结构内容、当前建设情况进行了介绍，对未来发展进行了分析和展望。

第一节 发电厂概述

发电厂（或发电站）是将自然界蕴藏的各种一次能源转换为电能（二次能源）的工厂。根据发电厂使用的能源不同，发电厂主要可划分为火力发电厂、水力发电厂、核能发电厂和风力发电厂，其他还有地热发电厂、潮汐发电厂、太阳能发电厂、生物质发电厂等。

一、火力发电厂

火力发电厂是利用燃烧燃料（煤、油、天然气等）所得到的热能来进行发电。火力发电厂的发电机组有两种主要形式：利用锅炉产生高温高压蒸汽冲动汽轮机旋转带动发电机发电，称为蒸汽轮机发电；燃料进入燃气轮机将热能直接转换为机械能驱动发电机发电，称为燃气轮机发电。

蒸汽轮机发电厂主要系统组成有燃料系统、燃烧系统、汽水系统、电气系统、控制系统等。

在上述系统中，最主要的设备是锅炉、汽轮机和发电机，它们安装在发电厂的主厂房内。主变压器和配电装置一般安装在独立的建筑物内或户外。电厂基本生产过程是，燃料在锅炉中燃烧，将其热量释放出来，传给锅炉中的水，从而产生高温高压蒸汽；蒸汽通过汽轮机又将热能转化为旋转动力，以驱动发电机输出电能，图 1.1 所示为燃煤发电厂流程。

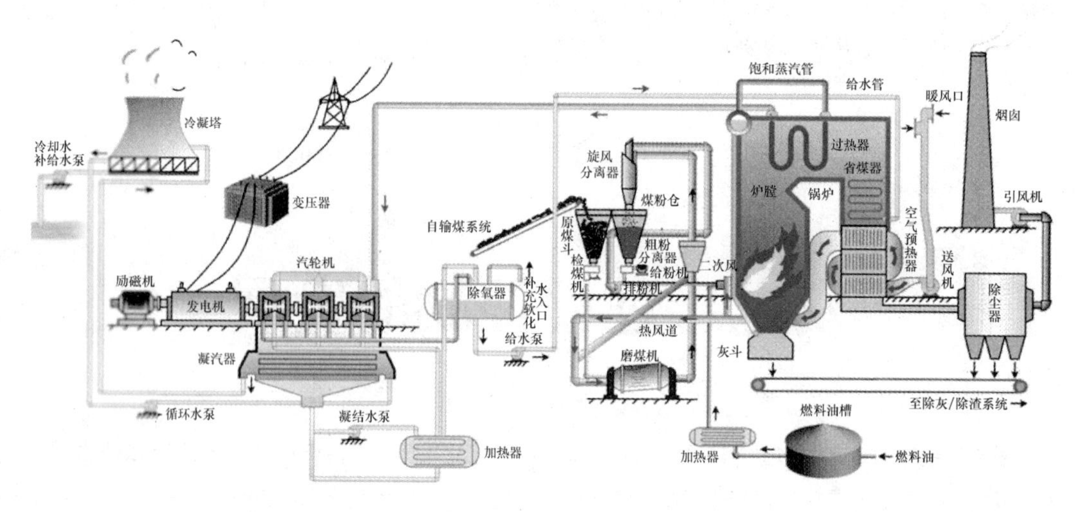

图 1.1 燃煤发电厂流程

燃气轮机发电采用燃气轮机联合余热锅炉发电，这被称作联合循环发电厂。燃气轮机联合循环发电机组是燃气轮机、发电机与余热锅炉、蒸汽轮机（凝汽式）或供热式蒸汽轮机（抽汽式或背压式）共同组成的循环系统，它是将燃气轮机做功后排出的高温乏烟气通过余热锅炉回收转换为蒸汽，送入蒸汽轮机发电，或者将部分发电做功后的乏汽用于供热。常见形式有燃气轮机、蒸汽轮机同轴推动一台发电机的单轴联合循环，也有燃气轮机、蒸汽轮机各分别与发电机组合的多轴联合循环。

二、水力发电厂

水力发电是运用水的势能转换成电能的发电方式，其原理是利用水位的落差（势能）在重力作用下流动（动能），如从河流或水库等高位水源引水流至较低位处，水流推动水轮机使之旋转，带动发电机发电。由于技术成熟，是目前人类社会应用最广泛的可再生能源。以水力发电的电厂称为水力发电厂，简称水电厂或水电站。

水力发电依其开发功能及运转形式，可分为传统水力发电与抽水蓄能水力发电两种。

传统的堤坝式水力发电厂系统如图 1.2 所示，其流程为河川的水经由拦水设施攫取后，经过压力隧道、压力钢管等水路设施送至电厂，通过阀门控制水流量使水冲击水轮机，水轮机转动后带动发电机旋转发电，发电后的水经由尾水路回到河道，供给下游的用水使用。

抽水蓄能式水力发电是一种储能方式，但并不是能量来源。当电力需求低时，多出的电力推动电泵将水泵至高位储存；当电力需求高时，便以高位的水做发电之用。此法可以改善发电机组的使用率，在商业上非常重要。

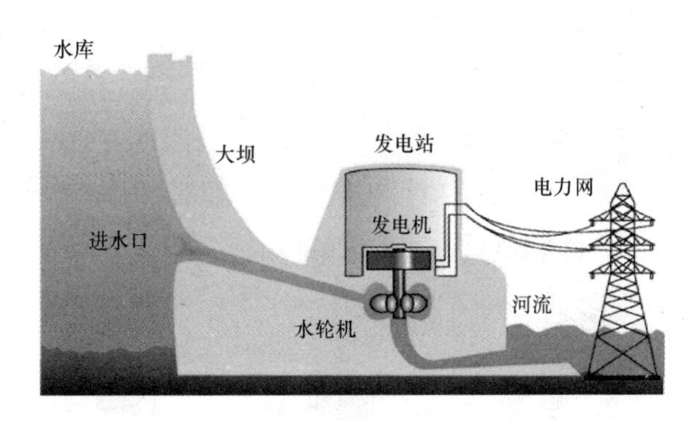

图 1.2　堤坝式水电厂系统

三、核能发电厂

核能发电厂是利用核反应堆中核燃料裂变链式反应所产生的热能，用来加热水，并在蒸汽发生器内产生蒸汽，图 1.3 所示是核能发电厂系统图。蒸汽通过管路进入汽轮机，驱动汽轮机再带动发电机旋转发电。因此核电站主要分为两部分：一部分是利用核能产生蒸汽的核岛，包括反应堆装置和一回路系统；另一部分是利用蒸汽发电的常规岛，包括汽轮发电机系统。

核能发电厂根据核反应堆的类型，可分为轻水堆式、压水堆式、沸水堆式、气冷堆式、重水堆式、快中子增殖堆式发电厂等。核电站使用的核燃料一般是放射性重金属铀-235 或钸。

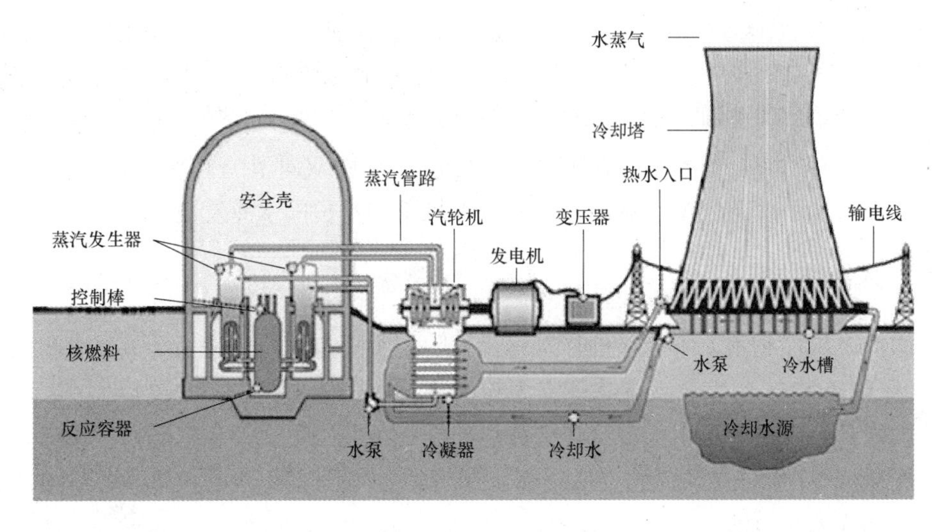

图 1.3　核能发电厂系统图

四、风力发电厂

风力发电厂是利用自然风，利用风力吹动建造在塔顶上几十米长的大型桨叶旋转，

带动风力发电机旋转来进行发电。它由数座、十数座甚至数十座风力发电机组成，图 1.4 所示为风力发电系统示意。

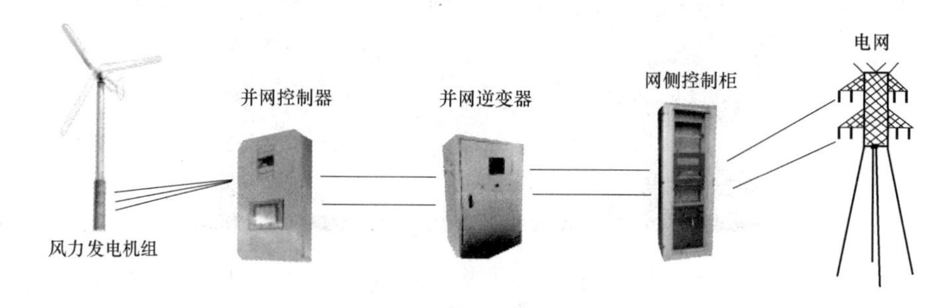

图 1.4　风力发电系统示意

五、地热发电厂

地热发电厂利用地热井，喷出具有一定压力的过热蒸汽，送入汽轮机驱动发电机来进行发电；或者利用地热井涌出的具有一定压力和温度的汽水混合物或热水，通过闪蒸系统来进行发电。图 1.5 所示为闪蒸系统发电原理示意。

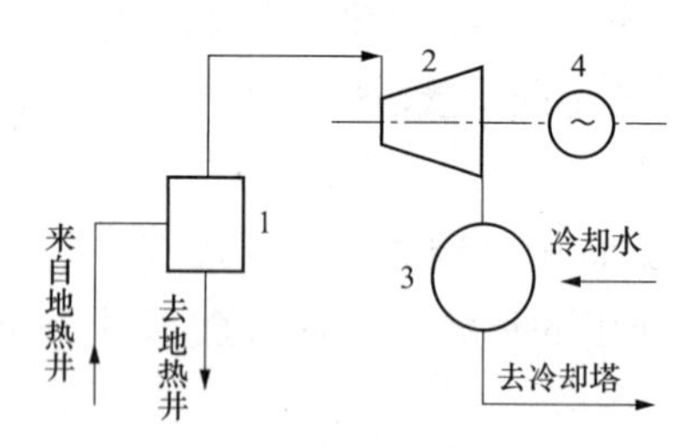

图 1.5　闪蒸系统发电原理示意

1—闪蒸分离器（或扩容器）；2—蒸汽透平；3—混合式凝汽器；4—发电机

六、潮汐发电厂

潮汐发电厂是利用潮汐水流的移动，或是潮汐海面的升降，将海洋潮汐能转换成电能的发电厂。通过在海湾或有潮汐的河口筑起水坝，形成水库。涨潮时水库蓄水，落潮时海洋水位降低，水库放水，以驱动水轮发电机组发电。这种机组的特点是水头低、流量大。潮汐电站一般有 3 种类型，即单库单向型（一个水库，落潮时放水发电）、单库双向型（一个水库，涨潮、落潮时都能发电）和双库单向型（利用两个始终保持不同水位的水库发电）。

七、太阳能发电厂

太阳能发电厂利用太阳能来进行发电，太阳能发电有两大类型，一类是太阳光发电（亦称太阳能光发电），另一类是太阳热发电（亦称太阳能热发电）。

太阳能光发电是将太阳能直接转变成电能的一种发电方式，包括光伏发电、光化学发电、光感应发电和光生物发电四种形式，其中在光化学发电中有电化学光伏电池、光电解电池和光催化电池。

太阳能热发电是先将太阳能转化为热能，再将热能转化成电能，它有两种转化方式，一种是将太阳热能直接转化成电能，如半导体或金属材料的温差发电，真空器件中的热电子和热电离子发电，碱金属热电转换，以及磁流体发电等；另一种方式是将太阳热能通过热机（如汽轮机）带动发电机发电，与常规热力发电类似，只不过是其热能不是来自燃料，而是来自太阳能。

八、生物质发电厂

生物质发电厂利用生物质所具有的生物质能来进行的发电，是可再生能源发电的一种，包括农林废弃物直接燃烧发电、农林废弃物气化发电、垃圾焚烧发电、垃圾填埋气发电、沼气发电等。

目前电网主力发电厂是火力发电厂，其次是水力发电厂、核能发电厂。

第二节　发电厂的过程控制自动化发展

一、发电厂过程控制发展概述

随着世界高科技的飞速发展和我国机组容量的快速提高，电厂热工自动化技术不断地从相关学科中吸取最新成果而迅速发展和完善，近几年更是日新月异，一方面作为机组主要控制系统的DCS，已在控制结构和控制范围上发生了巨大的变化；另一方面随着厂级监控和管理信息系统（SIS）、现场总线技术和基于现代控制理论的控制技术的应用，给热工自动化系统注入了新的活力。

（一）过程控制理论发展

发电厂控制，从经典控制理论、现代控制理论发展到今天的智能控制理论，经历了约50年时间。20世纪40～50年代，业界形成了经典控制理论，该理论基于传递函数建立起来的频率特性、根轨迹等图解解析设计方法，对于单输入单输出系统很有效，至今仍在生产过程中得到广泛应用。当时电厂的控制系统的所有设备都是独立运行，运行人员根据生产需求，结合经验通过大脑进行计算后，将独立设备的特性调到合适的程度，然后就开始工作。但传递函数对于系统内部的变量还不能描述，且忽略了初始条件影响，故传递函数描述不能包含系统所有信息。之后采用气动、电动模拟仪表组成过程控制系统，实现了一定程度上的集中监视、操作和分散控制，较好地适应了工业生产的需求。随着生产规模和复杂程度的不断提高，原有的控制系统显得笨重、滞后，因为一台仪表只有一个功能，一个函数运算需要乘法器、加减器等不同功能的仪表组合配搭完成，难以实现复杂的控制。控制仪表数量越多，仪表控制屏盘就越多，操作人员靠自己的眼睛和手去控制工艺流程，使之达到满足工况要求，需要的操作人员多，工作强度大。同时，仪表组合搭好的系统如果要进行变更也很麻烦，要通过更换仪表及仪表之间连线才能实现。

现代控制理论于20世纪60年代形成，它主要研究具有高性能、高精度的多输入、多输出（多变量）、变参数系统的最优控制问题。它对多变量有很强的描述和综合能力，其局限在于必须预先知道被控对象或过程的数学模型。

在经典和现代控制理论基础上，自动控制理论于20世纪90年代基本形成，随着集成电路及微处理器的诞生，一个控制系统可由一个控制器完成，大大减少了体积，增加了运行灵活性，操作人员通过调整一个参数即可改变调节的需求；同时显示仪表的功能也大大增强，一个仪表能同时接受多个信号来进行巡检显示，并具备输出、通信、越限报警等功能。

随着现代计算机技术的高度发展，控制技术的实现方式也发生了革命性变化，更加灵活和智能，而大规模复杂系统的自动化控制，其研究对象的主要特点是具有不确定性的数学模型、高度的非线性和复杂的任务要求。为了适应这一需求，智能控制理念被提出。智能控制是具有智能信息处理、智能信息反馈和智能控制决策的控制方式，这种新的控制方法，主要用来解决那些用传统方法难以解决的（如非线性、大时滞、变结构等）复杂系统的控制问题。研究对象的主要特点是具有不确定性的数学模型、高度的非线性和复杂的任务要求。因此生产过程中的智能控制主要包括局部级智能控制和全局级智能控制。

局部级智能控制是指将智能引入工艺过程中的某一单元进行控制器设计。研究热点是智能 PID 控制器，因为其在参数的整定和在线自适应调整方面具有明显的优势，且可用于控制一些非线性的复杂对象。

全局级的智能控制主要针对整个生产过程的自动化，包括整个操作工艺的控制、过程的故障诊断、规划过程操作处理异常等。

（二）控制系统功能发展

20 世纪 80 年代后期，计算机技术快速发展。因 PLC 是一种针对顺序逻辑控制发展起来的电子设备，它主要用于代替不灵活而且笨重的继电器逻辑，因而在电厂众多的顺序控制系统中发挥很大作用。DCS 是将若干台微机分散应用于过程控制，整个系统的全部信息通过通信网络由上位管理计算机监控，实现优化控制，整个装置继承了常规仪表分散控制和计算机集中控制的优点，克服了常规仪表功能单一、人机界面差以及单台微型计算机控制系统危险性高度集中的缺点，既实现了在管理、操作和显示三方面集中，又实现了在功能、负荷和危险性三方面的分散，20 世纪 90 年代后期新建的发电机组控制系统都采用了 DCS 控制。

20 世纪末，DCS 在国内燃煤机组上应用时，其监控功能覆盖范围还仅限 DAS、MCS、FSSS 和 SCS 四项。即使在 2004 年发布的 Q/DG1-K401—2004《火力发电厂分散控制系统（DCS）技术规范》中，DCS 应用的主要功能子系统仍然还是以上四项，但实际上近几年 DCS 的应用范围迅速扩展，除在一大批高参数、大容量、不同控制结构的燃煤火电机组各个控制子系统全面应用外，脱硫系统、脱硝系统、空冷系统、大型循环流化床（CFB）锅炉等新工艺上都成功应用。可以说只要工艺上能够实现的系统，DCS 都能实现对其进行可靠控制。

（1）单元机组控制系统一体化崛起。随着一些发电厂将发电机-变压器组和厂用电系统的控制（ECS）功能纳入 DCS 的 SCS 控制功能范围，ETS 控制功能改由 DCS 模件构成，DEH 与 DCS 的软硬件合二为一，以及一些机组的烟气湿法脱硫控制直接进入单元机组 DCS 控制的运行，标志着控制系统一体化，在 DCS 技术的发展推动下而走向成熟。

由于一体化减少了信号间的连接接口以及因接口及线路异常带来的传递过程故障，减少了备品备件的品种和数量，降低了维护的工作量及费用，所以近几年一体化控制系统在不同容量的新建机组中逐渐得到应用。发电厂控制系统一体化的实现，是电力行业DCS应用功能快速发展的体现。排除人为因素外，控制系统一体化将为越来越多的电厂所采用。

（2）DCS结构变化，应用技术得到快速发展。近年来，随着电子技术的发展，DCS在结构上发生变化。过去强调的是控制功能尽可能分散，由此带来的是使用过多的控制器和接口间连接。但过多的控制器和接口间连接，不一定能提高系统运行可靠性，反而有可能导致故障停机的概率增加。何况单元机组各个控制系统间的信号联系千丝万缕，互相牵连，一对控制器故障就可能导致机组停机，即使没有直接导致停机，也会影响其他控制器因失去正确的信号而不能正常工作。因此随着控制器功能与容量的成倍增加、更多安全措施（包括采用安全性控制器）、冗余技术的采用（有的DCS的核心部件CPU，采用2×2冗余方式）以及速度与可靠性的提高，目前DCS正在转向适度集中，将相互联系密切的多个控制系统和非常复杂的控制功能集中在一对控制器中，以及上述所说的单元机组采用一体化控制系统，正成为DCS应用技术发展的新方向，这不但减少了故障环节，还因内部信息交换方便和信息传递途径的减少而提高了可靠性。此外，随着近几年DCS应用技术的发展，如采用通用化的硬件平台，独立的应用软件体系，标准化的通信协议，PLC控制器的融入，FCS功能的实现，一键启动技术的成功应用等，都为DCS增添了新的活力，功能进一步提高，应用范围更加宽广。

（3）全厂辅控系统走向集中监控。一个火电厂有多个辅助车间，国内过去通常都是由PLC和上位机构成各自的网络，在各车间控制室内单独控制，因此需要配备大量的运行人员。为了提高外围设备控制水平和劳动生产率，达到减员增效的目的，随着DCS技术和网络通信功能的提高，全厂辅控系统走向集中监控已经成为一种趋势。

目前各个辅助车间的控制已趋向适度集中，整合成一个辅控网（balance of plant，BOP），即将相互独立的各个外围辅助系统，利用计算机及网络技术进行集成，在全厂IT系统上进行运行状况监控，实现外围控制少人值班或无人值班。近几年新建工程迅速向这个方向发展。如国华宁海电厂一期工程（4×600MW）燃煤机组BOP覆盖了水、煤、灰等共13个辅助车间子系统的监控，下设水、煤、灰三个监控点，集中监控点设在四机一控室里打破了传统的全厂辅助车间运行管理模式，不但比常规减员30%，还提升了全厂运行管理水平。整个辅控网的硬件和软件的统一，减少了库存备品备件及日常管理维护费用。由于取消了多个就地控制室，使基建费用和今后的维护费用都减少。

（4）现场总线应用。自动化技术的发展，带来新型自动化仪表的涌现，现场总线（field bus）是其中一种，它是近年来迅速发展起来的一种工业数据总线，作为自动化领域中底层数据通信网络，以数字通信替代传统4～20mA模拟信号及普通开关量信号的传输，实现智能现场设备连接DCS系统的全数字、双向、多站的通信系统。它主要解决工业现场的智能化仪器仪表、控制器、执行机构等现场设备间的数字通信以及这些现场控制设备和高级控制系统之间的信息传递问题，是智能化电厂提高现场设备现代化管理水平，有效监控现场设备健康状态，进入状态检修的一种手段。

国外电力行业最典型的应用是德国尼德豪森电厂2×950MW机组的控制系统，采用的是PROFIBUS现场总线。我国从“九五”起，开始投资支持现场总线的开发，取得阶段性成果，HART仪表、FF仪表开始生产。但电厂控制由于其高可靠性的要求，目前缺乏大型示范工程，缺乏现场总线对电厂的设计、安装、调试、生产和管理等方面影响的研究，因此现场总线在电厂的应用仍处于探讨摸索阶段，近几年我国不少工程上应用了现场总线，应用范围逐渐扩大，但都是在非重要系统上。

计算机技术、控制技术和网络与信息技术的快速发展，已成为当今工业智能化的支柱，智能化的发展能够提高电厂的技术水平、节约能源、降低消耗、促进生产的集成化，大大提高劳动生产率和竞争力。我国火力发电厂的信息化建设经历了分散控制阶段和网络化阶段，从最初的机组级DCS和外围辅助控制系统，到如今的以控制网络为基础，进一步建立了厂级SIS/MIS和电力监控在内的整体网，使发电厂的生产和经营管理紧密的结合，逐步地实现了发电厂的管控一体化和智能化。

二、发电厂常用控制系统主要硬、软件

发电厂常用控制系统，主要为分散控制系统（distribution control system，DCS）、可编程控制系统（PLC），以及近几年应用逐渐增多的现场总线系统。

（一）DCS主要硬、软件

目前火力发电机组采用的DCS，进口的主要有Ovation（艾默生）、Symphony（ABB）、Teleperm XP（西门子）、I/A'S（福克斯波罗）、HIACS- 5000M（日立），有自主产权合资的有南自美卓，国产的主要有北京和利时、国电智深、浙江中控、上海新华、南京科远等，这些系统都各有特点，目前基本都融合了最新的现场总线技术和网络技术，支持PROFIBUS、MODBUS、FF、HART等国际标准现场总线的接入和多种异构系统的综合集成。

DCS主要由控制节点（包括控制站及过程控制网上与异构系统连接的通信接口等）、操作节点（包括工程师站、操作员站、组态服务器、数据服务器等连接在过程信息网络和过程控制网络上的人机对话接口站点）及系统网络（包括I/O总线、过程控制网络、过程信息网络等）等构成。其中过程信息网络连接控制系统中所有工程师站、操作员站、组态服务器、数据服务器等操作节点，在操作节点间传输历史数据、报警信息和操作记录等。挂在过程信息网络上的各应用站点，可以通过各操作域的数据服务器访问实时和历史信息、下发操作指令。而过程控制网络连接工程师站、操作员站、数据服务器等操作节点和控制站，在操作节点和控制站间传输实时数据和各种操作指令。

扩展I/O总线和本地I/O总线为控制站内部通信网络。扩展I/O总线连接控制器和各类通信接口模件（如I/O连接模件、PROFIBUS通信模件、串行通信模件等），本地I/O总线连接控制器和I/O模件，或者连接I/O连接模件和I/O模件。扩展I/O总线和本地I/O

总线均冗余配置。

1. DCS 硬件构成

（1）控制站。控制站是系统中直接从现场采样 I/O 数据、进行控制运算的核心单元，完成整个工业过程的实时控制功能。

控制站硬件主要由机柜、机架、I/O 总线、供电单元、基座和各类模件（包括控制器模件、I/O 连接模件和各种信号的 I/O 模件等）组成。控制站内的各种模件都可以冗余配置，保证实时过程控制的可靠性。

1）控制器。控制器是控制站软硬件的核心，遵循开放的工业标准，协调控制站内软硬件关系，完成在优先任务计划下的实时任务调度。执行数据采集、逻辑运算、调节与控制，提供与控制网络和 I/O 子系统的接口。

控制器处理实时控制和通信功能，通过 I/O 模件获取现场传统或智能信号，执行用户编写的连续控制、批量控制、联锁控制等控制策略，并将控制结果通过 I/O 模件输出到现场执行机构。控制器通过过程控制网络与数据服务器、操作员站、工程师站相连，接收上层的管理信息，并向上传递工艺装置的特性数据和采集到的实时数据。控制器支持在脱离上层管理软件的情况下，可独立完成单元（unit）级的批量控制功能。

控制器通常采用基于故障深度比较的双控制器同步和冗余切换机制，确保无扰动冗余切换。通常控制器支持多个独立的控制区，控制周期可以由用户自定义，最快为 10ms，最慢为 30s。多控制区的设计，可以有效分配处理器负载，提高控制器的可利用率。控制器内嵌网络防火墙，对来自网络上的病毒攻击具备免疫能力，防止系统组态和过程数据被误改写。控制器支持主流的现场总线标准，包括基金会现场总线 Ff、Profibus 和 DeviceNet。

控制器采用成熟的高性能工业级处理器，具有高运算速度、低功耗等特性。控制器采用全浮点数工程量运算，配合内嵌的先进控制算法实现整个控制系统的高精度控制功能。

2）控制站 I/O 硬件模件。控制系统的 I/O 模件提供内置故障容错和诊断功能的嵌入式复杂控制应用。可方便地采集工业现场各种信号转换生成输出信号，实现相应功能。通过组态软件设置以及选择合适的信号接入端子，模件即可灵活地支持多种信号的接入。

通常模件具备 EMC 三级抗干扰能力，现场信号侧与系统侧通过光电隔离，并可支持通道隔离。同时提供诸多保护功能，如作为耐浪涌功能之一的信号调节功能，可以疏散电压“峰值”以保护电子设备。

对于现场总线技术，不少 DCS 的 I/O 模件提供了 HART I/O 模件和专门的现场总线支持模件，同时可具备智能设备管理功能，操作人员可以直观地了解每台智能设备的工作情况和异常状态；一旦出现异常或者设备状态报警，可以及时查看原因，并采取相关的措施，实现预防性维修。

3）通信模件。目前 DCS 通常都有 MODBUS、Profibus-DP 通信模件，系统通过通信模件可方便连接具有 MODBUS、Profibus-DP 接口的第三方设备，另外，使用通信模件也扩展了系统的功能，使其可以充分利用其他控制系统或设备的优势，更好地实现工厂自动化。

使用提供 HART、FF 接口的 I/O 模件，可方便地接入符合 HART、FF 现场总线协议的智能设备。通过 Profibus-PA 耦合器和链接器，使用 Profibus 主站通信，则可以接入符合 Profibus-PA 协议的智能设备。所有来自智能设备的位号具备与传统 I/O 位号一样的信号处理功能，可方便的参与过程控制。此外，使用设备管理软件，还可以进一步发挥智能设备的设备诊断、管理与维护功能。

（2）人机接口。控制系统的人机接口，是操作员站、工程师站、数据服务器和组态服务器（主工程师站）等的总称。系统的人机接口充分考虑了大型主控制室的设计要求。在系统规模较小的情况下，可以使用一台计算机同时具备多种站点功能以节省投资。

1）操作员站。操作员站安装系统的实时监控软件，支持高分辨率显示，支持一机多屏，用于处理控制画面、诊断、趋势、报警信息和系统状态信息等的显示。通过操作员站，操作人员可以获取工艺过程的动态点和历史点的通用信息、标准功能显示、事件记录和报警管理程序信息和事件报警的实时数据，并向控制站发送操作命令，对现场设备进行实时控制。

2）工程师站。工程师站安装有组态平台和系统维护工具，执行编程、操作和维护功能。系统组态平台用于构建适合于生产工艺要求的应用系统，而使用系统的维护工具软件可实现过程控制网络调试、故障诊断、信号调校等。工程师站可创建、编辑和下载控制所需的各种软硬件组态信息。

工程师站是在操作员站功能的基础上增加了创建、下载和编辑过程图像、控制逻辑和过程点数据库等所需的工具。因此工程师站也可同时具备操作员站的监控功能。

3）数据服务器和历史数据服务器。数据服务器提供报警历史记录、操作历史记录、操作域变量实时数据服务（包括异构系统数据接入、二次计算变量等）、SOE 服务，并向应用站提供实时和历史数据。

数据服务器可以冗余配置，当工作服务器发生故障或者检修的时候，会自动切换，保证客户端正常工作。

历史数据服务器用于接收、处理和保存系统的过程历史趋势数据、报警、SOE 和操作员记录等数据。通过人机接口工作站可以访问历史数据服务器的大容量存储，并能迅速实现历史数据的检索。

历史数据服务器通常与数据服务器合并。当历史趋势数据容量较大时，可单独设置历史数据服务器站点。

4）组态服务器。组态服务器（主工程师站）用来统一存放全系统的组态，通过组态服务器可进行多人组态、组态发布、组态网络同步、组态备份和还原。组态服务器通常配置硬盘镜像以增强组态数据安全性。

（3）电源系统。控制系统要求采用两路供电，在条件允许的情况下应实行双 UPS 配置，如条件有限则至少应保证其中一路采用 UPS 供电。

供电系统由一系列标准化的工控电源模件和电源分配模件构成。供电负载包括控制器单元、I/O 机架、机柜报警单元、工业交换机（扩展总线用）；模拟量和开关量回路供电由模件内部隔离变压器对系统电源隔离后提供；如继电器输出 24V DC 有源触点，则提供独立的 1 对冗余辅助电源进行供电。

2. DCS 软件

工程师站软件可分为两大部分，一是在线运行部分，主要完成对 DCS 本身运行状态的诊断和监视，发现异常及时报警，同时通过显示屏幕给出详细的异常信息，如异常位置、时间、性质等；二是离线或在线组态软件，是将一个对多种应用控制工程有普遍适应能力的通用系统转变成一个针对特定应用控制工程的专用系统。

（1）系统结构组态软件。系统结构组态软件用于创建工程，完成工程系统结构框架的搭建，包括控制域及控制站、操作域及操作站的划分及功能分配，以及各工程师组态权限分配等。软件通常安装于工程师站或专用的系统组态服务器，由具有工程管理权限的工程师负责组态和维护系统框架结构。

（2）控制站硬件组态软件。控制站硬件组态软件是 DCS 组态的重要组成部分，完成系统的控制站硬件模件组态，支持控制站硬件参数设置、硬件组态扫描上载以及硬件调试等功能。

控制站中可组态的硬件设备包括 I/O 连接模件、各种接口通信模件、机架（机笼）、I/O 模件、I/O 模件通道等。

（3）位号组态软件。位号组态软件是系统软件的组成部分，用于完成位号组态。支持位号参数设置、第三方软件导入导出、位号自动生成、位号参数检查以及位号调试等功能。

（4）图形化编程软件。图形化编程软件是用于编制系统控制方案的图形化编程工具。

图形化编程软件提供丰富的功能块库，支持用户程序在线调试、位号智能输入、执行顺序调整以及图形缩放等功能，用户可以利用该软件编写图形化程序实现所设计的控制算法。

（5）流程图制作软件。流程图制作软件为用户提供了一个功能完备且简便易用的流程图制作环境。

（6）报表软件。报表是一种十分重要且常用的数据记录工具。它一般用来记录重要的系统数据和现场数据，以供工程技术人员进行系统状态检查或工艺分析。

（7）监控用户授权软件。监控用户授权软件用于确定监控操作人员并赋以相应的操作权限。DCS 中通常将监控用户分为特权、工程师、操作员等级别，系统管理员可针对不同等级分别添加用户名单并设置密码。

（二）PLC 系统主要硬、软件

可编程逻辑控制器是种专门为在工业环境下应用而设计的数字运算操作电子系统。它采用一种可编程的存储器，在其内部存储执行逻辑运算、顺序控制、定时、计数和算术运算等操作的指令，通过数字式或模拟式的输入输出来控制各种类型的机械设备或生产过程。

1. 基本结构

可编程逻辑控制器的硬件结构基本上与微型计算机相同，基本构成为：

（1）电源。用于将交流电转换成 PLC 内部所需的直流电，目前大部分 PLC 采用开关式稳压电源供电。

（2）中央处理单元（CPU）。是 PLC 的控制中枢，也是 PLC 的核心部件，其性能决定了 PLC 的性能。由控制器、运算器和寄存器组成，这些电路都集中在一块芯片上，通过地址总线、控制总线与存储器的输入/输出接口电路相连。中央处理器的作用是处理和运行用户程序，进行逻辑和数学运算，控制整个系统使之协调。

（3）存储器。是具有记忆功能的半导体电路，它的作用是存放系统程序、用户程序、逻辑变量和其他一些信息。其中系统程序是控制 PLC 实现各种功能的程序，由 PLC 生产厂编写，并固化到只读存储器（ROM）中，用户不能访问。

（4）输入单元。是 PLC 与被控设备相连的输入接口，是信号进入 PLC 的桥梁，它的作用是把生产过程的状态或信息及工业设备，或检测元件传来的信号读入中央处理单元。输入的类型有直流输入、交流输入、交直流输入。

（5）输出单元。是 PLC 与被控设备之间的连接部件，它的作用是把 PLC 的输出信号传送给被控设备，即将中央处理器送出的弱电信号转换成电平信号，驱动被控设备的执行元件。输出的类型有继电器输出、晶体管输出、晶闸门输出。

PLC 除上述几部分外，根据机型的不同还有多种外部设备，其作用是帮助编程、实现监控以及网络通信。常用的外部设备有编程器、打印机、计算机等。

PLC 编写程序是 PLC 编程软件，不同品牌的 PLC 有不同的编程软件，各自品牌的 PLC 均有适合自己 PLC 的编程软件，并且不同品牌 PLC 之间的编程软件不可以互用。

2. 系统集成

生产过程中存在大量的开关量为主的开环控制，有些按照逻辑条件进行顺序动作或按时序进行控制；另外还有与顺序、时序无关，按照逻辑关系进行联锁保护动作控制；除此以外，还有大量的开关量、脉冲量、计时、计数器、模拟量的越限报警等状态量为主的、离散量的数据采集监视。由于这些控制和监视的要求，使 PLC 发展成了取代继电器线路和进行顺序控制为主的产品。PLC 厂在原来 CPU 模板上逐渐增加了各种通信接口，现场总线技术及以太网技术也同步发展，使 PLC 的应用范围越来越广泛。PLC 具有稳定可靠、价格便宜、功能齐全、应用灵活方便、操作维护方便的优点，这是它能持久的占有市场的根本原因。

PLC 控制器本身的硬件采用积木式结构，有母板、数字 I/O 模板、模拟 I/O 模板，还有特殊的定位模板、条形码识别模板等模块，用户可以根据需要采用在母板上扩展或者利用总线技术配备远程 I/O 从站的方法来得到想要的 I/O 数量。

PLC 在实现各种数量的 I/O 控制的同时，还具备输出模拟电压和数字脉冲的能力，使得它可以控制各种能接收这些信号的伺服电动机、步进电动机、变频电动机等，加上触摸屏的人机界面支持，PLC 可以满足过程控制中多层次上的需求。

（三）现场总线系统主要硬、软件

采用现场总线、智能检测和执行设备后，可以得到更多的有关现场与设备的状态信息。在现场总线系统传输的信息量提高的同时，所需要的线缆却大大减少。采用现场总线后最大的优势是提供了现场级的设备诊断、配置功能，便于网络的管理和维护。

1. 控制组成

现场总线控制系统由测量系统、控制系统、管理系统三个部分组成，而通信部分的硬、软件是它最有特色的部分。

（1）现场总线控制系统。它的软件是系统的重要组成部分，控制系统的软件有组态软件、维护软件、仿真软件、设备软件和监控软件等。首先选择开发组态软件、控制操作人机接口软件 MMI。通过组态软件，完成功能块之间的连接，选定功能块参数，进行网络组态。在网络运行过程中对系统实时采集数据、进行数据处理、计算。优化控制及逻辑控制报警、监视、显示、报表等。

（2）现场总线的测量系统。其特点为多变量高性能的测量，使测量仪表具有计算能力等更多功能，由于采用数字信号，具有高分辨率、准确性高、抗干扰、抗畸变能力强等优点，同时具有仪表设备的状态信息，可以对处理过程进行调整。

（3）总线设备管理系统。可以提供设备自身及过程的诊断信息、管理信息、设备运行状态信息（包括智能仪表）、厂商提供的设备制造信息。例如 Fisher-Rousemoun 公司，推出 AMS 管理系统，它安装在主计算机内，由它完成管理功能，可以构成一个现场设备的综合管理系统信息库，在此基础上实现设备的可靠性分析以及预测性维护。将被动的管理模式改变为可预测性的管理维护模式 AMS 软件是以现场服务器为平台的 T 形结构，在现场服务器上支撑模块化，功能丰富的应用软件为用户提供一个 T 形结构图形化界面。

（4）总线系统计算机服务模式。以客户机/服务器模式是较为流行的网络计算机服务模式。服务器表示数据源（提供者），应用客户机则表示数据使用者，它从数据源获取数据，并进一步进行处理。客户机运行在 PC 机或工作站上。服务器运行在小型机或大型机上，它使用双方的资源、数据来完成任务。

（5）网络系统的硬件与软件。网络系统硬件有系统管理主机、服务器、网关、协议变换器、集线器，用户计算机等及底层智能化仪表。网络系统软件有网络操作软件如 NetWare、LAN Mangger、Vines，服务器操作软件如 Lenix、os/2、Window NT，应用软件如数据库、通信协议、网络管理协议等。

2. 电厂常用现场总线介绍

世界上存在着大约四十余种现场总线，但发电厂主流应用的大致可归为 485 网络、HART 网络、FF 和 PROFIBUS 现场总线网络四类。

（1）485 网络。RS485/MODBUS 是现在流行的一种工业组网方式，其特点是实施简单方便，而且支持 RS485 的仪表较多。其转换接口不仅便宜而且种类繁多。至少在低端市场上，RS485/MODBUS 仍将是最主要的工业组网方式。

（2）HART 网络。HART 是 Highway Addressable Remote Transducer 的缩写，最早由艾默生提出的一个过渡性总线标准，主要特征是在现有 4～20mA 电流模拟信号传输线上叠加数字信号实现数字信号通信，但该协议并未真正开放，要加入他的基金会才能拿到协议，而加入基金会需要支付一定的费用。HART 技术主要被国外几家大公司垄断，近些年国内也有公司在做，但还没有达到国外公司的水平。其通信模型采用物理层、数据链路层和应用层三层，支持点对点主从应答方式和多点广播方式。由于它采用模拟数字信号混合，难以开发通用的通信接口芯片。HART 能利用总线供电，可满足本质安全防爆的要求，并可用于由手持编程器与管理系统主机作为主设备的双主设备系统。但从国内情况来看，还没有真正用到这部分功能来进行设备联网监控，最多只是利用手操器对其进行参数设定。从长远来看，HART 网络存在通信速率低、组网困难等缺点。

（3）基金会现场总线（foundation fieldbus，FF）。这是以美国 Fisher-Rousemount 公司为首的联合了横河、ABB、西门子、英维斯等 80 家公司制定的 ISP 协议和以 Honeywell 公司为首的联合欧洲等地 150 余家公司制定的 WorldFIP 协议，于 1994 年 9 月合并。现场总线是连接控制现场的仪表与控制室内的控制装置的数字化、串行、多站通信的网络。其关键标志是能支持双向、多节点、总线式的全数字化通信。现场总线技术成为国际上自动化和仪器仪表发展的热点，使自控系统朝着“智能化、数字化、信息化、网络化、分散化”的方向进一步迈进，形成新型的网络通信的全分布式控制系统——现场总线控制系统（fieldbus control system，FCS）。然而，现场总线还没有形成真正统一的标准，ProfiBus、CANbus、CC-Link 等多种标准并行存在，并且都有自己的生存空间。何时统一，遥遥无期。加上支持现场总线的仪表种类还比较少，可供选择的余地小，价格又偏高，用量也较小，因此何时统一，遥遥无期。

基金会现场总线采用国际标准化组织 ISO 的开放化系统互联 OSI 的简化模型（1、2、7 层），即物理层、数据链路层、应用层，另外增加了用户层。FF 分低速 H1 和高速 H2 两种通信速率，前者传输速率为 31.25kbit/s，通信距离可达 1900m，可支持总线供电和本质安全防爆环境。后者传输速率为 1Mbit/s 和 2.5Mbit/s，通信距离为 750m 和 500m，支持双绞线、光缆和无线发射，协议符号 IEC1158-2 标准。FF 的物理媒介的传输信号采用曼切斯特编码。

（4）PROFIBUS。PROFIBUS 是德国标准（DIN19245）和欧洲标准（EN50170）的现场总线标准。由 PROFIBUS–DP、PROFIBUS–FMS、PROFIBUS-PA 系列组成。DP 用于分散外设间高速数据传输，适用于加工自动化领域。FMS 适用于纺织、楼宇自动化、可编程控制器、低压开关等。PA 用于过程自动化的总线类型，服从 IEC1158-2 标准。PROFIBUS 支持主-从系统、纯主站系统、多主多从混合系统等几种传输方式。PROFIBUS 的传输速率为 9.6kbit/s～12Mbit/s，最大传输距离在 9.6kbit/s 下为 1200m，在 12Mbit/s 下为 200m，可采用中继器延长至 10km，传输介质为双绞线或者光缆，最多可挂接 127 个站点。

第三节　发电厂的信息化与智能化建设

一、发电厂的信息化与数字化

1. 信息化与数字化发展过程

我国是信息化起步较早的国家之一，早在20世纪50年代我国就开始着手发展航空工业和原子能工业。但由于国情所致，我国只能在解决温饱、经济发展到一定程度的条件下，才能大规模地开展信息化建设。1984年10月，中共十二届三中全会通过的《中共中央关于经济体制改革的决定》揭开了中国信息化的序幕。同年12月，国务院做出了关于把电子和信息产业的服务重点转向发展国民经济为整个社会生活服务的决定。同时，国家把电子及信息列为优先发展的高技术产业，对它们的发展实行优惠政策，同时把加快电子信息技术的普及应用同改造传统产业结合起来，促进电子信息产业的发展。1986年3月，国家科委编制了《高新技术研究开发计划纲要》，俗称“863”计划，同年11月，中共中央批准了这个纲要，1987年3月第六届全国人民代表大会第五次会议正式通过并组织实施。在“863”计划中，信息技术被列为七大重点发展领域之一，包括智能计算机系统、光电子器件与微电子、光电子系统集成技术、新型信息获取技术与实时图像处理技术、宽带综合业务数字网技术。1988年5月，国家又制订了“火炬计划”，这个计划的主要宗旨是使高技术成果商品化、高技术商品产业化、高技术产业国际化。随着整个国民经济的发展，我国信息化发展逐步推进直至加速阶段。

随着信息技术在我国的快速发展，同样对电力行业产生了深远的影响，两化融合的要求也加快了电厂的信息化建设。电厂的信息化建设，首先要实现数字化的改造，因而数字化电厂的概念应运而生。数字化电厂是指通过对电厂物理和工作对象的全生命周期量化、分析、控制和决策，提高电厂价值的理论和方法，这一理论和方法研究的对象是电厂的物理对象和工作对象，其方法是从整个生命周期出发研究如何对其进行量化、分析、控制和决策。电厂将所有的信号数字化，所有管理的内容数字化，然后利用网络技术，实现可靠而准确的数字化信息交换跨平台的资源实时共享，进而利用智能专家系统提供各种优化决策支持，为机组的操作提供科学指导，可以有效地解决传统电厂管理粗放、水平低下、发电能耗高、控制与保护系统投入率低、辅助系统运行不稳定、运行人员多的问题，最终实现电厂的安全、经济运行和节能增效，使发电企业的效益最大化。

数字化电厂是在传统的火力发电厂的基础上发展起来的，随着发电厂发电机组容量的快速提高，发电厂的控制自动化与信息化技术不断地从相关学科中吸取最新成果而迅速发展和完善，作为发电机组主要控制系统的DCS，已在控制结构和控制范围上发生了巨大的变化；另外随着厂级监控和管理信息系统的跟进，使发电厂的控制与管理方式发生了翻天覆地的变化。具体落实到电厂信息系统的具体建设模式上来，主要包含了以下三个阶段：

（1）发展“主辅电仿”一体化，实现全厂集中控制。

由于 DCS、PLC、NCS 技术都已经成熟，激励式仿真技术得到突破，当前只需要对这几项技术进行集成，再结合 KKS 码的全面推广使用，就可以在很短的时间内实现在横向上建立“机炉辅电仿”（汽轮机、锅炉、辅控、电气、仿真）的全厂全数字一体化控制。

（2）在纵向上建立分段控制系统（DCS）、厂级监控信息系统（SIS）、管理信息系统（MIS）的管控一体化模式。

DCS 与 SIS 的一体化，SIS 功能的完善，现场总线和工业以太网技术的成熟和统一。随着实时数据库技术的进一步发展，DCS 与 SIS 将实现一体化，成为一个系统。同时通过多作业的协作，SIS 的各项应用功能将逐步完善，真正实现 SIS 的价值。现场总线和工业以太网技术还需要一段时间的发展，一旦实现成熟与统一，则将实现控制系统的全数字化。

（3）在时间上建立发电厂的规划、设计、制造、基建、运行、报废等全生命周期的物理三维信息系统。包括全生命周期三维电厂模型和软件的建立，管理信息系统（management information system，MIS）功能的强化。

全生命周期管理的发展还依赖于需求的推动。在上述所有技术较为成熟的基础上，经过数据整合，建立起多样化的复杂数据结构体系，再采用数据挖掘等先进处理技术，MIS 的功能将得到较大程度的强化。

管理信息系统就是一个以人为主导、利用计算机硬件、软件、网络通信设备以及其他办公设备，进行信息的收集、传输、加工、储存、更新和维护，以企业战略竞优、提高效益和效率为目的，支持企业的高层决策、中层控制、基层运作的集成化的人机系统。其主要任务是最大限度地利用现代计算机及网络通信技术加强企业的信息管理，通过对企业拥有的人力、物力、财力、设备、技术等资源的调查了解，建立正确的数据，加工处理并编制成各种信息资料及时提供给管理人员，以便进行正确的决策，不断提高企业的管理水平和经济效益。目前，企业的计算机网络已成为企业进行技术改造及提高企业管理水平的重要手段。

目前发电厂的管理信息系统主要有：

ERP（enterprise resource planning ）企业资源计划系统，是指建立在信息技术基础上，以系统化的管理思想，为企业决策层及员工提供决策运行手段的管理平台。ERP 系统集中信息技术与先进的管理思想于一身，成为现代企业的运行模式，反映时代对企业合理调配资源，最大化地创造社会财富的要求，成为企业在信息时代生存、发展的基石。

OA（office automation）办公自动化系统，通过计算机、网络可以实现企业所有流程的网上办理和审批。各地员工在线填写申请，自动通知相关领导。各级领导只要能连接到互联网，不论在何时、何地都可以处理提交的申请。后台的流程定义功能，可以对单位内部的各种业务流程进行规范，避免人为因素对业务流程的干扰，极大地方便了领导对内部业务的规范管理。

其他还有访客系统、门禁系统、安防监控系统等，用来保证信息系统安全稳定可靠的还有网络系统间的防火墙、隔离器、入侵防护设备等。

2. 自动化与信息化发展

数字化、开放性、网络化、信息化、智能化成为未来发电厂过程控制发展的主要趋势。主要有以下几个特点：向高速、高效、高精度、高可靠性方向发展；向模块化、智能化、柔性化、网络化和集成化方向发展；向 PC 化和开放性方向发展；工业控制网络将向有线和无线相结合方向发展。

在发电厂现场，一些工作环境禁止、限制使用电缆或很难使用电缆，有线局域网很难发挥作用，因此无线局域网技术得到了发展和应用。随着微电子技术的不断发展，无线局域网技术将在工业控制网络中发挥越来越大的作用。无线局域网技术能够在电厂环境下，为各种智能现场设备、移动机器人以及各种自动化设备之间的通信提供高带宽的无线数据链路和灵活的网络拓扑结构，在一些特殊环境下有效地弥补了有线网络的不足，进一步完善了发电厂控制网络的通信性能。

电厂控制系统软件将从人机界面和基本策略组态向先进控制方向发展。一般将基于数学模型而又必须用计算机来实现的控制算法，统称为先进过程控制策略，如自适应控制、预测控制、智能控制（专家系统、模糊控制、神经网络）等。国际上已经有几十家公司，推出了上百种先进控制和优化软件产品。在未来，控制软件将继续向标准化、网络化、智能化和开放性发展方向。

发电厂控制自动化和管理信息系统不再是独立的两个系统，发电厂控制自动化系统要为管理信息系统提供生产过程参数，管理信息系统从生产控制系统中获取数据后建设 PI 数据库，根据企业业务需要调用数据。生产过程系统与管理信息系统以网络联接，发电机组成千上万个信息提供给有关管理人员，管理人员可根据需求拖动鼠标调动有关信息参数。发电厂的经营管理，如生产、人事、财务、物资等方面，数据种类繁多，数据结构复杂，这些数据直接关系到企业的经济效益，运用好这些数据有助于提高生产效率，优化企业运营方式、提高信息化处理效率、增强系统控制能力。

3. 信息化与智能化发展

随着 2000 年数字化电厂在电力行业广泛开展，虽然在不同专业有不同的定义，热控专业侧重于机组的控制，而数字化设计专业侧重于机组本身信息的数字化，但都在不同程度上推进了电厂数字化的进程。

2008 年 11 月 IBM 提出“智慧地球”概念，随着物联网、云计算、大数据分析和移动互联网等技术的高速发展，“智慧工厂”也在制造业中得到了不同程度的发展。智慧工厂是现代工厂信息化发展的新阶段。是在数字化工厂的基础上，利用物联网的技术和设备监控技术加强信息管理和服务；清楚掌握产销流程、提高生产过程的可控性、减少生产线上人工的干预、即时正确地采集生产线数据，以及合理的生产计划编排与生产进度。并加上绿色智能的手段和智能系统等新兴技术于一体，构建一个高效节能的、绿色环保的、环境舒适的人性化工厂，是 IBM“智慧地球”理念在制造业的实际应用的结果。

2015 年，中国国家发展战略《中国制造 2025》出台，明确提出要“以信息化与工业化深度融合为主线”，提出了中国制造强国建设“三步走”战略，是“中国制造”向智能化转型的行动纲领，也使火电厂建设与生产面临新的机遇与挑战，在节能、降耗、减排政策要求和发电集团集约化、高效管理需求驱动下，迫使电厂开始智能化发展的探索。当今建设智能化电厂已成为行业共识的目标，将成为发电企业未来较长时期的发展方向。

4. 智能化电厂技术出现起因

我国电厂自动化技术的发展经历了 3 个阶段：

（1）自动化技术全面应用阶段（从新中国成立到 20 世纪 90 年代），该阶段的标志是 DCS 的全面应用。

（2）数字化技术全面应用阶段（20 世纪 90 年代到 2010 年），该阶段的标志是 SIS 系统在各大电厂的实施和现场总线技术的初步应用。

（3）智能化技术全面应用阶段（2010 年至今），通常认为该阶段是智能化电厂的初级阶段，该阶段主要标志是信息物理融合系统（CPS）在电厂中的应用和智能控制方法的应用。

智能化电厂是在数字化电厂基础上发展的新一代电厂自动化技术，智能化电厂技术的出现源于目前数字化电厂技术在应用中产生的一系列问题。以火力发电厂为例，过去十多年中，国内火力发电企业按照“管控一体化、仿控一体化”的发展方向，在数字化电厂建设方面取得了长足进步，如 DCS 功能拓展、全厂控制一体化、现场总线应用、SIS 与管理信息系统深度融合等，使用数字化电厂技术在国内的主流火力发电机组中实现了全面的应用和实施，但数字化电厂技术却无法应对目前火电机组的严峻发展形势，面临着以下突出的问题：

（1）由于深度调峰的需要，火电机组的实际运行小时数逐年下降，机组长期运行在中低负荷，对控制系统的智能化要求更加高。

（2）2015 年以来，国家对火力发电机组节能减排的要求越来越高，全社会更加关注清洁能源的使用，这对火电机组在环保和排放上都提出了更高的要求。

（3）数字化电厂技术在出现时，对提升我国电厂技术的数字化水平起到了极大的推进作用，但在目前数字化电厂技术面对着众多的局限性，包括管理数据与生产数据没有有效融合、先进控制和检测技术缺乏系统性应用、没有有效的设备状态监测与预警手段和缺少智能在线优化技术等。

（4）随着新一轮电改的全面实施，尤其是售电业务从电网业务中的剥离和放开。对发电集团来说，为适应电力市场的需要，降低发电成本，提升市场竞争力，积极响应负荷要求，利用大数据技术对发售电成本进行深度数据分析等要求，都对对实施智能化电厂技术提出了新的要求。

随着大数据、物联网、移动互联、云计算、三维可视化等技术的发展，为发电企业由主要以建设数字化物理载体为主的阶段，向更加清洁、高效、可靠的智能化电厂发展奠定了基础。一些发电集团开始进行智能化电厂建设的前期规划、论证与实施。因此，数字化是电厂智能化的基础，智能化电厂是在数字化电厂基础上的进一步深化与拓展。

二、智能化电厂综述

（一）智能化电厂特征

智能化电厂是数字化电厂的进一步发展和提升。智能化电厂旨在基础设备层应用更先进的传感测量技术实现在线精确测量，在实时控制层应用智能算法实现智慧控制，在系统优化层、生产管理层和电厂决策层结合云计算和大数据技术等实现智能化分析与决策，在全厂应用移动互联网和物联网等信息通信技术实现电厂高效信息传输，使电厂的运行、控制、管理决策等更加符合现代化电厂的要求。

智能化侧重智能与网络的互动，就像人的大脑和神经相互作用，其具有的特征可归纳为：

（1）泛在感知。基于信息物理系统（CPS）技术，通过先进的传感测量及网络通信技术，实现对电厂生产和经营管理的全方位监测和感知。智能化电厂利用各类感知设备和智能化系统，识别、立体感知环境、状态、位置等信息的变化，对感知数据进行融合、分析和处理，并能与业务流程深度集成，为智能控制和决策提供依据。

（2）自适应。采用数据挖掘、自适应控制、预测控制、模糊控制和神经网络控制等先进和智能控制技术，根据环境条件、环保指标、燃料状况的变化，自动调整控制策略和管理方式，使电厂生产过程长期处于安全、经济和环保运行状态。

（3）智能融合。基于全面感知、大数据、三维可视化等技术，通过智能融合实现对海量数据的计算、分析和深度挖掘，提升电厂与发电集团的决策能力。

（4）互动化。通过与智能电网、能源互联网、电力大用户等系统信息交互和共享，实时分析和预测电力市场供需状况，合理规划生产和管理活动，使电能产品满足用户安全性和快速性要求。通过网络（包括无线网络）技术的发展，为电厂中设备与设备、人与设备、人与人之间的实时互动提供了基础，增强了智能化电厂作为自适应系统信息获取、实时反馈和智能服务的能力。

（二）智能化电厂的系统架构及网络环境

智能化电厂在体系结构上与数字化电厂相似，主要都包括四个层级的体系架构，即基础设备层、实时控制层、系统优化层、生产管理层和电厂决策层。智能化电厂是在数字化电厂结构内容的基础上进行了不同程度的丰富和发展而来，因此体系结构由低到高分别演变为智能设备层（infrastructure）、智能控制层（control）、智能生产监管层（supervisory）和智能管理（非实时生产管理和经营管理）层（management），如图 1.6 所示。四层架构各有分工、高度融合，在满足安全的前提下合理组织信息流和指令流。

（1）智能设备层。智能化电厂与数字化电厂都采用成熟的现场总线（FCS）数字化装置或智能仪表，采集发电厂相关设备和系统上的数据，在生产设备层直接实现数字化。智能化电厂在此基础上，还采用先进的在线煤质测量技术（包括激光诱导击穿光谱技术、双能γ射线技术、中子活化技术和微波技术等）、在线烟气测量技术、炉膛温度测量技术（包括 CCD 三维可视化技术、超声波测量技术和激光等离子体温度测量技术等）等进行相关指标的在线精确测量，为实时控制层的控制及优化提供基础。在此基础上，智能化电厂还加入智能化煤场、数字化视频监控等。

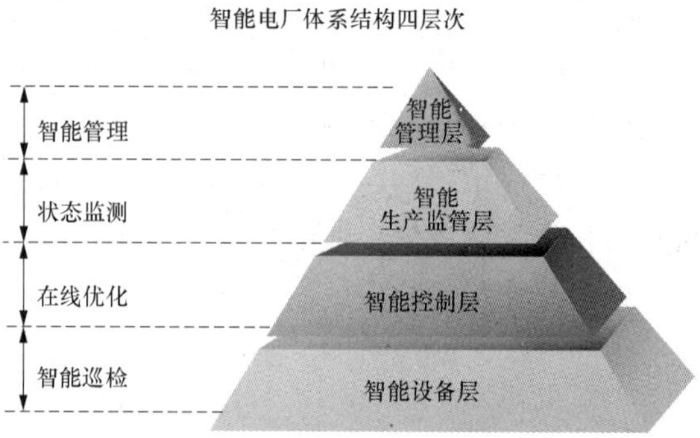

智能电厂体系结构四层次

智能管理　智能管理层
状态监测　智能生产监管层
在线优化　智能控制层
智能巡检　智能设备层

图 1.6　智能化电厂体系结构

（2）智能控制层。数字化电厂与智能化电厂都包括锅炉、汽轮机、电气、辅机等的DCS 一体化控制系统，保证电厂的安全平稳运行。智能化电厂在此基础上，通过使用预测控制、模糊控制、神经网络控制、模糊神经网络控制和遗传算法等各种智能控制和算法，实现机组的优化控制，从而提高机组效率和安全性，达到节能降耗的目的。

（3）智能生产监管层。在生产管理层，数字化电厂与智能化电厂都以电厂资产管理为主线对电厂的机组性能指标进行优化，实现电厂的经济、高效和安全地运行。此层根据从上层的电厂决策层取得的经营指标制订生产计划，并为下层的系统优化层提供指导。智能化电厂在此基础上，可结合移动互联网技术搭建移动信息管理平台，使火电厂的经营管理者可以随时随地获取电厂的相关信息，提高全厂的现代化管理水平。

（4）智能管理层。数字化电厂和智能化电厂结构中均处于最上层，该层主要体现为监视、考核和管理。该层以综合计划管理为主线、以监视和考核为核心，确保电厂的运营规范化、科学化和效益最大化。智能化电厂在此基础上，可结合云计算和大数据技术对电厂的各种数据进行分析和挖掘，分析数据之间的内在关联，获得有益于电厂发展的规律，为电厂决策提供支持。

（三）智能化电厂的典型研究方向

随着电力转型发展与市场化改革的需要，清洁、高效、安全、电网友好型的智能发电技术是近阶段的重点研究方向，伴随先进检测与控制、人工智能，以及数据利用与信息可视化技术的快速发展，在以下的一些技术领域将首先获得应用性成果，推进火电厂的智能化进程。图 1.7 所示是智能化电厂部分核心功能的简化拓扑结构示意。

1. 三维空间定位与可视化智能巡检

随着计算机运算能力与软件应用水平提高，大范围的三维空间设计建模成为可能。通过三维空间定位，实现设备、管道、仪表取样点及隐蔽工程信息可视化。图 1.8 所示为 DCS 监控系统与设备空间布局对应关联的意向图，可体验逻辑操作场景与实际物理场景信息互动的感受，将传统运行人员的操作界面在物理维度上延展，共享智能巡检系统的现场信息。

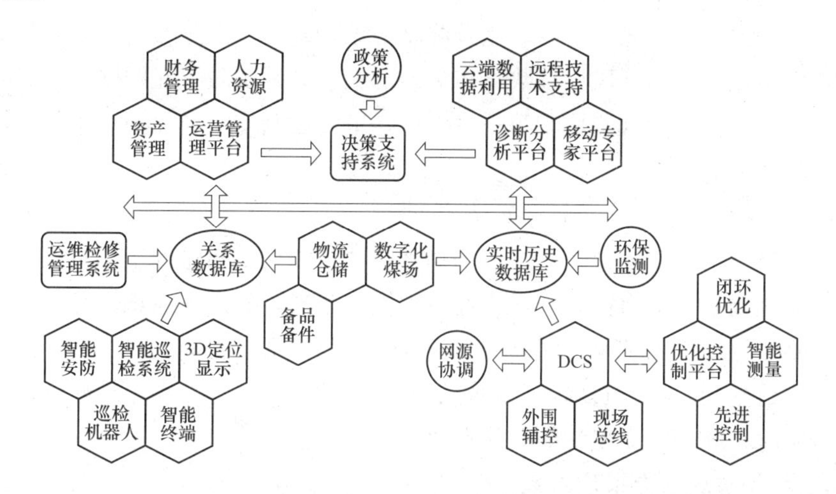

图 1.7　智能化电厂简化拓扑结构示意

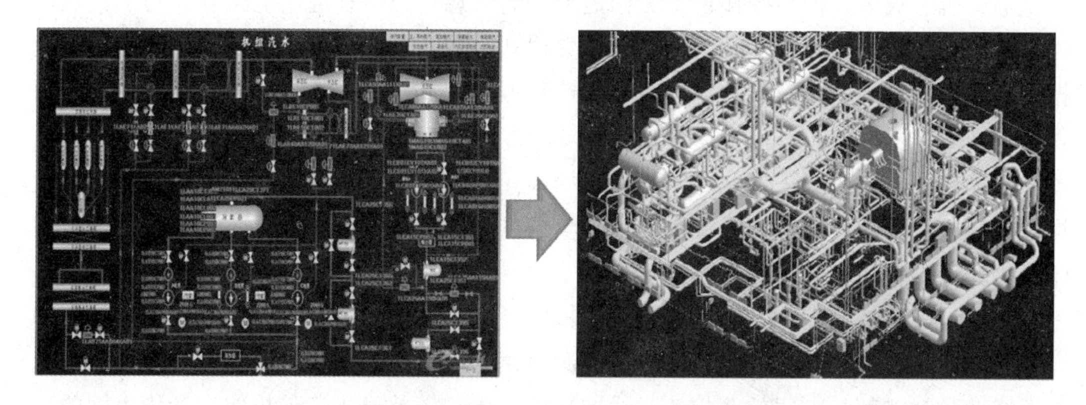

图 1.8　DCS 监控系统与设备空间布局对应关联意向

基于 WIFI 或 RFID 无线自组网技术的三维定位结合巡检人员智能终端，借助图像识别与无线通信技术，实时关联缺陷管理数据库，可实现现场设备的智能巡检与自动缺陷管理。借助设备与人员定位，还可同时实现智能安防与区域拒止等智能管理功能。在技术成熟时，借助各类型机器人的应用，可实现无人化的智能巡检方式。其中涉及的关键性技术还包括设备参数自动识别、信息可视化记录存取、异常数据实时归档、巡检人员实时定位、现场风险预警、数据加密传输等。

2. 炉内智能检测与燃烧优化控制

近年来，基于光学图像、光谱、激光、放射、电磁、以及声学、化学的各种先进检测机理的炉内测量技术实用化研究进展较快，在炉内煤粉分配、煤种辨识、参数分布、排放分析等方面为多目标全局闭环优化控制创造了条件。同时，随着计算机技术的快速发展，先进智能控制技术也逐步进入实用化阶段，伴随各类灵活可靠的优化控制平台载体的推广应用，电站控制参数的智能优化技术得到了快速的发展，并推动了 DCS 的功能改进与能力提升。

通过系统性整合基于先进机理的检测技术、智能控制算法、软测量及智能寻优技术，实现燃煤锅炉炉内温度、氧量、一氧化碳浓度等燃烧参数空间分布的实时测量与自动调整、燃烧器煤种在线识别、风煤参数与布局自动配置、锅炉效率在线软测量、效率环保指标综合寻优、最优目标预测控制等技术手段，最终达到安全环保约束条件下锅炉燃烧效率的实时闭环最优控制。

3. 数字化煤场与燃料信息智能互动

煤是燃煤电站的主要成本输入，煤场物理空间广，采制与管理工作量大，同时用煤种类繁多，变化频繁，配煤掺烧与适应性调整操作繁琐。利用图像识别与信息可视化技术可实现数字化煤场三维空间与时间动态的 4D 信息管理，智能优化煤场空间布局与运行计划。采用数据利用技术实现锅炉和煤场的智能信息互动与自动燃料配置，与燃烧优化控制系统实时关联，实现煤种的智能混烧。

4. 信息挖掘与远程专家诊断预警

电厂机组故障分析与操作记录文档是宝贵的信息资源，利用结构化存储与检索调用技术可以形成可用资源，结合语义识别等数据利用技术，关联机组运行的实时、历史数据，实现故障诊断与实时预警。同时利用远程专家 AR（增强现实）互动平台系统，引入云平台数据挖掘资源，可便捷实现跨地域的专家共享与数据共享。在厂内知识信息管理、技术监督远程数据平台、专家网络移动式互动共享平台等技术载体支撑下，利用数据挖掘与风险预测、实时风险预警设置、全局风险预警设置等技术手段，实现区域或集团层面的设备状态智能管控系统。

5. 网源协调结合与电力市场辅助决策

智能发电衔接智能电网体系，实现网源协调互动与策略最优。电力市场实施后，机组调峰调频功能都与电厂效益相关，通过功能优化与效益寻优，使机组在竞价上网的决策中实现利益最大化。

系统整合调频调峰能力预测、调频调峰策略配置、节能调度、竞价上网效益寻优与 APS 快速启停等灵活发电技术，实现机组 AGC 深度调峰全程智能控制、深度低频负荷快速提升、兼顾机组经济性的混合调频技术、AGC 指令节能分配、辅助服务与电量效益寻优等技术目标。

6. 沉浸式仿真培训与 AR 辅助检修维护

在虚拟现实（VR）技术发展逐渐成熟的前提下，可以逐步开展虚拟现实与增强现实在培训与作业中的应用研究，提升专业人员的培训感受，提高设备检修维护工作效率与操作规范性。设备虚拟拆解培训与检修操作可视化辅助技术在计算机运算能力足够支撑设备细节与流畅互动的情况下，对改善培训与检修质量所带来的效益是非常值得期待的。

（四）当前智能化发电技术的典型应用

1. 基于高效节能目标的智能燃烧优化控制技术

利用高效节能控制策略与智能优化技术实现机组的经济运行是智慧电厂建设的首要目标。近年来，随着国家节能减排政策力度的持续加大，国内新建燃煤机组采用工艺改进的方法提升机组发电效率的努力已接近极限，相关的节能潜力已基本用尽。而随着风电、光伏等新能源发电容量的实质性增长，大量的调峰需求均需由煤电机组来承担，特别是在东部沿海经济发达地区，特高压区外来电占比很大，燃煤机组年平均利用小时数已从接近6000h下降到了4000h左右，大量机组处于非额定设计工况低负荷运行，难以保持最优的经济运行状态。而基于高效节能目标的智能燃烧优化控制技术正可发挥其优势，利用先进的检测技术与智能算法，在投资增加不多的前提下达到提升运行经济性的目标。

目前较为典型的基于煤种辨识的燃烧优化方案可通过以下技术路线实现（如图 1.9 所示）：

（1）通过煤质在线检测获得当前燃烧煤种的情况，根据煤种情况结合锅炉参数，采用软测量技术在线计算锅炉效率。

（2）以氧量、各类风门开度以及煤量分配等参数为输入，锅炉效率和 SCR 入口 NO_x 含量等参数为输出，利用锅炉燃烧简化数学模型，通过模糊算法进行智能建模，获取机组的燃烧优化模型。

（3）采用免疫遗传、非线性规划等算法对优化模型进行智能寻优，获取最优的参数从而对机组进行燃烧闭环优化，不断提高锅炉效率。

（4）通过煤质在线检测获得各层燃烧器实时燃烧煤种，动态切换磨煤机煤粉细度和出口温度等重要参数，针对不同煤种调整设备状态，实现最经济运行。

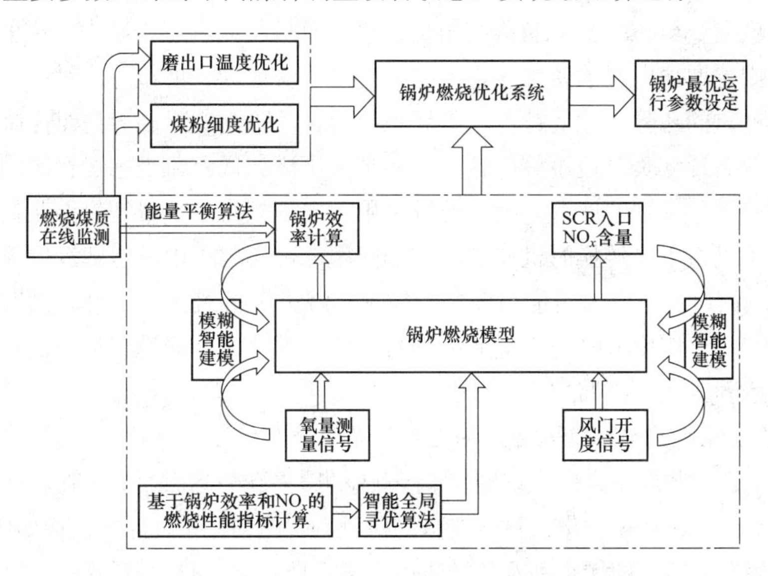

图 1.9　多目标智能燃烧优化控制方案原理图

2. 基于深度调频与深度调峰的网源协调灵活性发电技术

网源的协调特性决定了电网的安全可靠必须以电源的稳定可控为基础，智能电厂在利用智能化技术提升机组运行经济性的同时，也为在发电供给侧加强电网友好型发电技术研究提供了平台，通过网源协调与灵活性发电技术的研究与应用，提高发电供给侧响应电网调度的能力和灵活性。

在电网负荷与频率控制环节，发电机组的 AGC 与一次调频控制是电源为电网提供的主要辅助服务功能。针对各种类型与容量的发电机组，研究与改善 AGC 调节性能与一次调频动作能力，是智慧电厂顺应市场化服务的重要需求，通过面向锅炉、汽轮机以及辅助系统的各种蓄能利用与平衡技术，提高机组负荷响应能力，实现快速可控的负荷与频率控制策略。同时采用机组群协同控制技术，使电源控制性能与电网控制目标合理匹配，集团或区域电厂综合效益达到全局最优。

在频率控制方面，发电机组的深度调频与负荷快速控制技术可有效提高区域电网运行的容错性能与自愈能力。目前较为成熟的负荷快速控制技术只有 RUNBACK 技术，在电源重要辅机故障时保障机组运行安全，减少负荷损失。在电源点出线发生故障时，FCB 功能可以快速切除机组负载，保持机组带厂用电运行，为迅速并网恢复线路运行提供保障，但该技术受机组设备能力与运行方式限制，仅有少量应用。另一项利用机组快速减负荷功能提高电网故障运行方式下，局部线路输送限额的技术目前已有应用案例，通过设计验证机组在规定时限内快速减负荷的能力，使机组在线路故障时的出力上限得到拓展。在大容量输电线路故障闭锁或大容量电源点故障跳闸的情况下，如何利用现有机组调节裕量，快速升负荷支援电网的控制技术正在开展相关研究，这项技术的实现将最终为负荷快速控制技术带来对称的调节能力。

随着运行机组负荷率不断下降，电网越来越需要机组具备深度灵活调峰的能力。如果机组能深度调峰至 30%额定负荷甚至更低时，对机组而言可以减少机组的调停次数，对电网而言则能增加电网的备用容量，提升电网的安全性。但该方式对机组辅机的正常运行是一个严重的考验。尤其针对超临界机组而言，除常规亚临界机组面临的低负荷稳定燃烧、环保装置低负荷投用等问题外，还带来了诸如低负荷干态运行区间延伸、湿态协调运行方式等一系列的问题。因此通过采用双向解耦与多变量智能控制策略，解决深度调峰过程中机组干态转换时机与过程控制问题，可实现火电机组的深度调峰运行及控制过程优化。同时通过磨组智能启停控制技术实现火电机组 AGC 无断点智能连续运行，可提高机组 AGC 深度调峰的工况适应性与智能化水平，降低机组运行操作风险，改善机组 AGC 运行可靠性与灵活性。

3. 基于智能终端与机器人应用的智能巡检系统

电厂智能巡检系统整合图像识别、非接触检测、多传感器融合、导航定位、模式识别、机器人应用等技术，实现对电厂设备的自主检测。智能巡检系统原理结构如图 1.10 所示，主要由数据库服务器、图像识别及各种应用服务管理系统和移动智能终端三部分组成。

智能巡检需要巡检设备在移动中处理数据和交互信息，因此稳定的无线网络也是必要的硬件基础。系统可采用多种形式移动智能终端，包括手持工业巡检仪、智能采集终端、智能巡检机器人等。智能巡检机器人可用于全厂范围开阔平坦地带重要设备状态巡检，对于智能巡检机器人不方便进入的狭窄空间，可由巡检人员佩戴智能采集终端进入巡检。

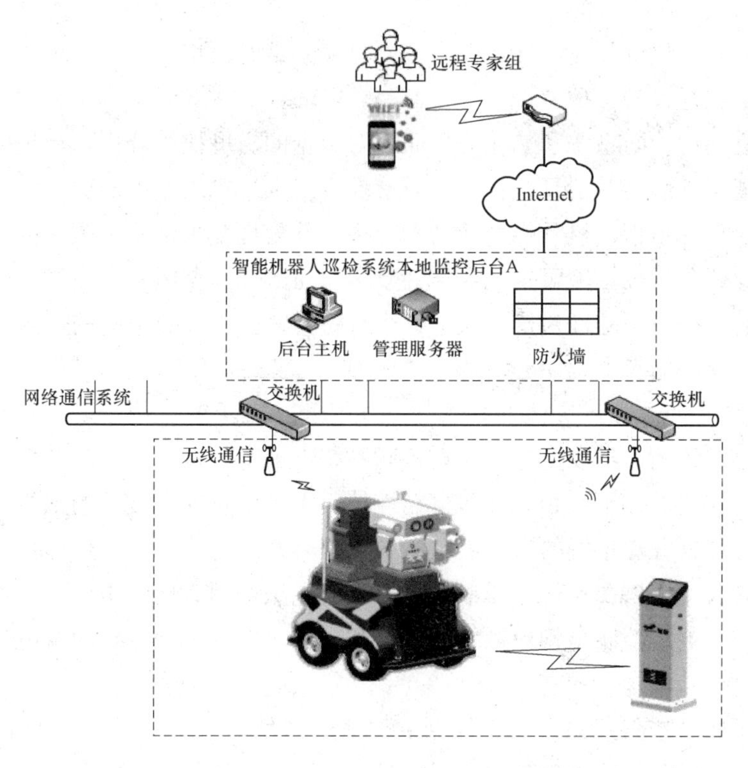

图 1.10　智能巡检系统原理结构

通过关联实时数据与历史趋势可提高智能巡检的预知性与互动性，巡检人员收集的现场设备运行状态和运行数据可为设备状态检修与在线评估提供有效数据支持，及时安排相应的检修、维护和保养，并通过数据的积累和挖掘为设备更新、选型作辅助决策。

为确保数据的安全性，系统需要具有自动备份数据功能，备份用户注册信息、设备台账信息、历史缺陷数据等。通过与电厂生产管理系统的各种接口，实现与实时历史数据库、缺陷管理系统、台账管理系统等的互联互通。

4. 数据信息挖掘与远程专家诊断技术

目前发电设备常规的监测手段均采用绝对值报警，当运行参数超过设定值时产生报警提示，因此发电设备状态检修仍基本上停留于事后处理，这种单一的监测手段难以及时发现设备的早期征兆并对其发展趋势进行跟踪，大大增加了设备故障最终导致被迫停机的概率。通过智能诊断技术为机组运行提供预警信息，变被动检修为主动检修，变非计划停机为计划停机，避免设备问题或故障影响扩大，则能在节约生产成本，提高发电企业的市场竞争力上发挥很大的潜能。

通过构建集团级发电设备远程在线实时综合数据处理平台、建立集中式的设备诊断和故障预警中心，可实现电厂设备的数据积累、信息挖掘与远程诊断技术应用。采用基于相似性原理（SBM）的建模技术或神经网络算法，实时分析运行测点数据的内在逻辑和相关性，建立与实际设备或部件相似的数学模型矩阵和每个测点信号的期望值。采集的设备实时运行数据与期望值实时比较，之间异度（差值）超出阈值范围时开始记录和辨识，对其动态变化过程在线展示，当达到显著异常时发出预警，显示故障原因并及时提醒维护人员进行设备维护。

通过建立远程诊断系统和专业分析队伍对数据的深度挖掘分析，让集团决策层及相关职能部门能够借助实时信息平台，及时掌控各发电厂机组设备的健康状况，及时识别潜在的系统风险，为指挥日常生产活动和设备故障处理提供辅助决策支持。同时，系统形成的检测诊断分析数据库可实现数据共享学习与故障模型辨识，为发电机组设备问题提供预警信息，提出预防性检修建议，减少设备异常扩大导致故障的风险，优化设备健康状况，可有效降低整个集团公司的生产成本。

5. 智慧电厂的工控系统信息安全

工业控制系统的信息安全是保证设备和系统中信息的保密性、完整性、可用性，以及真实性、可核查性、不可否认性和可靠性等。工控信息安全技术的主要目的是为了保障智慧电厂控制与管理系统的运行安全，防范黑客及恶意代码等对电厂控制与管理系统的恶意破坏和攻击，以及实现非授权人员和系统无法访问或修改电厂控制与管理系统功能和数据，防止电厂控制与管理系统的瘫痪和失控，以及由此导致的发电厂系统事故或电力安全事故。

智能电厂的工控信息系统安全规划主动适应“互联网＋”、工业互联网、新电改等新形势业务发展以及新一代信息化应用需求，基于“可管、可控、可知、可信”的总体防护策略，全面提升信息安全监管预警、边界防护、系统保障和数据保护能力。

“可管”是指健全智能化电厂信息安全管理机制，加强组织领导，建立健全安全防护管理制度，推进网络安全人才培训体系建设，强化内部安全专业队伍建设，常态化开展风险评估和内控达标治理工作。

“可控”是指加强网络边界安全防控，实施“安全分区、网络专用、横向隔离、纵向认证”的防护原则，分区部署、运行和管理各类电力系统，同时按照等保要求区分系统安全域，各安全域的网络设备按该域所确定的安全域的保护要求，采用访问控制、安全加固、监控审计、身份鉴别、资源控制等措施加强边界安全。

“可知”是指基于大数据的信息安全事件深度分析、安全态势感知、智能预警等信息安全监控预警技术，实现对资产感知、脆弱性感知、安全事件感知、异常行为感知的能力，构建全方位安全态势感知体系。

“可信”是指按照国家信息安全等级保护和电力行业的安全要求，针对电厂计算资源（软硬件）构建保护环境，加强智能化电厂主机、终端、应用和数据的安全防护，采用相应的身份认证、访问控制等手段阻止未授权访问，采用主机防火墙、数据库审计、可信服务等技术确保计算环境的安全。

（五）智能化电厂的建设目的与意义

电厂智能化是在数字化电厂的基础上发展起来的高一级的发展阶段。电厂智能化的建设，可以实现全厂的数据集成、数据长期存储、数据管理，并提供机组性能计算和系统分析。使运行人员能够及时地调整运行参数，降低发电煤耗，实现机组安全高效的运行。同时大数据也为管理者提供实时生产信息为管理者的决策提供科学，是企业发展内存因素的需要。

电厂智能化的“智能”具备人工智能的能力，可以自适应电厂整体的外部环境，思维判断和执行能力，在实践中实现循环和持续改进及自诊断的学习能力。在智能化的电厂，信息网络覆盖了电厂的生产、经营及行政管理各环节，对电厂运行、维护、经营、日常行政管理等环节的信息数据进行采集，处理分析、控制和反馈，并通过信息网络实现信息资源共享，实现发电厂生产经营管理的智能化分析与决策。而要实现上述目标，新建电厂需要：

（1）实现工程智能化，在发电厂建设初期，实施数字化设计、数字化采购和数字化工程管理，将整个发电厂建设过程中的设计、采购、设备、数据和参数以数字化的形式记录保存下来，继而进行数字化移交。

（2）实现生产过程智能化，通过发电厂控制系统，将全厂主辅机现场生产过程中的监控参数进行描述和管理，实现生产过程高度自动化。

（3）实现数字化煤场、数字化排灰、排渣控制，完善发电厂煤、灰渣控制管理。

（4）实现员工行为管理智能化，通过巡检系统、门禁系统、安防监控系统的智能化管理，生产过程的运行人员操作记录数字化，管理更精细化。

（5）实现管理智能化，提升生产管理、资产管理和决策管理，提高效率、降低能耗。

三、我国智能化电厂建设现状

自国家电网公司 2009 年 5 月公布了包括发电、输电、变电、配电、用电、调度六大环节的智能电网发展计划以来，开始出现智能化电厂的概念，一些智能技术或产品在电站得到了应用。但是，由于缺少统一的标准和规范，研究者对智能化电厂的理解各有不同，使得电厂智能化发展进程缓慢，智能技术或产品很难灵活、方便地得到应用，且常使系统结构更趋于复杂化，信息难以交互和共享，各发电集团都投入资金重复摸索。

为了解我国智能化电厂建设现状，为在进行智能化电厂建设规划过程的集团和电厂提供参考，中国自动化学会发电自动化专业委员会，通过函调、现场了解、资料收集多种渠道，对重庆神华万州电厂、安庆电厂二期工程、北京京能高安屯燃气热电厂、神华国华北京热电厂、华能金陵电厂、华电莱州电厂的数字化、智能化电厂建设现状进行了调研，下面以其中三个电厂建设为例进行介绍。

（一）安庆电厂二期工程智能化电厂建设

安庆电厂二期 2×1000MW 工程，锅炉是东方电气生产的超超临界直流炉，锅炉最大连续蒸发量（BMCR）为 2910.12t/h，出口蒸汽参数 29.15MPa（g）/605℃/623℃；汽轮机及发电机均由上海电气生产，汽轮机入口参数（TMCR）为 28MPa /600℃/620℃，背压 4.89kPa；发电机全封闭、三相、隐极式同步发电机，定子绕组采用水直接冷却，定子铁芯和转子采用氢气冷却，发电机出口电压 27kV。工程由华北电力设计院总承包，智能化电厂系统总体架构如图 1.11 所示。

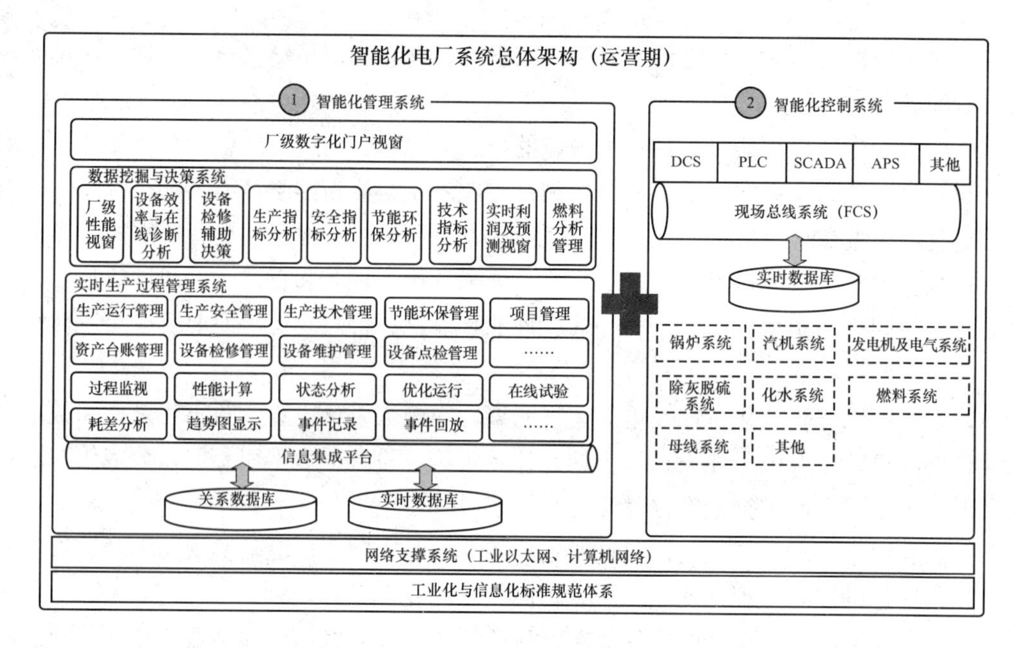

图 1.11　智能化电厂系统总体架构

工程于 2013 年 3 月 1 日开工，3、4 号机组分别于 2015 年 5 月 31 日、6 月 19 日投产。智能化电厂建设方案见图 1.12，由智能化工程、智能化控制、智能化管理三大部分构成。

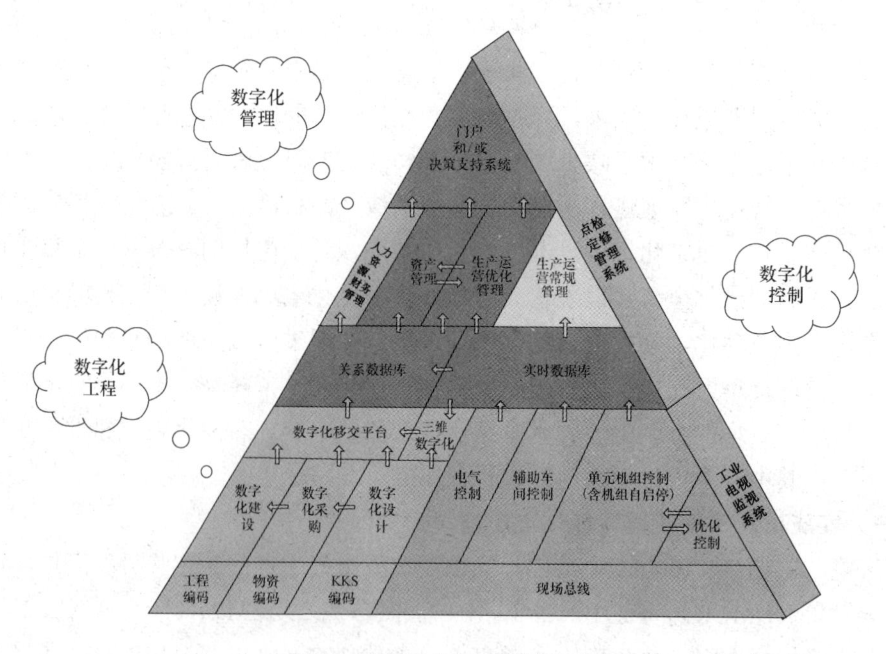

图 1.12　智能化电厂建设方案

1．智能化工程

主要包括工程建设过程中的智能化设计、数字化采购和管理以及三维数字化移交等内容构成。涵盖发电厂设计、采购、安装、调试的全过程，采集过程中产生的相关数据和参数，全部以数字化的形式记录和存储，并通过三维数字化移交纳入电厂的系统数据库，为电厂运营期的全过程智能化管理提供基础数据信息。

工程建设过程中，总承包单位华北电力设计院按照智能化电厂建设的整体要求，采取基建期智能化管理的方式实现。首先从设计层面，主要采用的设计软件有：

（1）PDMS：热机专业的主要三维设计工具。

（2）Diagrams：热机工艺专业的主要设计工具。

（3）Promis.e：电气专业的主要设计工具。

（4）博超电缆敷设软件：电气专业的电缆敷设设计工具。

（5）PKPM：结构专业设计工具。

（6）欧联：热控专业设计工具。

（7）天正建筑：建筑专业设计工具。

（8）Projectwise：设计过程管理平台，管理和存储所有的工程设计文档。

（9）NIDES：工程设计集成系统，用于集成设计工具、文档管理。

（10）NIPRO：工程管理集成系统，对工程项目进行综合管理。

（11）NIMAT：工程采购集成系统，对工程采购业务进行管理。

所有的设计文档都存储在ProjectWise中进行管理，因此设计信息的采集通过平台与ProjectWise的接口实现。设计人员按现有的工作模式将设计成果放到ProjectWise中，当设计成果完成校审流程后，系统通过二次开发的接口自动触发三维移交平台的采集服务，方便向移交平台提交设计成果信息。

工程采购部分的信息存放在NIMAT工程采购集成系统内；工程施工过程管理档案、施工管理部分的信息存放在NIPRO平台上。通过移交平台和NIMAT系统、NIPRO系统的二次开发接口实现采购和施工信息的自动采集。

三维数字化移交平台在2014年6月投入试运行，在2015年6月工程通过168h试运行后移交给业主方。目前系统数据主要包括主厂房及附属设备三维模型、各类工程图纸、工程文字文件、工程各类表格、DCS IO清册、安装材料清册、除灰管道、电缆清册、防雷接地、给排水管道、工艺系统P&ID图、管道安装图（包括煤粉、暖通、气体、汽水、化水等）、火灾报警、接线图、结构图、设备安装图、设备布置图、设备和材料清册、设计说明书、设计图、说明书、系统流程图、消防管道设计、烟风管道、仪表设备清册、油管道、原理图、照明设计、采购合同、设备技术规范、施工资料、监理联系单、工程会议纪要、设备安装数据、调试数据等。三维数字化移交平台仍在不断地完善过程中，截图如图1.13所示。

2. 智能化控制

智能化控制是在大量采用现场总线的基础上，通过机组DCS、电气ECMS等系统实现现场过程控制的全面智能化。主要包括现场设备与控制总线化、单元机组一键启停（APS）、机组节能降耗优化控制等。

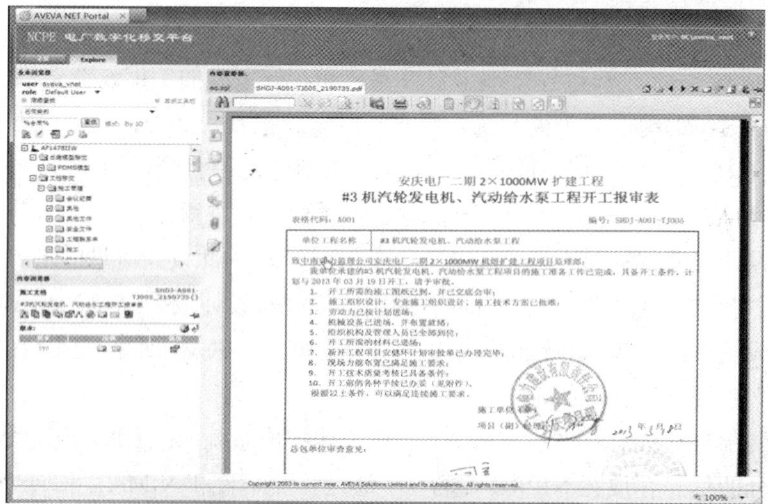

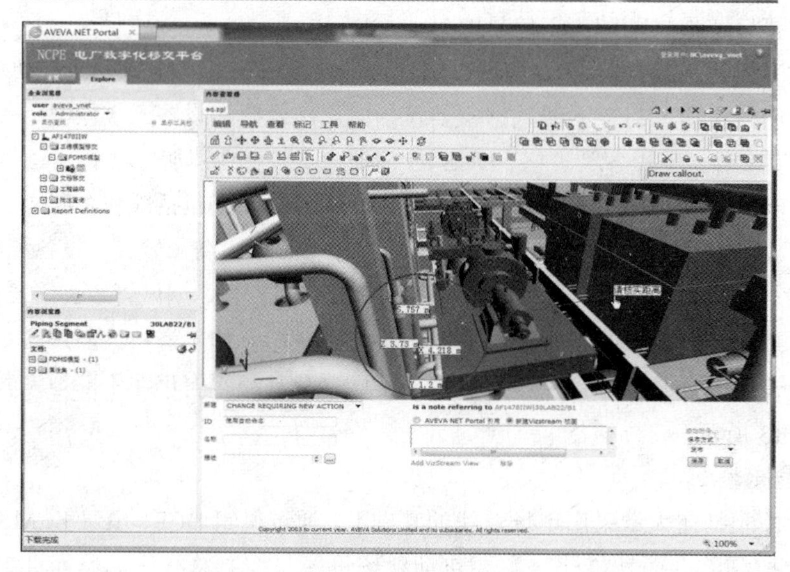

图 1.13　三维数字化移交平台系统截图

（1）现场总线智能化设备的应用。安庆电厂二期工程现场总线应用的主要原则：

1）开关型阀门电动装置，用于非重要系统的纳入现场总线；用于重要系统的通过现场总线完成正常控制功能（或仅采集信息），保护、联锁功能通过 DCS 硬接线完成。

2）对于调节型气动执行机构和电动执行机构，用于非重要调节回路的纳入现场总线。

3）仅用于监视的测量信号（进 DAS），采用现场总线。

工程应用的主要现场总线智能设备情况见表 1.1。

表 1.1　　主要现场总线智能设备情况

序号	设　备	驱动形式	品　牌
1	DCS 系统	profibus	ABB
2	进口电动执行机构	Profibus-DP	AUMA SIPOSEMG
3	变送器	Profibus-PA	Siemens
4	国产电动执行机构	Profibus-DP	奥托克，瑞基
5	气动执行机构定位器	Profibus-PA	Siemens

工程主机与辅助系统采用现场总线技术，总线型设备采用率超过 60%。

（2）单元机组一键启停（APS）。二期工程机组设计采用单元机组一键启停技术，通过机组 DCS、辅助系统 DCS、电气 ECMS、NCS 等控制系统实现单元机组一键启停（APS）控制，其 APS 启动阶段分为 5 断点 6 个阶段。

1）第一阶段。辅助系统启动准备程控，包括以下组级程控启动：循环水系统、凝补水系统、闭式水系统、大机润滑油系统（含密封油系统子程控）、辅助蒸汽系统、A/B 给水泵汽轮机油系统。

2）第二阶段。冷态冲洗、锅炉上水程控包括以下组级程控，完成以下工作：启动凝结水系统、凝结水系统冲洗（含低温加热器水侧子程控）、除氧器加热、启动管道静态注水（含启动前置泵）、锅炉上水、启动汽轮机轴封系统、启动 EH 油系统、真空系统、定子冷却水系统、锅炉冷态清洗（含启动给泵确认）。

3）第三阶段。锅炉点火程控包括以下组级程控，完成启动锅炉风烟系统（含空气预热器、送/引风机子程控）、燃油泄漏试验和炉膛吹扫、制粉系统准备（含一次风机子程控）、微油点火及首套制粉系统投运（含油枪启动、磨煤机启动程控）。

4）第四阶段。包括以下组级程控，完成汽轮机旁路投运、热态冲洗、升温升压到冲转参数。

5）第五阶段。汽轮机冲转及并网带初负荷，由汽轮机 ATC 自动完成。

6）第六阶段。自动升负荷到 50%负荷。

APS 调试采用结合正常调试工作分阶段进行 APS 功能调试的方式进行，在完成设备单体调试（设备级）、保护联锁回路校验、子级程控回路校验、自动回路调试/检查的基础上，利用机组吹管、汽轮机冲转试运的机会进行 APS 功能的热态调试。逐步实现仪表投运、对给水干、湿态全程自动调节，炉膛负压自动调节，风量自动调节，一次风压力自动调节，磨煤机出口温度自动调节，磨煤机进口一次风量自动调节，给煤机，燃料主控，过热蒸汽温度自动调节，再热蒸汽温度自动调节等相对重要的自动控制系统进行了热态投运，对控制参数进行了调整，使自动控制水平满足 APS 试验全程控制要求。在整个调试过程中总计完成与 APS 相关的主程控、组级程控、子程控共 29 套，实现了单元机组一键启停功能，机组在 168h 之前采用 APS 方式启停 3 次，均取得成功。

目前二期 3、4 号机组启动均实现 APS 运行方式。

（3）能降耗优化控制与故障预警。工程设计采用燃烧优化功能、汽温优化功能和吹灰优化功能。但是在实际实施过程中，因机组投产后具体性能不明确，因此未与基建同期实施。在机组实际投产后，各运行参数均能达到设计参数。

以检修管理为主，检修人员每天从设备管理系统中读取异常数据分析（反映设备运行状态的数据，如卤水），分析设备的劣化趋势数据，处理不了的提交远程技术指导（见图 1.14）。

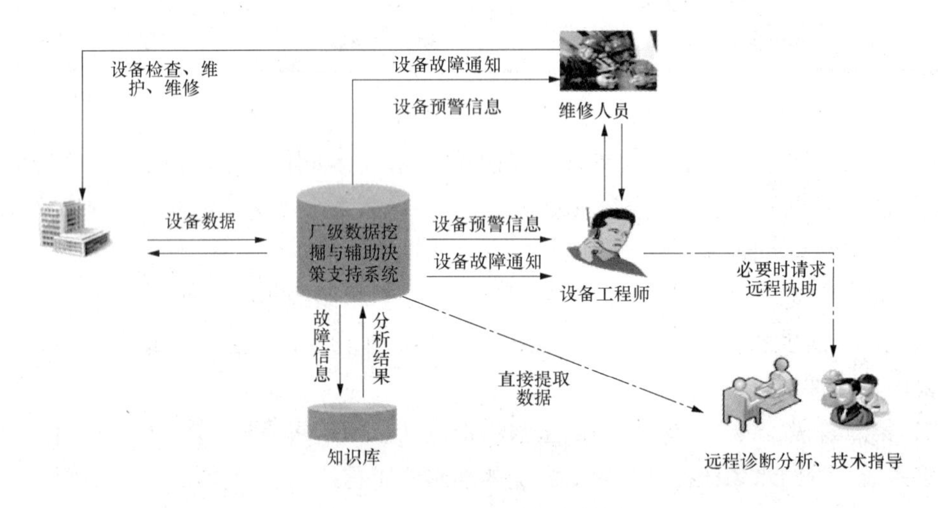

图 1.14 故障预警系统流程图

（4）智能化管理。安庆电厂二期工程智能化管理系统分为生产及设备管理系统和厂级数据挖掘与辅助决策支持系统两大部分。在整个底层系统数字化的基础上，构建数字化的生产管理系统、资产管理系统等，从而实现整个电厂运营过程的智能化管理。在实际实施过程中，因工期原因，主要实施了生产及设备管理系统的全部功能和性能计算、耗差分析、煤场管理、自动报表等部分厂级数据挖掘与辅助决策支持系统的功能。根据电厂管理的重要程度及数据源变化频率，智能化管理可分为常态管理和实时管理两大类：

1）常态管理功能主要包括：生产设备管理（设备状况通知单、设备异动、安全信息报送、设备评级、安监整改、设备退出备用、预警单、设备保护投退、外委工程验收单、设备报废、维修竣工验收单等）；维修管理（缺陷管理、预防性维修、工作票、操作票、维修工单等）；运行管理（运行值班日志、运行定期工作、运行指令、运行台账等）；

生产绩效管理（工作票统计分析、操作票统计分析、缺陷情况及消缺率、操作票情况、开工率、完工率、评估率、维修材料费、服务费统计等）、技术监督、安监管理、环保管理、煤场管理、人力资源、物资管理 、财务管理等功能，综合组成生产及设备管理系统。

2）实时管理功能主要包括：主要指电厂运营实时管理，包括设备性能诊断分析、燃料分析管理和风险挖掘、智能运行引导、设备性能诊断分析、厂级性能计算、先进指标对比、辅助检修指导、生产运营智能报表、盈利能力预测、最优运营方式、预算/经营管理分析、决策支持管理等，在此基础上构建厂级数据挖掘与辅助决策支持系统。

（5）集成平台及安健环管理系统。该项目的集成平台及安健环管理系统由软件公司负责开发实施。集成平台采用软件公司应用集成平台产构建神皖安庆电厂的一体化集成平台，它是面向服务架构（SOA）进行设计，基于企业服务总线（ESB），将各种软件技术、产品和标准进行有机结合，实现了对多种数据源类型、协议、接口类型的支持，并具备多线程、多进程并行处理、控制能力同时支持横向扩展、负载均衡，是针对电力行业的应用开发的集成平台，在保障业务信息交互的稳定性同时提高用户业务综合处理的实用性。

安健环系统采用 J2EE 应用框架，有效地保证了系统平台的移植性（跨 linux、Unix、Windows 等多个操作系统平台）、开放性（soa 技术、组件化、松耦合）、安全性、稳定性、可扩展性（硬件的纵向扩展）等。主要实现了安全生产管理、节能环保管理、生产技术管理、本安建设、车辆管理、劳保管理、短信及消息管理等功能。

（6）构建一体化的数据仓库。快速采集相应数据，是数字电厂实现的本源，该项目利用现场总线技术把生产现场的数据送入实时数据库，一体化数据仓库从实时数据库采集相应数据；同时，三维数字化移交平台将三维建模数据也送入一体化数据仓库。通过一体化数据仓库这一纽带及数据集成平台，利用 ERP、EAM 系统、安健环系统等管理软件，为电厂的科学运营夯实基础。图 1.15 所示为一体化数据仓库系统示意。

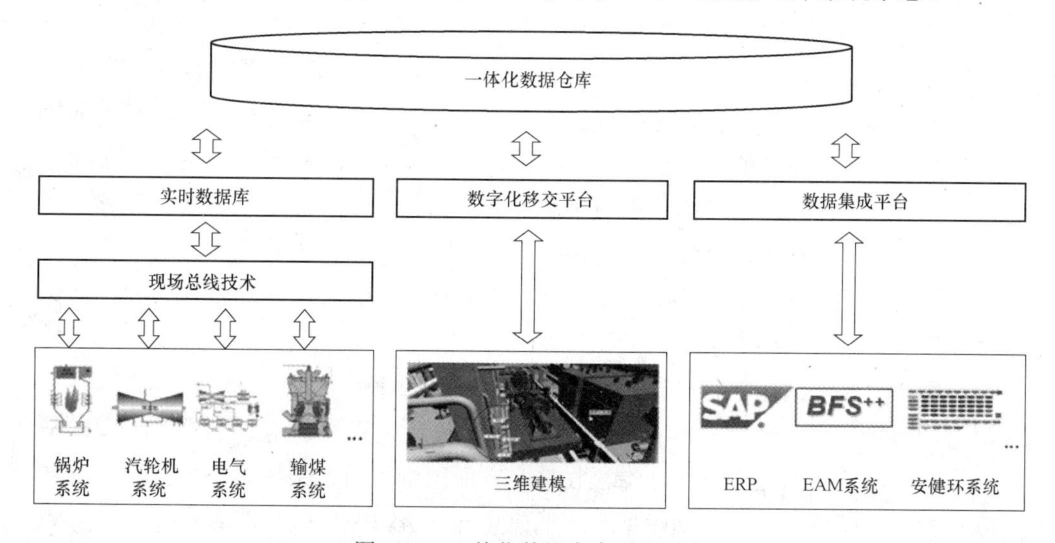

图 1.15　一体化数据仓库系统示意

3. 建设过程主要问题

（1）智能化管理系统未能与工程投产同步全部实施完成。安庆电厂二期工程初期国内管理系统以 MIS、SIS 管理系统方案为主，关于数字化、智能化电厂如何建设有很多方向，没有一个统一的认识或框架。智能化电厂方案的初始规划受到传统方案的影响较大，在规划方案定稿的过程中，进行了广泛的调研、专家反复论证。与此同时工程建设进展较快，机组调试、整套启动等工作急需管理系统辅助，因此实施时采取了两步走的策略，先建设生产及设备管理系统，满足生产实际需要，导致完整的智能化管理系统未能和工程同步完工。

（2）智能化巡检系统未能实施。在安庆二期智能化电厂规划中有很重要的一个环节即智能巡检环节，其目的是为了进一步降低运维人员的劳动强度，把人从繁杂的现场点巡检中解放出来，从而达到减员增效的目标。智能巡检包括现场机器人选件和轨道式移动摄像头、摆臂摄像头等构成，能够完成现场仪表读数、跑冒滴漏、输煤皮带撕裂等异常工况的监视，并在出现异常工况时弹出报警画面。但由于一些原因尚未能实施。

（3）未配套建设现场总线智能设备管理系统。安庆电厂二期工程采用了大量的现场总线型智能设备来完成生产的智能化控制，但是在建设中将配套的现场总线智能设备管理系统放在了智能化管理系统中，未将其规划在智能化控制系统中，导致后续的建设中未能同步配套实施，致使设备的智能化管理存在不足，不能够充分发挥出现场总线型智能设备的优势。

（二）北京京能高安屯燃气热电厂数字化建设

京能高安屯燃气热电工程（2×350MW“二拖一”燃气-蒸汽联合循环机组），基建过程中实施数字化电厂建设，在应用现场总线系统的基础上，进行底层设备数据的集成和智能通信，实现现场设备级的数字化，并基于智能设备管理、三维数字化电厂信息管理平台对大量生产过程数据等进行深度二次开发和利用，实现数据的智能化管理。

1. 整体构建方案设计

（1）总体方案，是将电厂的智能化体现在从建设到运行的整个生命周期过程中。京能高安屯燃气热电工程实施了数字化设计、数字化采购、数字化工程建设以及数字化移交，同时在电厂监控系统的各个层次采用智能化的设备，在信息系统中采用相应的智能控制软件和管理软件。在集中统一的数字化平台上，将生产、技术、行政管理等主要业务实现数字化运作，利用数字化技术的快捷、方便、储存容量大等优点，减少人力、物力和时间的消耗，达到规范管理、提高工作效率和质量的效果，从而实现管控一体化。其总体设计方案如图 1.16 所示。

（2）构架设计，包括数字化设计、数字化监控、数字化管理，其中：

1）数字化设计。京能高安屯燃气热电工程在设计过程中运用数字化手段，以全厂建筑、结构、设备和工艺为依据，综合收集多方面图纸资料，采用 AVEVA 设计工具形成可编辑的三维模型，并将三维模型及图纸信息导入 AVEVA NET 形成基础信息模型。

在电厂建设期，利用静态数字化模型和建设期动态信息进行工程项目的空间管理，如分配空间、消除碰撞、展示形象进度等，进而对电厂建设进行监控、跟踪和控制，保证工程按时、顺利进行。

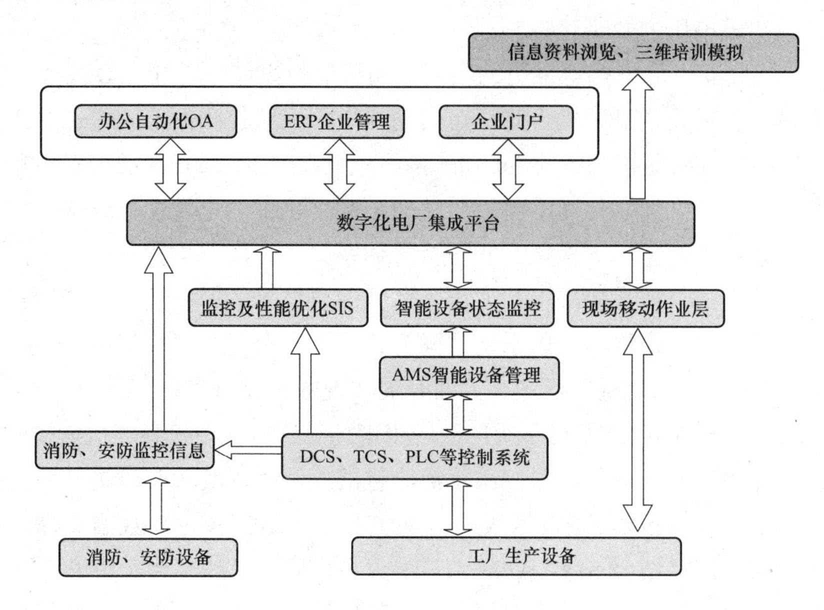

图 1.16　京能高安屯燃气热电厂总体设计构架

在电厂运维期，实现建设期静态数字化模型和电厂运行产生的动态信息相结合，形成电厂运维所需的动态数字化模型，并以此为基础实现电厂的运行、维护一体化管控。

数字化移交是对电厂建设过程中设计、采购、建造各阶段的数据、信息、资料进行分类、收集、整理、审批，最终移交给业主，内容包括三维模型、设计文件、采购信息、施工信息等，信息以 KKS 码为索引实现以三维模型对象为核心的数据关联，实现数据的有效利用，使业主及时获取可靠的电厂建设期信息，了解项目的设计、建造进度，提升电厂建设期的管理能力，便于对设计信息进行智能浏览和检索查询。

2）数字化监控。在京能高安屯燃气热电工程中，通过应用现场总线技术，达到现场设备级的数字化，结合机械诊断设备管理以及数字化网络监控等先进生产技术，对大量设备诊断信息进行深度有效的二次开发利用，从而实现电厂的数字化控制。

该工程的控制系统，首先由 DCS 等控制系统、AMS 智能设备管理系统、APM 智能设备状态监控系统中的先进监测设备，将单元机组 DCS、电气系统和辅助车间的现场生产设备的丰富、实时的过程信息及诊断数据进行采集后，一方面，传送至 AMS、APM 等智能设备管理、监控系统直接对采集的数据或者设备本身状态数据进行分析，对设备进行实时状态监测、性能分析和计算，实时地对设备本身和过程进行诊断，并提前判断可能存在的异常和故障。另一方面，现场大量的设备诊断信息以及各种机械分析诊断信息通过 DCS 上传至 SIS 系统数据库，使 SIS 系统实现对生产过程的实时监测、优化控制及生产过程管理。最终，SIS 系统及智能设备管理、监控系统都将生产过程相关数据通过网络送入数字化电厂集成平台，让运维管理人员结合转机机械诊断信息、运行状态参数以及各数据的历史对比，对转机性能进行评估，并分析其对机组整体性能的影响，制订合理的检修计划，提高机组经济性。从而使现场仪表和设备对于运行和维护管理人员变得透明化，构成电厂的数字化控制。

另外，京能高安屯燃气热电采用的数字化网络监控系统，通过与 DCS 系统通信，实现当运行人员对重要设备进行操作时，可自动弹出相应监控画面，方便运行人员操作、监控，并将数字化网络监控系统与 Internet 网络互联，通过 Internet 网络对电厂重要设备进行异地监控。此外，数字化网络监控系统通过数字化工业电视图像数字识别技术，在工业电视监控系统中构建火灾报警、安防报警体系。当现场发生火灾或安防区域出现异常时，系统自动生成报警，提醒运行人员。这些深层技术的开发应用，能够对电厂起到可靠的安全保护作用，最终与控制系统共同为电厂的安全运行提供保障。

3）数字化管理。主要从以下三个方面开展实现数字化管理：

a．数字化生产控制以现场设备级广泛应用现场总线智能型设备、机械检测分析诊断设备、无线智能型设备、数字化监控系统等先进的检测技术等为基础进行生产控制。

b．数字化生产管理以现场设备级的丰富实时过程信息及诊断数据支撑，进行设备管理软件的二次开发，结合 SIS、APM、三维数字化信息管理平台、ERP 系统建设，实现设备状态检修、运行优化、全生命周期管理等应用，实现电厂的数字化管理。

c．数字化现场移动作业层是在生产控制和生产管理的基础上，将人员进行的工作规范化、标准化、数字化，通过移动作业管理系统，能够进行两票操作、巡检、点检、缺陷录入、即时任务及信息回传。

京能高安屯燃气热电厂在数字化管理系统的构建中，将来自现场智能设备的大量数字化信息通过 APM、SIS 最终可传输到三维数字化信息管理平台做数据处理。系统自动分析得出并经人员确认的缺陷自动上传至 ERP 中，在 ERP 系统中最终自动生成缺陷单，免去人工的手动录入缺陷，同时减少因运行人员没有及时发现设备缺陷带来的损失，增强了对设备信息的监控。其次，通过在线诊断软件，分析出缺陷，生成缺陷条目，送入 ERP 缺陷管理系统，形成缺陷表可以通过信息技术，通知相关责任人，及时处理相关缺陷。根据缺陷单，同样能及时进行备件查询，给出备件数量，或形成备件购买计划。此外，现场移动作业管理系统，与数字化电厂信息管理平台相结合，进行在线数字化工作的同时能实时显示工作人员的位置、状态以及工作情况等信息，提高了工作效率。

数字化管理充分利用三维数字化电厂信息管理平台中的先进优化控制软件、管理办公软件等进行生产过程的优化监控及信息查询等工作，为电厂提供决策支持。

2. 三维数字化电厂信息管理平台的构建

三维数字化电厂信息管理以数字信息为中心，集成来自电厂全生命周期的数据，包括设计阶段的 2D/3D 图文档数据资料、建造阶段的施工文件、设备文档，以及运维阶段的来自 ERP、实时数据库、EAM、MES、SCADA 等系统的信息。三维数字化电厂信息管理平台以工程对象为核心，将集成的电厂信息与设施、设备对象有机关联，进而服务于电厂的安全运维管理。

该工程使用 AVEVA 提供的 AVEVA NET Portal 基本应用界面为信息管理平台，以工程对象为核心，将集成的电厂信息与设施、设备对象有机关联，通过对信息的创建、修改、验证和质量的控制，从而对数字化电厂信息管理的需要进行系统定制，三维数字化电厂信息管理平台应用界面如图 1.17 所示。

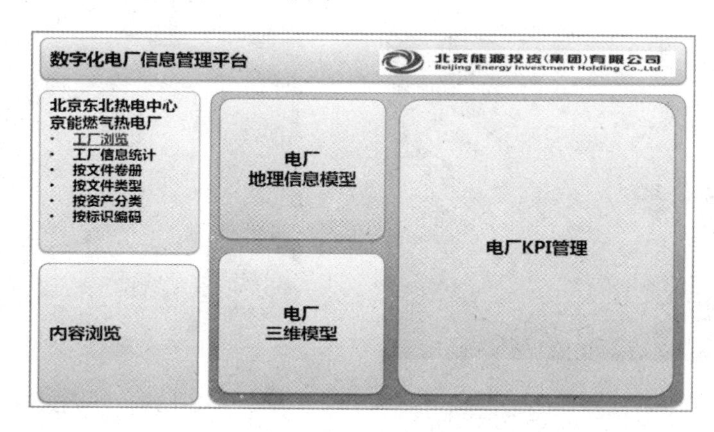

图 1.17　三维数字化电厂信息管理平台应用界面

该平台通过数字化信息集成管理技术，在实现以设施、设备的基础信息为核心的二三维模型为导航的基础上，通过与 SCADA 系统、SIS 系统、ERP 系统、现场监控系统、工作管理系统 OA、门禁管理系统等运维专用系统的集成，实现二三维数字化电厂基础信息模型与运维专有系统（SIS、MES、ERP、工业控制系统、门禁系统等）的信息双向关联管理，实现三维数字化区域能源信息的有效管理，逐步实现智能化电厂运维管理。此外，该平台具有不基于专用应用程序的浏览和查询功能、三维可视化等功能，适用于工程的全生命周期，在基建期，二三维基础信息模型可用于指导现场施工管理，可模拟现场的实际施工进度，动态化查看三维施工进度；并通过与三维模型关联的设计信息和图纸，快速查找施工所需的图纸和文件，对施工进行指导。在运维期，以三维数字化电厂信息模型为基础，实现对电厂运维业主的支持和应用，包括泄漏模拟、检维修预警、可视化巡检、故障处理模拟、设备检修模拟、安全辅助、维修辅助等。随着三维数字化电厂信息模型的深入化应用，逐步完成三维数字化电厂的远期目标。

3. 基建中三维建模

在发电厂基建过程中，由于设计单位提供的都是二维图纸，并且存在多专业的协同工作，不可避免地存在相互碰撞，工序安排不合理、图纸审核不到位、管理措施不完善、设备质量不可靠、不可控等影响工程质量和造价的因素。这些将导致发电厂在施工过程中发生返工、窝工、绕道、对成品造成破坏，甚至出现改造过于复杂，不得不牺牲施工质量，降低工程标准的情况，不仅仅浪费人力、物力，还可能导致工程进度延后，直接影响投产时间，损失经济效益。为此，京能高安屯燃气热电厂与相关公司合作，将二维图纸、设备厂家资料及部分由现场测绘取得的数据通过 PDMS 软件进行全厂的三维建模，供人员查看，三维建模与工程建设同步进行（进度早于施工进度一个月）。特点是可准确、直观地呈现全厂总貌及细节（见图 1.18、图 1.19）给用户。与此同时，借助三维模型可发现设计缺陷及设计人员与电厂构思理念相悖等问题，并在施工时得到及时改正，方便工程管理人员对全厂的施工进行统筹和规划，起到提高工程质量、降低成本造价、控制工程进度的作用。

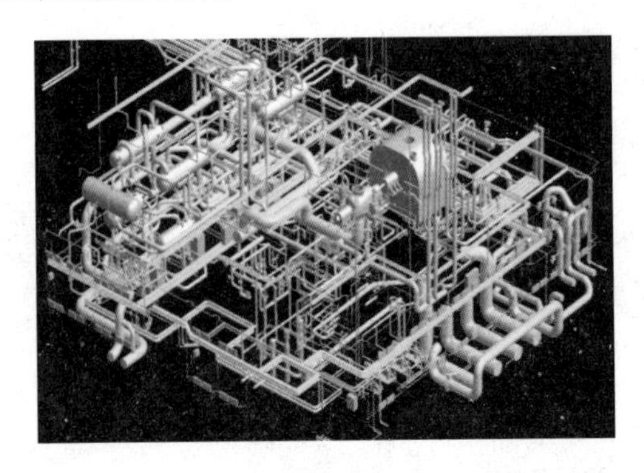

图 1.18 汽机房的工艺三维模型

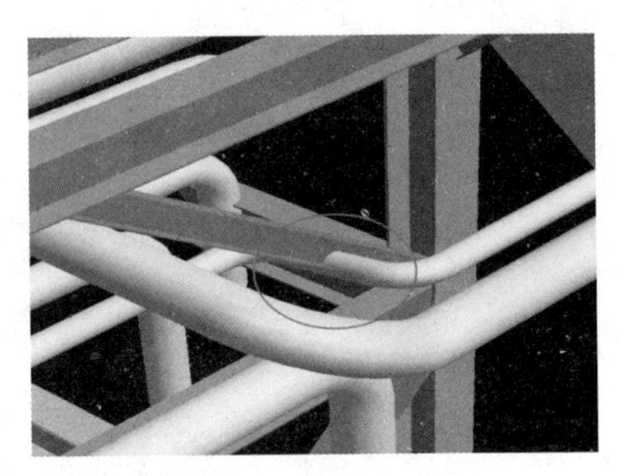

图 1.19 集控楼碰撞模型

京能高安屯燃气热电工程管理应用三维建模后，在同专业或不同专业之间的碰撞问题、电缆的精细化敷设、合理划分现场总线网段、材料的有效管理和利用、指导施工安装、基建期数据的保存和管理上发挥了作用。人员可以方便地掌握本工厂工程对象在项目全周期从工艺流程图到布置设计，然后到材料采购，最后到施工调试的所有信息，使管理人员时刻全面掌握项目整体进度，为做好管理工作提供主要技术及管理依据。

但三维模型应用，需要业主、建模公司、设计单位，各方做好协调工作和及时沟通，有可能因协调不到位对工程建设造成阻碍。另外，由于设计单位不设计直径 80mm 以下的管道，包括部分电缆槽盒、桥架都需要业主自己测绘、设计图纸提供给三维建模公司，在图纸绘制时需要把这些管道、槽盒的三维坐标记录下，最终才能保证三维模型的真实性，因此增加业主的工作量。施工人员在施工过程中未按图纸施工，临时更改方案，这样将导致最后建立的三维模型与实际不符，同样需要业主进行测量记录数据。京能高安屯燃气热电厂通过对相关人员培训，以绘制成 CAD 三维图的方式记录设备的三维坐标，然后交由三维建模公司。

4. 现场总线技术在燃机电厂的应用与研究

全厂现场总线型设备约 1600 台，应用范围包括锅炉补给水、凝结水处理、汽水取样、工业废水集中、空气压缩机、集中制冷站处理、综合给水泵房、综合排水泵房系统全部采用现场总线型设备及仪表。

余热锅炉不参与保护及重要调节的设备及仪表、汽轮机辅机系统不参与保护及重要调节的设备及仪表，采用现场总线型设备及仪表。

（三）神华国华北京热电厂智能化电厂建设

国华公司的建设目标：低碳环保、技术领先、世界一流的数字化电站，一键启停、无人值守、全员值班的信息化电站，发电厂创造价值、建筑物传承文化，实现从以自动化生产控制为主向，以能源与信息高度融合、智能化生产控制与企业管理相结合为主的跨越发展。

国华北京热电厂燃气轮机为东方电气 F 级 M701F4 二拖一布置，蒸汽轮机为东方电气设 SSS 离合器，可纯凝或背压运行；余热锅炉，东方锅炉三压、无补燃，卧式、自然循环；发电出力 950.98MW，供热能力 658MW，供热面积 1300 万 m^2，发电煤耗小于或等于 208.6g/kWh，全厂热效率大于或等于 58.9%，厂用电率小于或等于 1.90%，粉尘排放为零，SO_2 排放约等于 0，NO_x 排放小于或等于 7.7mg/m^3（标况），厂界噪声小于或等于 5dB（A）（夜）/55dB（A）（昼）。

1. 智能电站建设框架

国华北京热电厂智能化电厂按照建设“一键启停、无人值守、全员值班的信息化电站”的总体战略，确定管理模式创新、数字化基础与信息化管理“三位一体”的总体智能电站建设框架（见图 1.20）。

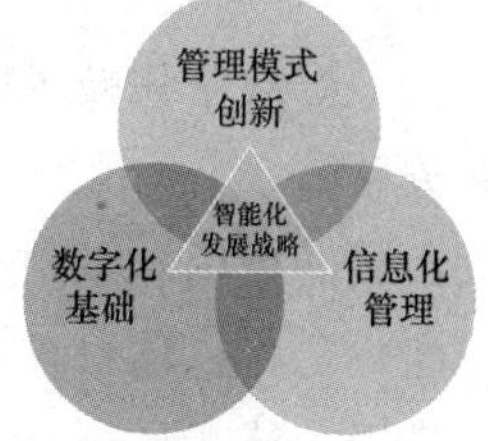

图 1.20　顶层设计总体框架

（1）管理模式创新：“一控三中心多终端”。“一个控制中心，三个监视中心，多个数据终端”是在原有主控室不变的基础上，根据生产运营需求，将研究、分析、诊断的功能移向后台并强化，通过信息化手段实现分析诊断中心、安全消防保卫中心、成本利润中心所需功能，三中心围绕生产、营运，各有侧重。同时面向多终端（智能手机、平板电脑、现场手持设备等）推送数据，实现移动管理。具体职能划分如下：

1）主控室主要负责调度执行、运行管理，对各项生产业务进行监控分析。

2）分析诊断中心开展机组经济运行、状态预判和故障重现分析，主要承载两票执行、技术分析和演练培训，为检修维护人员提供设备数据库，帮助一线管理人员全面了解设备情况，获取专家建议，提升设备管理。安全消防保卫中心实现安全监控、人员识别和消防等业务工作的专业化管理和一体化管控。

3）成本利润中心整合电站经营、人力、财务信息，为其他中心提供人财物支持。

“一控三中心多终端”在组织上要通过服务外包、专业运营和集中管理实现机构精干合成和管理层级扁平，切实减员增效，达成电站管理人员 30 人的设计目标。在实现上，必不可少的是要借助自动化技术的提升和信息化管理手段的全面应用。

（2）数字化基础：“APS＋现场总线”。为提高机组自动化水平，一方面采用机组自启停技术 APS，实现机组不同状态下的覆盖主辅机的全程无人干预启停自动控制，减少人为干预机组运行；另一方面应用现场总线技术，将大量的现场设备数据传到控制系统，实现对设备的实时监视、统计分析、故障维修/维护、历史数据管理，在分析诊断中心实现设备远程管理，加强数据采集能力，为管理提供更多的实时信息。

（3）信息化管理：“一体两翼三提升”。

1）一体是基础，即建设一体化业务工作台，将主要应用系统整合集成，为管理人员提供统一视图，做到数据一体、平台一体、应用一体、展现一体。

2）两翼是补充，一个是移动作业与移动管理，一个是消防安全保卫集成，打破地理限制，扫除视觉盲区，任何一点都是中心，随时随地都能工作，实践电站的“互联网思维”。

3）三提升是突破口，一是加强自动报送，通过就源采集、数据复用和文档表单化，减轻例行性、重复性填报工作量，推进流程自动化；二是加强分析预判，实现经营指标的实时统计预测，加强生产数据的挖掘预警，推进管理预控化；三是加强决策支持，为领导层提供全面的数据指标、分析模型和预测结果，推进决策科学化。

2. 工程实施

在做好数字化技术应用的基础上，重点在管理信息化的落地。整体项目覆盖电站的全业务领域，涉及相关的20余个业务信息系统，涉及生产运营管理人员和外围队伍全部有关人员的使用。

建设工作以项目群管理办公室（PMO）方式推进，内部集合本部、研究院和电厂的专家骨干，外部与一流的设计院、咨询机构、软件厂商合作，协同工作。PMO将项目分为咨询设计和开发实施两大阶段，建立“四纵六横”矩阵式的组织机制（见图 1.21），做到业务从始至终，开发紧抓主线。

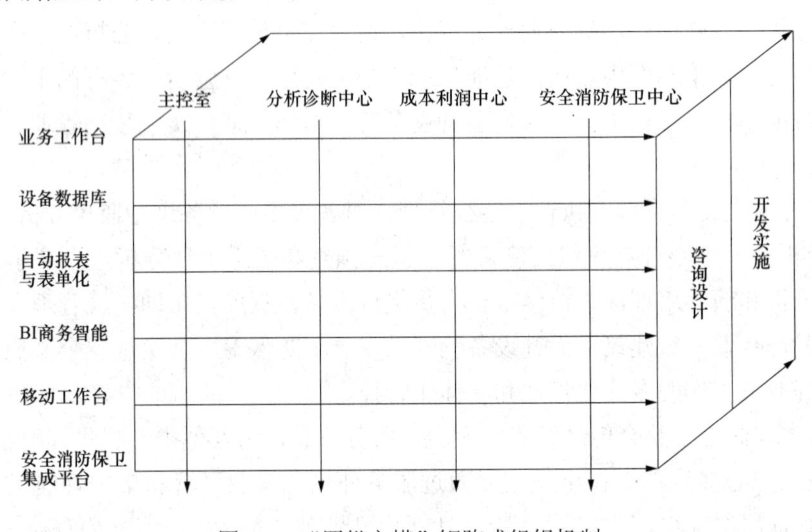

图 1.21 “四纵六横”矩阵式组织机制

（1）“四纵”即依据“一控三中心”划分为四个业务组纵贯到底。各个业务组整合业务资源，梳理业务逻辑，重组业务模式：

1）流程方面，建立流程手册，确定了生产、经营两大业务域，二级业务能力17项，三级业务能力113项，四级业务流程360个，并按社会化程度和管控程度，设计了核心业务框架。

2）制度方面，从416个现行制度中匹配出189个在岗位工作中需要密切关注和参照执行的制度。

3）指标方面，以EVA价值体系为依据，设计流程指标292个、业务指标133个。

4）在此基础上，进一步细化新的业务模式落地方式，即针对30个核心岗位，以每一个岗位为中心，明确相对应的职责、流程、制度、指标以及设备资产负责范围。以此为依托，4个纵向业务组为平台各个系统的设计、开发、实施和测试提供业务知识，保证业务逻辑的一致和延续。

（2）“六横”即依据“一体两翼三提升”划分为六大横向主线系统组，以此为抓手整合20余个底层业务系统，依据统一设计的业务架构、技术架构和应用架构，打造全面覆盖、流程贯通、数据共享的一站式业务工作平台。其中，实现功能需求773项，报表402份，自动化率和数据复用率100%，文档表单化514张，商务智能分析指标380个，分析报表177张，移动应用8项，建立了涵盖6大专业，600余个主要设备的设备数据库。

一体化业务平台的开发实施采用先进的SOA架构，总体分为五层（见图1.22）。最底层为专业应用，主要是核心的业务系统，包含资产管理BFS＋＋、实时数据PI、人财物管理ERP等10余个系统；次底层为技术支撑平台，部署集成应用环境、企业服务总线、业务流程管理、数据仓库等核心技术环境；中间层开发跨系统使用数据的综合应用，包含了自动报表、BI主题分析及设备数据库；次顶层与业务管理和职能划分紧密结合，从“一控三中心”角度整合应用、移动办公和移动作业；最顶层即展现层，为用户提供一体化的桌面交互界面和移动交互界面。

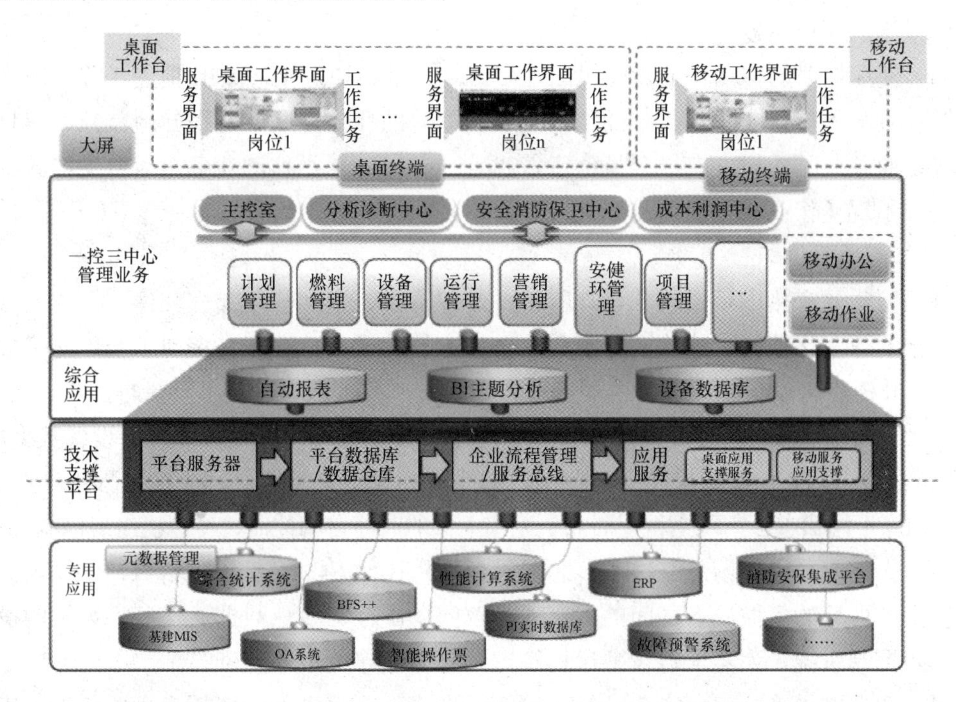

图1.22 一体化平台技术架构

3. 主要特色

（1）以岗位为中心的智能的工作台，773项功能按岗定制、主要工作智能提醒，自动推送与岗位相关的工作内容。根据部门和岗位职责，将流程、制度、绩效指标相关的信息化资源有目的地提供给使用人员，既保证了全面、有效数据和应用的获取，又确保系统和数据的安全，还进行个性化定制，提供的都是与自己切身工作相关的内容，大大提高效率，也提高了信息系统的实用化水平。

（2）以国华电力设备数据库为基础，通过 KKS 码从电厂设计期、设备采购期、基本建设期到生产运营期形成价值链的贯通和一体化数据关联，应用层面通过设备树的一致性，保证了三维设计、基建管理、设备管理、故障预警、物流管理等系统的应用功能打通，设计分析诊断应用场景，实现全寿命周期管理贯通的信息化集成能力。

（3）实现电厂的实时运营监控、绩效分析和利润预测，涵盖指标 380 多个，分析报表 177 个。增强对市场变化快速反应能力，便于资源配置优化和风险预控。

（4）实现安全、消防、保卫的一体化管理。一是将视频监控、消防报警设施和门禁集成到全厂三维平台进行集中管控（1980 个火灾报警点、340 个门禁、237 个视频监控），通过信息共享、联动，实现全景监控与自动报警；二是将这些资源一体化联动与管理流程相结合，达到快速响应、及时处理目的，提高管理效率，减员增效。

（5）高效自动的报表体系。报表逻辑标准化、报表出具自动化，就源输入、多次复用；409 张报表，14426 个指标，自动采集率 89.9%。通过就源输入、数据复用，产生自动报表，方便数据追溯，保证了数据的唯一性和准确性，促进了数据的透明共享，减轻了数据报送的简单重复劳动。

（6）便捷即时的移动作业。随时随地多终端作业，通过全厂 wifi 覆盖，移动应用程度开发及其与一体化业务工作台的集成，实现厂内的移动互联，过程异地监控、信息随时获取、业务及时处理，支撑全员值班。98 个 wifi 点，9 类移动业务，后台支持就源处理，提升了现场作业和管理的便捷性。

4. 工程总结

（1）国华北京热电厂实现了设计阶段、基建阶段、生产阶段工程文件、工程图纸、工程数据的数字化移交，建立了可视化的全生命期的设备数据库，实现了全厂三维数字化移交。并逐步将设备、管道等相关资料与三维模型相关联，包括出厂资料、调试记录、维修记录、设计参数、高温高压及大管径管道焊口位置等，并集成入统一的设备数据库。

（2）用一套 DCS 系统控制全厂范围内的系统和设备，实现全厂生产过程集中控制、全面协调。不同状态可实现全程无断点、无人干预的启停自动控制，覆盖机组启停全过程。

（3）大范围采用现场总线技术，总线设备应用比例 64%（按设备台数计 1970 台）。实现了生产现场的可控设备之间的数字式、双向、串行、多点数据通信，将大量的设备信息传到控制系统。为实现对设备远程管理、无人值守奠定了基础。

（4）新形成了“一部一室三中心”的组织形式与管理机制，依托“全面覆盖、集成共享”的一体化信息平台，实现了“一键启停、无人值守、全员值班”的信息化电站。

（四）智能化电厂建设现状综述

根据上述调研，汇总我国智能化电厂建设现状。

1. 智能化电厂体系结构层技术及应用情况

（1）智能化设备层技术及应用情况。

1）智能化设备层技术。智能化设备层的任务，是应对数量巨大的现场测控设备实施现代化信息管理，热工人员大量减少的条件下，确保实现电厂运行的安全，同时大幅减少调校、维护工作量。智能设备层的核心技术包括：先进传感技术，现场总线技术，现场测试关键技术和物理信息系统技术等；主要涉及现场总线智能检测与智能执行机构，以及特种先进检测设备，分别体现为在线分析仪表、炉内检测设备、软测量技术应用、视频监控与智能安防系统、现场总线系统、无线设备网络、智能巡检机器人或辅助系统等先进检测技术与智能测控设备。

2）智能设备层技术应用情况。建设中的电厂，或多或少都采用了现场总线系统以及现场总线设备，包括智能化总线变送器、执行机构、电动阀门和辅机电动机开关柜，为智能化电厂提供智能化物理基础。

部分电厂尝试先进检测技术，包括煤质、飞灰含碳量、氧量（一氧化碳）、风粉混合物浓度以及炉膛温度场等的测量，并积极推进如激光测量、软测量技术和移动巡检技术的应用。

部分电厂开展了诸如物联网技术、射频技术以及可移动视频图像技术（无人机、可穿戴设备）的应用，已用智能巡检技术代替了人工巡检和信息手工录入，使各级生产维护人员能够直观及时共享电厂各类设备的运行工况，及时发现和处理设备运行中出现的异常、缺陷和其他安全隐患。

（2）智能控制层。

1）智能控制层技术。智能控制层是智能化电厂控制的核心，是安全等级最高的系统，根据GB/T 17859—1999《计算机信息系统安全保护等级划分准则》等相关要求，满足放在一级安全区以及与其他系统安全隔离的要求。

智能控制层的核心技术，包括先进控制技术和智能控制技术；其他技术主要包括智能诊断与优化运行，分别体现为在线仿真、故障诊断、控制系统安全防护、全程节能优化技术、燃烧先进控制技术、机组自启停控制技术、PID 自整定技术、适应智能电网的网源协调控制及超低排放系统控制优化等。

2）智能控制层技术应用。部分电厂实时生产过程控制层中，各单元机组和全厂辅助系统分别设置 DCS（或 PLC）控制系统；有的电厂将相应的优化控制系统一体化的接入到各通用控制系统中；有的电厂设置了专用优化控制平台，与通用控制系统进行无缝整合，并应用无扰技术。

部分电厂设置厂级控制系统，完成全厂负荷（包括有功功率和无功功率）优化调度，并作为机组数据挖掘和优化控制通用平台。配置和投运了机组自启停功能（automatic unit start-up and shut-down system，AUS），提高了机组启停和初期低负荷阶段的自动化水平和运行安全性。

部分电厂成功应用了先进控制策略与技术，通过机理分析和系统辨识相结合建模，采用先进控制策略与技术，实现了控制参数最优搜索和整定，完成过程重要参数的精细控制，最大限度实现机组全负荷范围的控制，包括滑压优化控制技术、凝结水压力适应控制技术等。

部分电厂配置了锅炉燃烧优化控制系统，并对超低排放没备和系统的控制进行了优化，以满足火电厂超低排放的需求。

（3）智能实时生产监管层。

1）智能实时生产监管层技术。智能实时生产监管层的配置按执行高级值班制的模式规划，完成机组控制系统及其值班人员精力和技术无法完成的更为复杂的性能优化分析、设备故障预警和分析以及更宏观的机组负荷调度等问题。

智能实时生产监管层的核心技术包括在线仿真技术、厂级负荷优化调度技术、全生命周期管理和 3D 虚拟交互技术等。

实时生产监管层中，部分电厂设置多层高级监管平台（厂级、集团级和科技中心级），及其相应的高层监管智能决策系统；在电力市场化开始推行的条件下，另外设置多级报价决策平台及其相应的竞价上网分析报价系统。

2）智能实时生产监管层技术应用情况。部分电厂将电厂厂级实时生产过程监管层与电力集团级实时生产过程监管层间通过电力集团专网（内网）进行了信息和数据接入，为建设集团级数据中心提供基础。

部分电厂开展了高端复杂的数据挖掘技术和智能优化开环指导技术的开发和应用，它与闭环智能控制技术共同构成智能化电厂的整体优化功能。其中高端实时监管层（系统）着重解决电厂的智能化分析和指导功能，包括系统（设备）故障诊断和预警功能、机组运行方式和性能优化功能（包括冷端优化技术和设备状态检修技术）。

部分发电集团和电科院建立了发电设备远程诊断中心，实现对发电设备的生产过程监视、性能状况监测及分析、运行方式诊断、设备故障诊断及趋势预警、设备异常报警，主要辅助设备状态检修、远程检修指导等功能。通过应用软件分析诊断结合专家会诊，定期为发电企业提供诊断及建议报告（包括设备异常诊断、机组性能诊断、机组运行方式诊断、主要辅助设备状态检修建议）；服务包括实时在线服务、定期服务、专题服务。

部分发电集团和电科院为智能化电厂的控制系统提供远程服务，包括控制系统远程监测、测试、维护、优化，控制设备远程故障诊断，机组模型远程辨识等。如调节系统的控制品质监测和评价，调节系统的对象特性、调节性能等进行远程试验和调整，控制设备远程故障诊断等。

部分电厂实施了在线仿真技术、厂级负荷优化调度技术；部分电厂实施了三维建模技术，建立了厂区的地理与关键设备和管道的三维模型。

（4）智能管理层。

1）智能管理层技术。智能管理层的核心技术包括远程实时传输及物联网技术、智能决策与分析技术、远程设备状态监测与诊断技术。

智能管理层的其他技术主要包括智能管理与辅助决策，体现为 ERP 应用、集团安全生产监控系统、辅助决策与专家诊断、网络信息安全、燃料智能物流、备品备件虚拟联合仓储、运营数据深度挖掘等。

2）智能管理层技术应用。

部分电厂成功应用了远程数据中心技术，通过远程数据接入，建设了数据中心，在大数据平台上开展了“互联网＋电力技术服务”技术的探索。

部分电厂考虑建立全厂成本利润分析和决策中心，整合了电厂经营、人力、财务信息，实现经营指标的实时统计预测，加强了数据挖掘和预警，推动了管理预控化。

部分电厂运用现代物联网技术手段，建立和强化了电厂安全消防保卫中心平台，实现安全监视、人员识别和消防等业务的专业化管理和一体化管控。

2. 智能化电站建设中问题

过去10年中，国内发电企业按照“管控一体化、控仿一体化”，在建设数字化电厂方面取得了较大进步，为由数字化控制与信息化管理的发电企业向更加清洁、高效、可靠的智能化电厂发展奠定了技术基础，但从目前的实际建设、生产情况来看，问题也开始显露。

（1）智能化电厂建设方向不明。智能化电厂定义不清，方向不明，对系统的结构缺少顶层设计，技术要求、应用方式缺少统一的标准规范。解决方案多半由厂商提供，尽管之前电厂提出需求并参与认证，但由于电厂对数字化电厂、智能化电厂的理解各有不同，而厂商往往对企业千差万别的需求“理不清”（即使“理清”也不一定能修改，因这种需求经常变动，大多代理的国外软件难以跟随）；因此，已报道建成的智能化电厂，虽然解决方案技术先进，但同企业生产和管理的实际需求存在较大差距，投入与产出不相应，使得人们对智能化电厂发展的认知上两极分化。

（2）技术应用跟不上需求。火电机组运行问题包括煤质多变、负荷多变、煤价多变、气候多变、手脚不灵（执行设备响应滞后）、人员变化等。而技术应用跟不上需求，如智能仪表和现场总线选择余地小、测量技术不成熟或缺乏而跟不上智能化需求、智能在线优化技术自适应能力差。大数据技术可以成为解决电厂优化现实需求问题的共性基础，实现基于数据的决策，支持管理科学与实践，减少对精确模型依赖，发电行业对数据的应用需求旺盛，但由于缺少顶层设计，缺乏有效的共性技术支撑与理论指导，使得大数据应用技术在发电行业还未有效展开。

（3）基础数据缺乏。智能化建设中，存在表面化、工具化现象，重视设备和控制过程的自动化，不重视基础数据的获取与建立（如维护记录仍纸质、集团内格式不统一）和对过程数据的深入研究与提升，人员素质培训也非常缺乏，缺少底层支持，必将阻碍上层数据开发应用。

（4）信息未有效利用。DCS功能的拓展和部分现场总线的应用、SIS与管理信息系统的融合，加之信息技术的发展、众多设备故障诊断软件和三维设计、三维数字化信息管理平台的应用，为实现信息的有效利用、交互和共享提供了基础。但从实施效果来看，并未有效实现数字化管理功能，现场智能设备只是当作常规设备使用，未能通过网络技术将智能设备内的信息贯穿起来，实现底层设备数据的集成和智能通信；底层数据支持的缺少，又阻碍了对大量生产过程数据等进行深度有效的二次开发和利用，或者即使积累有大量的数据，但很少有对涵盖电厂的所有相关数据进行深度挖掘，从海量无序数据中提炼与生产、经营有关的有效数据加以利用，使得 SIS 和 MIS 系统大多数情况下只是数据采集系统。加之信息化设备不统一，端口不一致，信息孤岛情况仍有存在。

四、电厂智能化发展

1. 电厂智能化当前任务

发电厂具有关联性、流程性、时序性强特点，智能化是形势迫使转型升级的内在需要，是个渐进过程，要考虑产出比与社会责任，避免盲目高大上。尽管近几年电厂在智能化过程中取得了一定的进步，一些智能技术和产品在部分电厂已开始试点和推广应用，但当前智能化电厂建设中的首要任务为：

（1）权威部门能尽快联合高校、设计院、研究院、电厂、制造或供应厂商，从不同的角度，对智能化电厂的设计、实践、运行维护进行深入研究，建立相关的统一技术标准体系和技术导则，为智能化电厂建设与运维护提供指导，同时在建设的前期，做好智能化电厂的层次规划，使电站各层功能规范、平台和接口统一，第三方产品能无缝接入。

（2）当前应全面推进数字化（重视基础数据获取与建立，如检修维护记录统一格式无纸化）、研究智能化，更多的关注新技术及研发应用、优化过程工艺与控制。

（3）应进一步开发和完善煤质、炉膛温度场及低负荷流量等在线检测技术；整合单元机组各工艺过程的控制系统及信息平台，使得平台统一、数据来源准确、信息便于交互和共享。

（4）开发风能、太阳能等清洁能源发电功率预测、化石燃料发电机组调峰能力评价等技术，为实现发电优势互补、资源优化利用和节能调度提供依据。

（5）应借鉴国内外先进理念，结合企业实际情况，深入流动数据研究，进行隐形数据显性化与应用创新，避免 SIS、盲目优化情况再次发生，同时电厂智能化发展必将带来工控网络信息防护工作的深入推进。

（6）不盲信智能化，智能化要取得成效，需要人、设备、网络联动，三者之间以人为本，人决定了创新开发、有效维护、安全运行深度。因此需要重视企业内在因素的开发（人员素质、企业文化管理）。

随着新一轮电改的实施，对节能环保要求的不断提高，智能化电厂建设将会进一步受到关注，将是未来十年电厂技术的发展方向，也是发电机组实现清洁、高效、安全、稳定运行的重要手段。

2. 电厂智能化展望

虽然到目前为止，国内外还没有一个完整意义上的智能化电厂，但智能化电厂框架下的许多智能控制技术和先进算法已在许多电厂中已有应用研究。如预测控制、模糊控制、神经网络控制、模糊神将网络控制和遗传算法等已应用于主蒸汽温度控制。随着各种智能控制和信息技术以及数字化电厂的不断发展，智能化电厂也将不断发展和完善过程中。智能化电厂未来的发展需要不断与移动互联网、云计算、大数据和物联网等先进技术相互融合，促进火电厂的进一步转型升级。

（1）与移动互联网的结合。目前，工业局域网在电厂中的应用已经较为普遍，电厂人员可以通过局域网对整个电厂的信息进行查看，或利用 VPN 通过互联网进行远程查看。随着移动互联网与移动终端的发展，特别是随着 4G 等移动通信技术的普及，使智能手机和平板电脑等移动终端设备在电力行业的应用将成为可能。通过移动互联网技术可以将电厂的实时生产和运行状况同步到智能移动终端，因为移动互联网不仅传输速度快，而且覆盖面广，可使管理人员或技术人员不在现场时，仍然可以通过移动终端及时获取所需要的电厂信息，并进行相关决策，最大限度地减少经济损失，从而提高全厂的现代化管理水平。

（2）与云计算、大数据技术结合。云计算是一种新型计算模式，可将企业内部的大量数据储存到云端，利用云端服务器组对大数据进行分析和挖掘，这种大数据分析侧重通过分布式或并行算法提高现有数据挖掘方法对海量数据的处理效率，忽略了数据之间的前后因果关系，侧重对数据间的相关性进行预测，然后将有用信息回传给用户。电厂可将其生产运营过程中的海量数据传入云存储平台进行保存和备份，并利用云端并行服务器对大数据进行快速分析和挖掘，发现有利于生产和管理的有用信息，为智能决策服务。通过与云计算、大数据技术的结合，火电厂将不需要自己额外对硬件设备及相关基础设施进行投入和维护，节省大笔开销。

（3）与物联网等技术结合。物联网就是通过射频识别技术、传感器和定位系统等信息传感设备，将各种物体连接到互联网，实现各种信息的通信与交换，从而可对各种物体进行智能化识别、定位、跟踪和管理等的一种网络。目前电厂存在设备和物资的信息共享性差、结构不统一和综合利用困难等显著问题。可利用物联网技术，通过将感应器和射频识别标签等嵌入到机炉电设备和各类重要物资中，形成电厂内部的物联网，并与互联网加以整合，以更加精细化和动态化的方式实现对电厂的智慧管理，提升全厂的现代化管理水平。

（4）网络信息安全防护。发电厂控制与管理系统的智能化发展离不开有线与无线网络。2015 年 12 月 23 日，乌克兰电力网络受到黑客攻击，导致伊万诺-弗兰科夫斯克州数十万户大停电。这一世界首例电力系统因网络攻击而导致严重事故，使我们更加意识到网络与信息的安全的重要性。没有信息安全就无法保障智能化电厂的稳定运行。发电厂的网络与信息安全管理，防火墙、信息加密、身份认证、安全审计、监测预警等防护技术如何运用才能有效地保障发电厂的整体安全，是本书重点讨论的内容。

3. 智能化电厂控制网络与管理系统信息安全的定义

电厂电力系统是国民经济和人民生活的重要基础设施，其网络和应用系统的安全是电力系统安全运行及为社会可靠供电的保证，直接关系到我国各行各业的发展、社会的安定和人民的生活水平。在工业控制领域的安全通常可分为功能安全、物理安全和信息安全三类。功能安全是为了实现设备和系统的安全功能，当任一随机故障、系统故障或设备失效都不会导致安全系统的故障，从而引起人员的伤害或死亡、环境的破坏、设备财产的损失；物理安全是减少由于电击、着火、辐射、机械危险、化学危险等因素造成的危害；信息安全是保证设备和系统中信息的保密性、完整性、可用性，另外也可以包括真实性、可核查性、不可否认性和可靠性等。

后续章节所讨论的智能化电厂控制与管理系统信息安全，特指用于监视和控制电力生产和供应过程的、基于计算机及网络技术的业务和管理系统及智能设备，以及作为基础支撑的通信及数据网络的信息安全保障措施和方法，属于工业控制领域信息安全的范畴，既包括了传统的信息系统，也包括了自动化控制系统，是广义上的工业控制系统，主要目的是为了保障智能化电厂控制与管理系统的运行安全，防范黑客及恶意代码等对电厂控制与管理系统的恶意破坏和攻击，以及实现非授权人员和系统无法访问或修改电厂控制与管理系统功能和数据，防止电厂控制与管理系统的瘫痪和失控，和由此导致的发电厂系统事故或电力安全事故。

第二章

发电厂控制与管理系统信息安全现状及挑战

能源是现代化的基础和动力，在国务院 2014 年印发的《能源发展战略行动计划（2014—2020 年）》中提出了我国要加快构建清洁、高效、安全、可持续的现代能源体系。电能作为高效、优质、绿色的能源，在社会生活的方方面面起着越来越重要的作用。经过改革开放后三十多年的快速发展，我国电力工业取得了长足进步。在“十二五”期间，我国发电装机规模和电网规模已双双跃居世界第一位。当前发电厂、变电站等电力基础设施已离不开工业控制系统及相关的业务管理系统，普遍采用智能仪器仪表设备、基于计算机技术的电力监控系统以及生产管理系统，实现对电网及电厂生产运行过程的智能化管理与控制。然而倘若电厂的控制与管理系统没有很好的安全防护，有如不对潘多拉魔盒加以管控，则必定会对其受控对象——能源过程带来不可预估的后果。本章将具体讲述智能化电厂控制与管理系统的信息安全现状与面临的挑战。

第一节　工业控制系统信息安全事件

近年来，通用开发标准与互联网技术的广泛应用，使针对工业控制系统的各种网络攻击行为出现大幅度增长，据美国 ICS-CERT 报告，全球 2010 年发生工控安全事件仅为 39 起，而到了 2011 年突增至 140 起，2012 年达到了 197 起，2013 年更是达到了 248 起。工业控制系统安全事件在 2010 年以后呈现了明显的上升趋势，更多的安全事件被披露，可以说 2010 年是工业控制系统安全的元年，最著名的例子当属 Stuxnet（震网）病毒。Stuxnet 病毒是世界上首例被精心设计以攻击工业自动化控制系统的病毒，对伊朗的布什尔核电站造成了严重影响。

Stuxnet 病毒巧妙地避开不同网络之间的安全认证机制，不断传播，成功感染了核电厂控制系统。直到 2010 年 7 月，因为一个偶然的事件，Stuxnet 病毒才被首次发现。此时，Stuxnet 病毒已经感染了超过 10 万台计算机（伊朗境内），1000 台离心机，大大滞后了伊朗的核进程。该病毒是目前世界上首个网络“超级武器”，已经感染了全球超过4500个网络，伊朗遭到的攻击最为严重，60%的PC感染了这种病毒。

一、世界典型的工控网络安全事件

除了震网事件，世界范围内典型的工控网络安全事件，有的是故意而为，有的是无心之失；有的是内部人员报复所致，有的是蓄意破坏的邪恶势力捣鬼；有的是单枪匹马的个人行为，有的背后却是有组织、有预谋、技术力量强大、资金雄厚的敌对势力，甚至是国家行为。愈演愈烈的国际恐怖势力也在谋求利用网络空间兴风作浪，透过这些事件可以了解工业控制系统网络事件发生的内在原因。

1. 澳大利亚马卢奇污水处理厂非法入侵事件

2000年3月，澳大利亚昆士兰新建的马卢奇污水处理厂出现故障，中央计算机与各水泵站的无线通信连接信号丢失，污水泵工作异常，报警器也没有报警。本以为是新系统的磨合问题，后来发现是该厂前工程师Vitek Boden因不满工作续约被拒而蓄意报复所为。

该工程师通过一台手提电脑和一个无线发射器控制了150个污水泵站；前后三个多月，总计有100万L的污水未经处理直接经雨水渠排入自然水系，导致当地环境受到严重破坏。

此次事件表明内部人员破坏这一潜在威胁所造成的后果不容小觑。同时也因为影响巨大，该事件成为首个引起人们广泛重视的工业控制系统网络安全事件，也为工业控制系统的安全防护敲响了警钟。

2. 美国Davis-Besse核电站受到Slammer蠕虫攻击事件

2003年1月，美国俄亥俄州Davis-Besse核电站和其他电力设备受到SQL Slammer蠕虫病毒攻击，网络数据传输量剧增，导致该核电站计算机处理速度变缓、安全参数显示系统和过程控制计算机连续数小时无法工作。

经调查发现，一供应商为给服务器提供应用软件，在该核电站网络防火墙后端建立了一个无防护的T1链接，病毒就是通过这个链接进入核电站网络的。这种病毒主要利用SQL Server 2000中1434端口的缓冲区溢出漏洞进行攻击，并驻留在内存中，不断散播自身，使得网络拥堵，造成SQL Server无法正常工作或宕机。实际上，微软在2002年就发布了针对SQL Server 2000这个漏洞的补丁程序，但该核电站并没有及时进行更新，结果被Slammer病毒乘虚而入。

Davis-Besse事件的发生让人们认识到，大部分利用内网远程监控工业控制系统的核电企业，其控制网络都有可能存在一些未知的互联网连接，这些未知的连接加上没有及时更新的补丁，从而成为Slammer病毒攻击的元凶。

3. 美国Browns Ferry核电站受到网络攻击事件

2006年8月，美国阿拉巴马州的Browns Ferry核电站3号机组受到网络攻击，反应堆再循环泵和冷凝除矿控制器工作失灵，导致3号机组被迫关闭。原来，调节再循环泵电动机速度的变频器（VFD）和用于冷凝除矿的可编程逻辑控制器（PLC）中都内嵌了微处理器。通过微处理器，VFD 和 PLC 可以在以太局域网中接受广播式数据通信。但是，由于当天核电站局域网中出现了信息洪流，VFD 和 PLC 无法及时处理，致使两个设备瘫痪。

此次事件表明网络攻击的目标并不局限于计算机，它也会瞄准工业控制网络中的相关设备。

4. 美国 Hatch 核电厂自动停机事件

2008 年 3 月，美国乔治亚州的 Hatch 核电厂 2 号机组发生自动停机事件。当时，一位工程师正在对该厂业务网络中的一台计算机（用于采集控制网络中的诊断数据）进行软件更新，以同步业务网络与控制网络中的数据信息。当工程师重启该计算机时，同步程序重置了控制网络中的相关数据，使得控制系统以为反应堆储水库水位突然下降，自动关闭了整个机组。

此次自动停机事件让人们意识到，黑客要破坏工业控制网络无需大费周章，只要对企业网络稍作改动就可以给关键基础设施造成严重后果。另外，操作人员安全防范意识薄弱也是此次事件发生的导火索。

5. 震网病毒攻击美国 Chevron 等四家石油公司

2012 年，位于美国加州的 Chevron 石油公司对外承认，他们的计算机系统曾受到专用于攻击伊朗核设施的震网病毒的袭击。不仅如此，美国 Baker Hughes、ConocoPhillips 和 Marathon 等石油公司也相继声明其计算机系统也感染了震网病毒。他们警告说一旦病毒侵害了真空阀，就会造成离岸钻探设备失火、人员伤亡和生产停顿等重大事故。虽然美国官员指这种病毒不具有传播用途，只对伊朗核设施有效，但事实证明，震网病毒已确确实实扩散开来。

6. Duqu 病毒（Stuxnet 变种）出现

2011 年安全专家检测到 Stuxnet 病毒的一个新型变种——Duqu 木马病毒，这种病毒比 Stuxnet 病毒更加聪明、强大。与 Stuxnet 不同的是，Duqu 木马不是为了破坏工业控制系统，而是潜伏并收集攻击目标的各种信息，以供未来网络袭击之用。伊朗和苏丹的网络大量发现该木马病毒，也有企业宣称他们的设施中已经发现有 Duqu 代码。目前，Duqu 僵尸网络已经完成了它的信息侦测任务，正在悄然等待中，没人知晓下一次攻击何时爆发。

7. 比 Suxnet 强大 20 倍的 Flame 火焰病毒肆虐中东地区

2012 年 5 月，俄罗斯安全专家发现一种威力强大的电脑病毒“火焰”（Flame）在中东地区大范围传播，火焰病毒设计极为复杂，能够避过 100 种防毒软件。感染该病毒的电脑将自动分析自己的网络流量规律，自动录音，记录用户密码和键盘敲击规律，将用户浏览网页、通信通话、账号密码以至键盘输入等记录及其他重要文件发送给远程操控病毒的服务器。该病毒不仅袭击了伊朗的相关设施，还影响了整个中东地区。据报道，该病毒是以色列为“打聋、打哑、打盲”伊朗空中防御系统、摧毁其控制中心而实施的高科技的网络武器，以色列计划还包括打击德黑兰所有通信网络设施，包括电力、雷达、控制中心等。

卡巴斯基实验室认为，Flame 火焰病毒迄今为止还在不断发展变化中，该病毒结构非常复杂，综合了多种网络攻击和网络间谍特征。一旦感染了系统，该病毒就会实施一系列操作，如监听网络数据、截取屏幕信息、记录音频通话、截取键盘信息等；所有相关数据都可以远程获取。可以说，Flame 火焰病毒的威力大大超过了目前所有已知的网络病毒。

8. 乌克兰电网系统遭黑客攻击

2015 年 12 月 23 日，乌克兰电力公司的网络系统遭到黑客攻击，导致西部地区大规模停电。数百户家庭供电被迫中断，这是有史以来首次导致停电的网络攻击。同时，为了让电力公司的维修部门无法正常工作，黑客利用恶意软件定时拨打电话，让维修人员一直保持忙碌。

事后根据多家安全公司的监测和分析，此次攻击事件是由黑客通过社会工程学等方式将可对工业控制系统进行远程访问和控制的 BlackEnergy 恶意软件植入了乌克兰电力部门，造成电网故障。

此次攻击的突破口是典型的鱼叉式攻击，这种社会工程学攻击手段在 2015 年度 ICS 攻击事件统计里的占比较往年有大幅度提高，对这种社会工程学方式的攻击最有效的防范手段就是强化人员的网络安全意识。

9. 德国核电站发现恶意攻击程序

2016 年 4 月 24 日，德国 Gundremmingen 核电站的计算机系统负责燃料装卸系统的 Block B IT 网络，在常规安全检测中发现恶意程序。为防不测，发电厂关闭，进行全套安全常规流程，检测全部的计算机系统。

该 IT 系统并未连接至互联网，所以应该是有人通过 USB 驱动设备意外将恶意程序带进来。

注：4 月 26 日恰逢切尔诺贝利核事故 30 周年。

10. 联网终端成为新的攻击点

2016 年 10 月 21 日，美国主要域名服务器 DNS 供应商 Dyn 遭遇 DDoS 攻击，从东海岸的波士顿、纽约、费城、华盛顿到西海岸的洛杉矶、旧金山、西雅图，美国的互联网服务几乎全面宕机，包括 Twitter、Etsy、Payapl、CNN、HBO Now、华尔街日报、纽约时报等热门网站均无法登陆。此次事件中，黑客入侵并利用了杭州某公司所制造的 IoT 设备（一些摄像头主板），向其中种植 mirai 木马，致使百万台设备参与了 DDoS 攻击。

根据美国 ICS-CERT 在 2015 年收集到的 295 起涉及关键基础设施的安全事件统计，其中关键制造业、能源、水处理成为被攻击最多的三个行业。2015 年有 97 个安全事件是关于关键制造业的，占到全部事件的 33%，成为本年度受攻击最多的行业（2014 年是能源行业）。现今，能源行业的运转已离不开工业自动化和控制系统，倘若工控系统没有适当的安全防护，则必定会带来不可预估的后果。同样，在传统电厂向数字化电厂，智能化电厂转变的过程中，信息安全问题至关重要。

二、国内工业控制系统信息安全事件

1. DCS和PLC系统部分工控机出现重启或蓝屏现象事件分析及处理

2017年8月15日，某厂发生了生产大区、管理大区等信息安全事件，相继DCS和PLC系统部分工控机出现重启或蓝屏现象。经对全厂控制系统的服务器、工程师站、历史站、接口机、操作员站进行扫描，发现病毒文件tasksche.exe、mssecsvc.exe、qeriuwjhrf存在于电脑C:\Windows目录下，且病毒程序执行时间和8月15日晚电脑蓝屏死机时间吻合。分析认为本次事件由于病毒感染引起：

（1）病毒行为分析。该病毒分别在电厂安全Ⅰ区、安全Ⅱ区、管理大区发现均有主机感染“变种勒索病毒”，文件信息如下：病毒文件mssecsvc.exe，大小3723264字节，MD5为0C694193CEAC8BFB016491FFB534EB7C。

该病毒变种样本据确认最早在互联网发现于2017年6月2日，感染后会释放文件c:\windows\mssecsvc.exe、c:\windows\qeriuwjhrf、c:\windows\tasksche.exe，开启服务并运行，但由于变种版本只会通过TCP:445端口感染其他主机，出现间断性攻击主机蓝屏死机重启，影响生产控制系统运行，释放的加密程序文件tasksche.exe，经分析为文件包压缩异常，无法运行加密程序，变成真正的“勒索病毒”，所以没有导致更严重的生产系统数据加密的问题发生（包括生产资料、逻辑文件、SIS数据库加强等）。

（2）病毒体分析。分别对mssecsvc.exe、tasksche.exe和qeriuwjhrf病毒文件进行反汇编分析与测试。得到以下结论：

mssecsvc.exe创建服务mssecsvc2.0，释放病毒文件tasksche.exe和qeriuwjhrf文件并启动exe文件，mssecsvc2.0服务函数中执行感染功能，执行完毕后等待24h退出，启动mssecsvc.exe，再循环向局域网的随机ip发送SMB漏洞利用代码。

通过对其中的发送的SMB包进行分析，此次病毒发行者正是利用了2016年盗用美国国家安全局（NSA）自主设计的Windows系统黑客工具Eternalblue。

经过对多方求证和数据重组分析得出，明确该病毒使用ms17-010漏洞进行了传播，一旦某台Windows系统主机中毒，相邻的存在漏洞的网络主机都会被其主动攻击，整个网络都可能被感染该蠕虫病毒，受害感染主机数量最终将呈几何级的增长。其完整攻击流程如图2.1所示。

在反汇编过程中，发现其主传播文件mssecsvc.exe其中释放出的tasksche.exe为破损文件，无法正常执行病毒程序，故此次病毒无法完成最关键动作，无法加密文件以达到勒索的目的。因此在本次安全事故中，并未造成实质性、灾害性的破坏的安全事件。

（3）事件调查。

1）影响范围：涉及生产大区、管理大区。

2）生产大区情况：攻击除1号机组DCS、NCS、电量之外的Ⅰ、Ⅱ区几乎所有的特定版本的Windows主机，包括DCS、辅控、各接口机、SIS，由于各区域通过接口机感染，导致各接口机隔离生产系统相互交叉感染，导致病毒全面大爆发，现场确认第一次主机攻击 2017 年 8 月 15 日 21:20 左右进行。

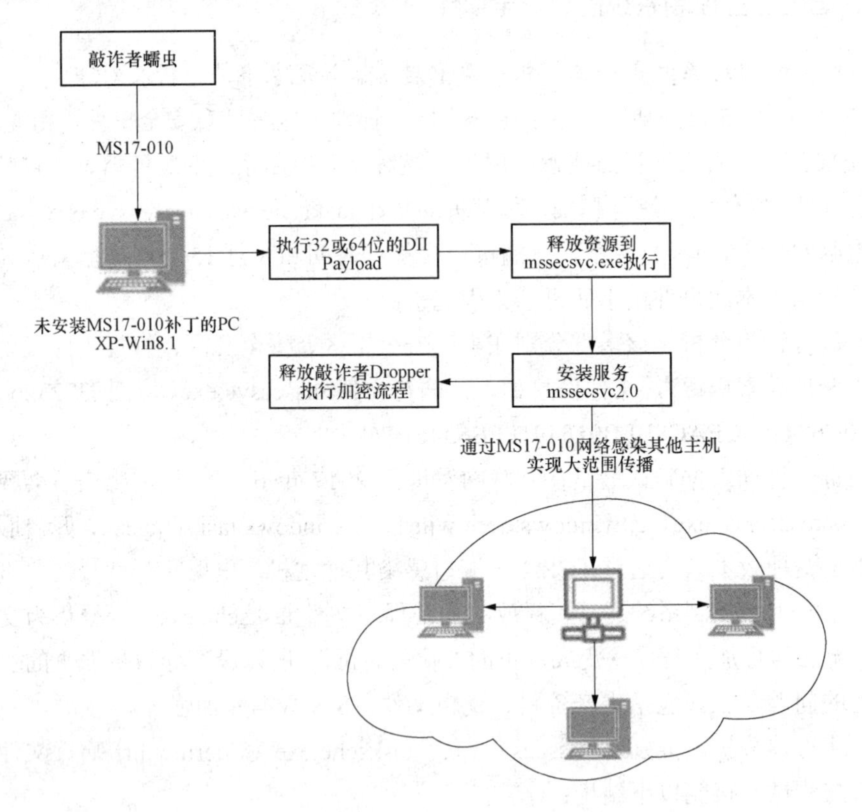

图 2.1　病毒攻击流程

3）管理大区情况：目前在办公区域员工电脑发现 1 台主机感染“勒索病毒变种”，感染时间在 2017 年 8 月 15 日 23:11，与病毒样本为生产区同一版本，该主机未打补丁及病毒库，发现多个木马病毒感染的情况；另外 1 台为输煤辅控监控主机，感染时间在 2017 年 8 月 17 日 14:57，同样是未打补丁及未安装病毒软件。

基于该“勒索病毒变种”感染自身行为特点、生产大区与管理大区存在感染同一病毒的情况，分析原因如下：

a．直接攻击原因分为通过移动存储介质感染和通过网络感染（这种可能性比较高）2 种，后者可能又分为 2 种情况：①感染病毒的主机与生产大区主机存在（临时）网络交叉，这种情况可能性比较低（只有已配置特定双网卡情况下才会发生，直连网络不可达，现场排查唯一的双网卡是值长站办公主机，但是与调度三区非同时连接）。目前已排查重点区域如值长站办公主机、NCS 相关主机（包括录波，也有感染非勒索病毒）、辅控办公主机（输煤监控有 1 台感染勒索病毒）。②感染病毒的电厂内部、工控厂家运维笔记本，及生产区电脑在管理区维护后接入生产大区网络，这种情况可能性比较高。

b．可能性高攻击路径原因分 2 种情况：外部人员运维笔记本同时/非同时接入生产大区与管理大区网络并感染生产大区与管理大区主机，或内部人员运维笔记本及近期维护工控系统主机；接入过管理大区办公网的运维笔记本又接入生产大区，或接入过管理大区办公网的维护工控系统主机又接入生产大区。

注：由于外网IPS许可过期且无日志记录，内网无入侵检测设备，无法排除最早感染源。

（4）应急处理方式。

1）切断一切网络连接。

2）停止系统服务里的传播服务mssecsvc2.0，及时删除C:\Windows\mssecsvc.exe、C:\Windows\tasksche.exe和C:\Windows\qeriuwjhrf病毒源文件。

1）～2）在现场应急处理时采用自制程序手动完成。

3）根据不同系统版本分别安装ms17-010安全补丁程序。

4）有效性测试。按该方法对受感染的计算机进行病毒查扫之后，通过试验与测试发现，使用抓包程序抓包，并未发现有异常的网络数据请求和流量产生，此现象可以证明该方法有效可行。

（5）安全建议。

1）区域防护：各安全Ⅰ区的系统应该进行区域之间的加强访问控制，应实现DCS机组之间、辅控等各区域之间逻辑隔离，防火墙应该支持端口级（目前Ⅰ/Ⅱ防火墙需要升级，不支持自定义端口），实施后可以限制在区域范围内。

2）网络行为审计：在管理大区及生产大区各部署入侵检测系统（目前包括管理大区核心交换未部署IDS；互联网边界有部署IPS但已过期），实施后快速定位网络攻击爆发的源头。

3）边界安全提升：加强管理区主机补丁升级、防病毒统一管理（部署终端安全软件）；生产区边界非操作员站（如接口机）开启本地防火墙策略、补丁等即可以防护本次攻击，也可以考虑安全防护软件，实施后，管理区可以避免感染、快速定位主机爆发的源头；生产区主机边界如接口机有一定防护能力。

4）移动运维管控：加强内部及外部人员的笔记本技术安全管控，采用网络隔离设备防止网络攻击或专用工控运维笔记本接入。

5）主机安全提升：①加强移动介质的管理，通过设置BIOS、注册表参数禁用U盘或者采用安防系统隔离U盘，控制系统程序、数据备份采用光盘形式。②控制系统工控机禁止使用USB口或者拆除不必要的USB口，防止移动设备等通过USB口接入网络内。③检查各控制系统正常运行时电脑需开启的服务和端口，关闭不必要的服务和端口。④定期对控制系统主机进行补丁升级等。

2. w32.downadup蠕虫病毒导致机组操作员站死机

2009年3月11日10时20分，某厂3号机组MMI人机接口站（除了大屏，包括工程师站和操作员站）突然全部死机，数据无法刷新，无法进行操作，仅能通过大屏进行监控。电试院热工人员协同电厂热工人员进行紧急处理，通过对操作员站进行重启、更新病毒库并杀毒、安全防火墙等故障处理措施后，紧急恢复了操作员站及工程师站、历史站的正常运行，整个处理时间持续了7h20min。

在联系了厂家DCS技术服务人员至现场后，热工所人员及电厂设备部、信息技术部人员一同对3号机组DCS系统故障的原因进行了分析，同时对当前故障处理的措施进行了评估，认为此次3号机组DCS系统发生的网络通信故障，主要是由于上位机中存在蠕虫病毒，在网络通信过程中，蠕虫病毒大量发数据包，致使C网网络通信量巨大，而使DCS系统数据通信交换堵塞。其根本原因是3号机组DCS系统的上位机中，仅安装了Windows操作系统的初始版，未安装任何系统补丁（server pack），Windows操作系统存在安全漏洞，一旦病毒侵入，Windows操作系统未能有效进行阻止，影响了上位机的正常工作。

3. olvgate病毒造成操作员站反应迟缓

某电厂4号机组DCS改造后，8月28日凌晨，运行人员发现操作员站对操作指令执行响应有几秒的滞后。经热工人员检查发现各操作员站，工程师站均感染一种名为olvgate（爱情后门）的病毒，该病毒占用计算机内存空间，造成操作员站反应迟缓。原因是机组有一台操作员站作为专门的通信机连接厂MIS，分析病毒通过MIS网络传播至操作员站。

9月1日对4号机组所有操作员站使用杀毒软件杀毒，同时安装病毒防火墙。杀毒后，各操作员站运行速度恢复正常。同时，将DCS与厂MIS网隔离。计划再加装硬件防火墙，并定期更新硬防火墙软件。

4. 其他案例

2010年5月，我国齐鲁石化某装置控制系统感染Conficker病毒，造成控制系统服务器与控制器通信中断。

2011年3月，我国大庆石化炼油厂的某装置控制系统感染Conficker病毒，造成控制系统服务器与控制器通信中断。

2011年12月，我国西南管线广东调控中心及场站感染Conficker病毒及其变种，造成部分场站的服务器与控制器通信中断。

第二节　我国发电厂控制系统信息安全现状

一、控制系统安全的认识误区

近年来，由于能源需求持续增长、管理模式不断变化以及信息通信技术（ICT）的广泛应用，电力基础设施正在经受一场快速而深刻的变革。原本相对简单、相对独立的电力系统正在走向自动化、信息化和网络化发展。虽然电力控制系统的网络安全问题已经引起了很多国家和权威机构的高度重视，我国电力行业也多次发文规范电力监控系统的相关防护要求，但是相对企业和从业者来说，仍是一个很新的领域，工作上还存在着很多误区。

1. 误区一：控制系统与外界隔离

实际上，电力基础设施不仅包括发电、输电和配电系统，还包括市场分析、财务计划等信息管理系统。生产系统与管理系统的互联已经成为工业控制系统的基础架构，几乎不可能与外界完全隔离。另外，维护用的移动设备或移动电脑也会打破系统与外界的隔离，打开网络安全风险之门。

事实证明，不管多严格的隔离措施也会有隐患发生，如前文讲述的 2003 年美国 Davis-Besse 核电站被 Slammer 病毒侵入；2006 年 13 家 Daimler-Chrysler 汽车企业因感染 Zotob 蠕虫病毒被迫停工；震网病毒通过 U 盘入侵了与外界隔离的伊朗核电站控制系统等，都证明了隔离并不代表安全。

2. 误区二：黑客不懂控制系统协议，系统非常安全

实际上，工业环境中已广泛使用商业标准件（COTS）和通用 IT 技术。除开某些特殊环境，大部分通信采用的都是以太网和 TCP/IP 协议。监控站以及嵌入式设备的操作系统也多以 Microsoft 和 Linux 为主，那些特殊环境采用的内部协议其实也有公开的文档可查，典型的电力系统通信协议定义在 IEC 和 IEEE 标准中都可以找到，像 Modbus 这些工业协议，不仅可以轻易找到详细说明，其内容也早已被黑客圈子熟知。

另外，由于工业控制系统的设备功能简单、设计规范，只要一点计算机知识和少许耐心就可以完成其逆向工程，更何况大部分的工业控制协议都不具备安全防护特征。这些都导致了工业控制系统其实很不安全。

3. 误区三：控制系统不需要防病毒软件或有防病毒软件和防火墙已经足够

认为工业控制系统不需要防病毒软件和前面两个误区有关。实际上，除了 Windows 平台易受攻击外，Unix/Linux 都有过被病毒或跨平台病毒攻击的经历。Proof-of-concept 病毒则是专门针对 SCADA 和 AMI 系统的，所以对工业控制系统，防病毒软件不可或缺，并且还需要定时更新。

那么有了防病毒软件是否就高枕无忧了呢？虽然有效管理的防病毒措施可以抵御大部分已知的恶意软件，但对隐蔽或鲜为人知的病毒的防御能力就远远不够，而且防病毒软件本身也可能存在弱点。在一次安全会议上，在对目前使用最多的 7 个防病毒软件进行防病毒能力挑战时，有 6 个防病毒软件在 2min 内被攻破。

另外，虽然防火墙也是应用最广泛的安全产品之一，但其发挥效用的前提是正确的设置安全规则，但是因为防火墙的规则设置较为复杂，很多电力机构都没能正确的配置防护规则，导致没有真正起到安全防护的作用。

4. 误区四：控制系统组件不需要特别的安全防护

人们能够理解工业控制系统的核心组件（如数据库、应用软件、服务器等）安全性的重要，但常常会忽视工业控制系统外围组件（如传感器、传动器、智能电子设备、可编程逻辑控制器、智能仪表、远程控制终端）的安全防护。其实这些外围设备很多都内置有与局域网相连的网络接口，采用的也是 TCP/IP 协议。这些设备运行时可能还有一些调试命令，如 telnet、FTP 等，若这些组件未能有效的防护，攻击者很容易通过这些组件入侵服务器和数据库。

5. 误区五：控制系统的接入点容易控制

实际上，工业控制系统存在很多未知或已知但不安全的接入点，如维护用的手提电

脑可以不经防火墙直接进入工业控制系统网络的接入点，远程支持和维护的接入点，工业控制设备和非工业控制设备的连接点，工业控制系统网络设备中的可接入端口等。实际上，企业并不知晓多少个接入点存在以及有多少个接入点正在使用，也不知道个人可以通过这些接入方式访问工业控制系统。

6. 误区六：系统安全可以一次性解决或是可以等到项目结束后再解决

以前，工业控制系统功能简单，外部环境稳定，现场维护设备也非智能型，所以对某个问题的解决方案可以维持很长一段时间不变。然而，现在工业控制系统功能复杂，外部环境经常变化，不仅现场维护设备也需要定期更新和维护，管理和维护工作也需要进行安全管理防护，需要对安全进行动态的防护，且一旦有新的威胁或漏洞产生，就应及时采取安全措施。

近些年，虽然工业控制系统的项目建设开始关注系统安全，但是由于工期较长，通常在最后阶段才开始考虑安全防护问题，但此时不仅实施不易，而且成本颇高。所以说，需求变更越晚或漏洞发现越迟，更改或弥补的费用越高。

二、我国工业控制信息安全防护与国外先进水平存在的差距

我国电力行业信息安全防护开展的较早，并保持了持续稳定的发展态势，虽然未发生较大的网络安全事件，保证了电力行业重要信息基础设施的安全、稳定和高效运行，但冷静、客观地分析，并与国际先进水平相比，我国电力行业工控信息安全仍存在不少不足或欠缺之处。

1. 安全防护标准体系不健全

与国外发达国家工控系统安全防护比较，国内的安全防护从标准体系上就不健全。西方少数国家早在 20 世纪 90 年代前后就开始了工控系统信息安全的标准化工作，如英国于 1995 年就发布了关于信息安全管理系统的标准 BS 7799。国际标准组织在 BS 7799 标准基础上，制定了信息安全管理体系 ISO/IEC 27000 系列国际标准。美国国家标准与技术研究院从 20 世纪 80 年代开始就陆续发布了一系列信息安全的报告，其中知名的有 NIST SP800-82“工控系统（ICS）信息安全指南”等。IEC 基于美国自动化国际学会 ISA 99 系列标准，先后制定了工控系统信息安全 IEC 62443 系列标准。

国内针对常规信息系统的信息安全等级保护标准较为系统和全面，但针对工控系统的信息安全标准十分欠缺。当前国内所发布的与工控系统信息安全相关的国家标准仅有 2 部，即 GB/T 30976.1—2014《工控系统信息安全　第 1 部分：评估规范》和 GB/T 30976.2—2014《工控系统信息安全　第 2 部分：验收规范》。具体到能源行业，其针对性的专门信息安全防护标准国内几乎没有。如以火电厂为例，国内尚无专门的信息安全设计标准，当前只是在部分相关标准中少量、分散地提及一些要求而已。如在 GB 50660—2011《大中型火力发电厂设计规范》中，所涉及的信息安全内容篇幅不到半页纸，仅提到了访问控制、数据恢复、防病毒、防黑客等寥寥几点。

在美国和加拿大，电力行业需遵循 NERC（北美电力可靠性组织）早在 2006 年就已

制定的 CIP（关键基础设施防护）标准，化工行业需遵循 CFATS（化学设施反恐标准）标准等。CIP 系列标准包括 CIP-001《破坏报告》、CIP-002《信息安全　关键信息系统资产识别》、CIP-003《信息安全　安全管理控制》、CIP-004《人员及培训》、CIP- 005《信息安全　电子安全边界》、CIP-006《信息安全　物理安全》、CIP-007《信息安全　系统安全管理》、CIP-008《信息安全　事故报告及响应计划》、CIP-009《信息安全　关键信息系统资产的恢复计划》、CIP-010《信息安全　配置变更管理和脆弱性评估》、CIP-011《信息安全　信息防护》、CIP-014《物理安全》等。

2. 防护水平不高和发展不平衡

当前，针对工控系统的攻击类别层出不穷。SANS 学院发布的 2014 年度针对工控系统的顶级威胁分布矢量图。对工控系统信息安全的威胁，外部攻击只占其中一部分，而来自内部的威胁不容忽视。但是，国内绝大多数企业的信息防护只注重边界防护，主要采用防火墙、网闸、入侵检测系统、入侵防护系统、恶意软件检测软件等标准安全工具，只达到国际标准所要求的 SL1 级或 SL2 级。一方面，这些防护手段只能提供简单的、低资源、低动因的一般防护，对于由敌对国家或犯罪组织等主导的黑客攻击防护而言则远远不够。例如，跨站脚本（XSS）、路过式（Drive-by）下载、水坑（watering holes）、封套/打包等攻击，可利用合法的网站或软件作隐蔽外衣，常常能旁路常规的防护手段，且难以检测其攻击行为。另一方面，边界防护不能对内部威胁进行有效防护，因此还需采取对员工和承包商严格的访问控制、背景检查、监管、鉴别、审计、灵巧密码复位策略等综合防护措施。此外，国内很少关注撒旦（Shodan）搜索引擎，而该引擎可找到几乎所有与互联网相连的设备。如果没有一定强度的防护措施，则与互联网相联的工控系统和设备则如皇帝新衣般暴露于光天化日之下，极易受到攻击。

在电力行业网络与信息安全防护工作方面，还存在严重的发展不平衡现象。由于重视程度及投入差异等诸多原因，电网企业防护水平明显优于发电企业，传统类型发电企业防护水平明显优于新能源类发电企业，电网生产系统防护水平明显优于营销系统等。

3. 核心软硬件产品自主可控水平低下

工业和信息化部电子科学技术情报研究所研究资源表明，目前我国重要信息系统的操作系统、数据库、服务器、数据存储设备、网络设备等高度依赖国外产品和技术，其中 96%的操作系统、94%的数据库、83%的服务器、86%的数据存储设备以及 59%的网络设备为国外产品（数据来源：工业和信息化部电子科学技术情报研究所）。由此可见，我国重点行业运营单位的重要信息系统的主要软硬件中，国外产品占绝对主导地位。

而重要工业控制系统中，53%的数据采集与监控（SCADA）系统、54%的分布式控制系统（DCS）、99%的大型可编程控制器（PLC）、92%的中型可编程控制器（PLC）以及 81%的小型可编程控制器（PLC）、74%的组态软件均为国外产品。

自主可控的产品和技术是保障重点行业工业控制系统网络安全的根本。当前我国重要关键设备和基础软件绝大多数采用国外产品，安全基础不牢，受制于人的风险加大。

4. 其他方面

由于国内工控安全的发展时间较短和研发投入不足，普遍缺乏针对工业特点的系列齐全的信息安全产品。如满足2级、3级、4级不同等级保护要求的工控操作系统、数据库系统等。由于强调可靠性、成熟度等因素及历史原因，所采用的工控设备国外产品居多，安全漏洞扫描查找困难较大。此外，在基层部门，还或多或少存在以下不足：

（1）缺乏风险管控理念，忽视信息安全的总体规划和安全设计；

（2）重信息安全技术措施，轻信息安全管理措施；

（3）重视网络安全，忽视物理安全、应用安全、系统安全等其他方面；

（4）重视边界防护，忽视有效的纵深或深度防护；

（5）重视控制系统防护，忽视现场级智能仪表或设备的接入侧防护；

（6）缺乏对远程访问有效的管控手段；

（7）因匮乏工业级信息防护产品，常将商用信息安全设备用于工控系统中。

第三节　控制与管理系统信息安全面临的威胁及挑战

一、信息安全面临的威胁

发电厂工业信息系统网络包含了传统的管理信息网络，同时也包含DCS和PLC等工业控制系统网络。既面临着传统网络的安全风险，也面临工业控制系统安全的风险。为了保证发电厂工业信息系统的正常运行，就必须分析工业控制系统和管理信息系统的网路与信息安全面临的安全威胁。通常发电厂面临的信息安全威胁主要有以下几类：

1. 主动入侵威胁

发电厂工业与信息网络部署有边界路由器和防火墙虽然保障了链路的可用性防止来自网络层的攻击，但并不能杜绝对应用层和可用性破坏性的攻击和入侵的发生。没有任何入侵检测与对应的防护机制，整个工控环境也极为脆弱。

2. 针对特定工控系统的攻击

黑客可能利用病毒木马等手段，通过文件摆渡或其他手段进入工控系统，对工控控制器发出恶意指令，导致工控系统宕机或出现严重的事故。

3. 外部网接入威胁

电厂工业网络还可能面临来自互联网针对电厂工业与信息网络中的信息系统攻击，如：

（1）利用漏洞的远程溢出攻击；

（2）SQL注入、XSS跨站脚本、CSRF跨站伪造请求等攻击；

（3）木马攻击。

对外系统的安全就需要重点考虑了。目前对外系统不能防止恶意攻击代码、不能进行流量净化和保护数据的安全。被“授权”的内部和未“授权”的远程用户仍可以利用无法察觉的攻击方式尝试窥探、滥用以及其他恶意行为。一旦计算机被攻陷，会造成重

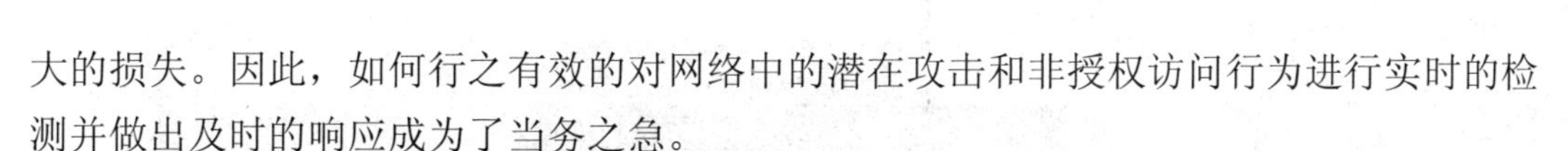

大的损失。因此，如何行之有效的对网络中的潜在攻击和非授权访问行为进行实时的检测并做出及时的响应成为了当务之急。

4. 漏洞利用风险

事实证明，99%以上的攻击都是利用已公布并有修补措施但用户未修补的漏洞。操作系统和应用漏洞能够直接威胁数据的完整性和机密性。流行蠕虫的传播通常也依赖于严重的安全漏洞。黑客的主动攻击往往离不开对漏洞的利用。

5. 行为抵赖风险

如何有效监控业务系统访问行为和敏感信息传播，准确掌握网络系统的安全状态，及时发现违反安全策略的事件并实时告警、记录，同时进行安全事件定位分析，事后追查取证，满足合规性审计要求，是迫切需要解决的问题。

二、信息安全存在的隐患

（一）控制系统协议及存在的问题

电厂控制系统通信协议是控制设备与应用、设备与设备之间的通信标准，由于当初IT技术尚不能完全满足工业自动化实时性和环境适应性等要求，于是各家公司都利用自己掌握的计算机技术开发专有的操作系统和通信协议，后来随着IT技术发展，传统自动化技术与IT技术加速了融合的进程，工控网络中开始大量采用工业以太网，使用TCP/IP或ISO标准封装后进行传输，使得IT技术快速进入了工业自动化系统的各个层面，但是由于历史的原因，大多数工业控制系统通信协议在设计之初都没有考虑加密、认证等安全问题，导致这些协议很容易被攻击者利用。下面介绍几种常见的电厂控制系统通信协议，了解这几种应用广泛的工业控制系统通信协议，对于深入理解工业控制系统信息安全有很大帮助。

1. Modbus

Modbus最初是一种串行通信协议，是Modicon于1979年为使用可编程逻辑控制器（PLC）通信而发布的。Modbus是工业领域通信协议的事实标准，并且现在是设备之间常用的连接方式之一，也是使用的最早和现今应用最广泛的工业控制系统协议之一。Modbus协议是用于和现场控制器通信的应用层协议。由于它的普及程度，大多数现场控制器都支持Modbus。然而和大多数协议不同，Modbus用于控制命令和设备级通信。Modbus没有定义特定的物理层，这样Modbus的实现不局限于某种通信媒介。工程师可以自由选择最适合的物理介质——专线，射频传输或微波等来传输Modbus数据包。

和很多控制协议一样，Modbus没有包括任何加密机制，尽管它有循环冗余校验（cyclical redundancy checks，CRC）进行完整性检查。CRC是一种在工业控制系统中常用的验证方法，以检查数据在传输过程中是否有改变。

Modbus常用的有Modbus/ASCII、Modbus/RTU和Modbus/TCP三种工作模式。它们在封装方式上有一些微小的差别，随着以太网的普及，Modbus/TCP越来越被广泛地使用，图2.2所示是Modbus/TCP在协议栈中的位置和封装示意。

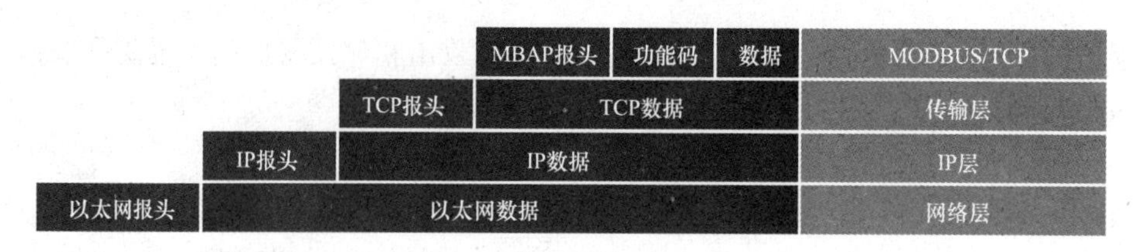

图 2.2　Modbus/TCP 在协议栈中的位置和封装示意

2. 现场总线

现场总线是一系列有竞争关系标准的通称，包括 Profibus（德国国家标准）、Interbus-S（起源于菲尼克斯）、FIP（法国国家标准）和 FF 基金会现场总线（foundation fieldbus）。

全世界约 70%的仪表厂商支持 FF 标准。FF 物理层支持 31.25kbit/s、1.0Mbit/s 和 2.5Mbit/s 的通信。31.25kbit/s 支持 2～32 个非总线供电设备，2～12 个总线供电设备或 2～6 个在绝对安全区域总线供电设备。总线信号是采用 Manchester Biphase-L 技术编码。信号被称作“同步串行”，因为时钟信息嵌入在串行数据流中。总线通常在现有模拟环路信号通信电缆上运行。

Profibus 是由德国定义的开放的标准总线 DIN 19245 第一部分和第二部分。它是基于令牌总线/浮动主机系统（floating master system）。Profibus 有 FMS、DP 和 PA 三种不同类型。现场总线消息规范（fieldbus message specification，FMS）用于一般的数据采集系统；DP（decentralized periphery）在需要快速通信时使用；而 PA（process automation）是在区域内需要本安装置和本安通信的时候使用。Profibus 支持 RS-485 和 IEC 1158-2 物理层。

和前面提到的数字化的工业控制系统通信协议一样，这个标准自开始就没有考虑信息安全的内容。现场总线协议栈示意如图 2.3 所示。

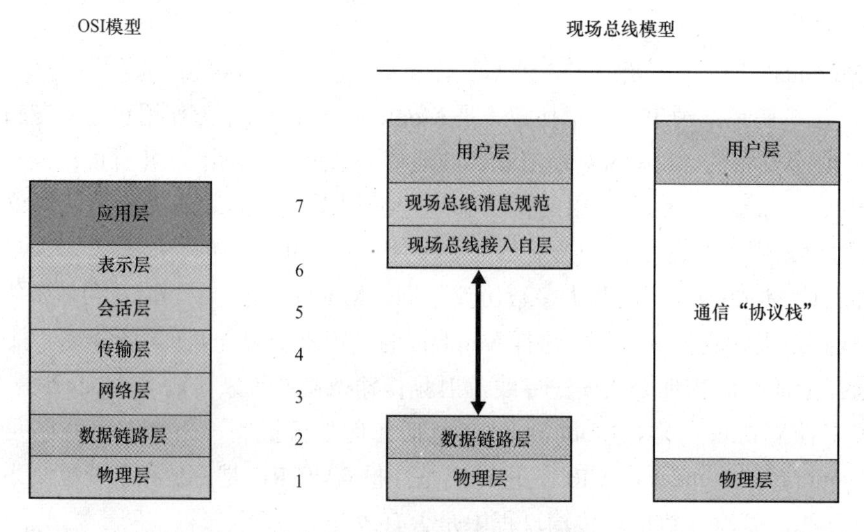

图 2.3　现场总线协议栈示意

3. PROFINET

PROFINET 是一种新的开放式工业实时以太网标准，重要特征就是可以同时传递实时数据和标准的 TCP/IP 数据。在其传递 TCP/IP 数据的公共通道中，各种业已验证的 IT 技术都可以使用（如 HTTP、HTML、SNMP、DHCP 和 XML 等）。在使用 PROFINET 的时候，我们可以使用这些 IT 标准服务加强对整个网络的管理和维护，这意味着调试和维护中成本的节省。PROFINET 系统示意如图 2.4 所示。

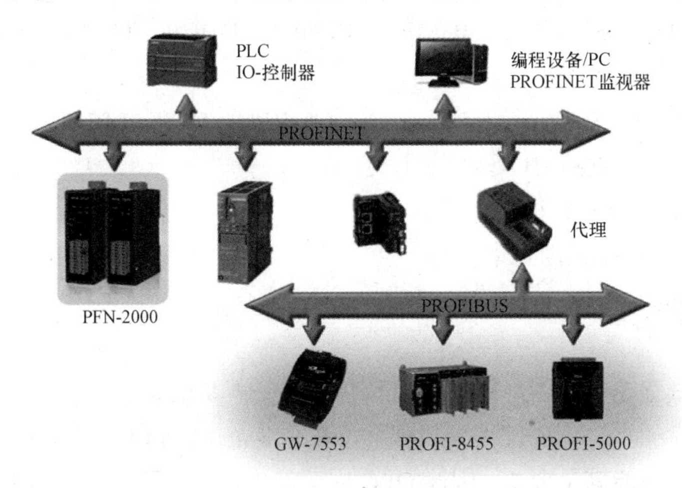

图 2.4　PROFINET 系统示意

PROFINET 实现了从现场级到管理层的纵向通信集成，一方面，方便管理层获取现场数据；另一方面，原本在管理层存在的数据安全性问题也延伸到了现场级。为了保证现场级控制数据的安全，PROFINET 提供了特有的安全机制，通过使用专用的安全模块，可以保护自动化控制系统，使自动化通信网络的安全风险最小化。

PROFINET 标准定义了三种不同的性能要求，基本上覆盖了不同应用的各种要求：

（1）非实时 PROFINET（PROFINET NRT，Non Real Time）。采用了标准的传输协议，如 UDP/IP、PROFINET NRT，应用于响应时间大约 100ms 的过程自动化的场景。

（2）实时 PROFINET（PROFINET RT，Real Time）。对于那些对时间周期要求较高的应用，如工厂自动化生产线，直接使用以太网来交换数据，使用标准的 UDP/IP 做诊断和配置。PROFINET RT 可以在响应时间大约 10ms 的应用场景中使用。

（3）等时同步 PROFINET（PROFINET IRT，Isochronous Real Time）。针对复杂的工业驱动系统，如包装机或机器人，可应用于周期小于 1ms，抖动小于 1μs 的场景。

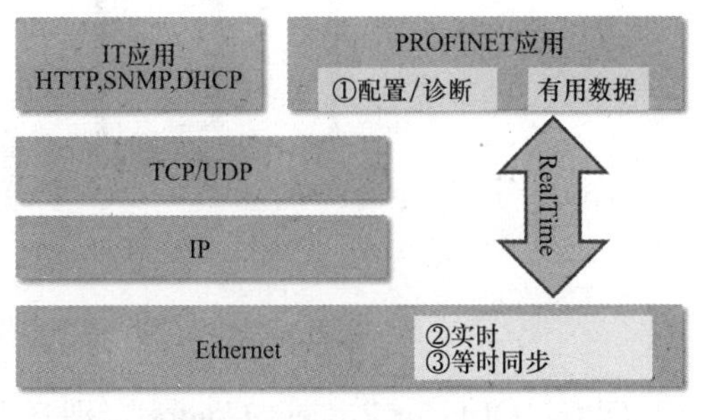

图 2.5　PROFINET 协议栈

如图 2.5 所示是 PROFINET 的协议栈，当 PROFINET 的传输网络层是 TCP/IP 时，主要的功能是设备参数设置和配置，读取诊断信息和有用数据信道的协商；实时方式（图 2.5 中②）用于有效进行有用数据的周期传输；而等时同步方式（图 2.5 中③）是用于等时模式的有用数据传输，通过 ERTEC 支持硬件，抖动要求小于 1μs。

PROFINET 可以工作在工业自动化、工厂自动化和过程自动化等各种领域。其主要特点如下：

1）传输协议：PROFINET IO。

2）支持以太网服务：ICMP、IGMP、TELNET、DHCP、TFTP、SNMP、VLAN、ARP 优先级标记。

3）支持 PROFINET 业务：RTC、RTA、CL-RPC、DCP、LLDP、I&M。

4）PROFINET 一致性：B 类和 RT 1 类。

5）循环周期：1ms（最小）。

6）提供通用的 GSDML 文件。

7）即插即用的自动 MDI / MDI-X 转换。

4. OPC

传统数据共享存在的问题，比如使用私有协议，需要定制驱动程序，由此带来的设备和控制器的负荷加重，集成过程异常复杂，在企业范围内日益增长的数据连接要求使得原有的体系架构不能满足要求，因此 OPC 应运而生，解决了所有上述问题，满足了所有自动控制部件之间以及控制系统和整个企业之间日益增长共享数据的要求。图 2.6 给出了 OPC 在一个工业控制系统内的地位和作用。

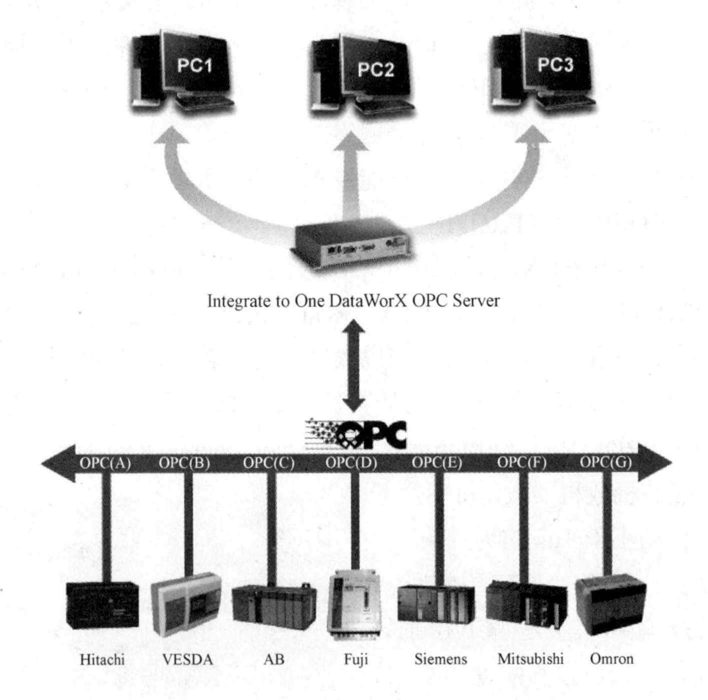

图 2.6　OPC 在工业控制系统的地位和作用

OPC（OLE for Process Control，现在改为 Open Platform Communication）开始是以 OLE、COM、DCOM 为基础，用于过程控制的 OLE 工业标准，它的出现为基于 Windows

的应用程序和现场过程控制应用之间建立了桥梁。其中 OPC 是被抽象出来的一层，OPC 层又分为 OPC 客户端和 OPC 服务器，OPC 客户端和 OPC 服务器之间的接口就是采用 OPC 协议的通信接口。见图 2.6 左侧的方框图，OPC 客户端和上层应用通过 API 连接，OPC 客户端就是一个数据接收器，它负责把上层应用的请求转换成 OPC 请求发送到适当的 OPC 服务器做处理，再把来自 OPC 服务器的数据转化成上层应用可以理解的数据并发送给上层应用。OPC 服务器提供工业控制系统和设备的统一接口，方便信息使用者获得设备信息并远程控制设备，见图 2.7 右侧的方框图。OPC 服务器与控制设备的接口则是工业控制系统通信协议，图中的示例是 MODBUS 协议，当然也可以是其他通信协议。

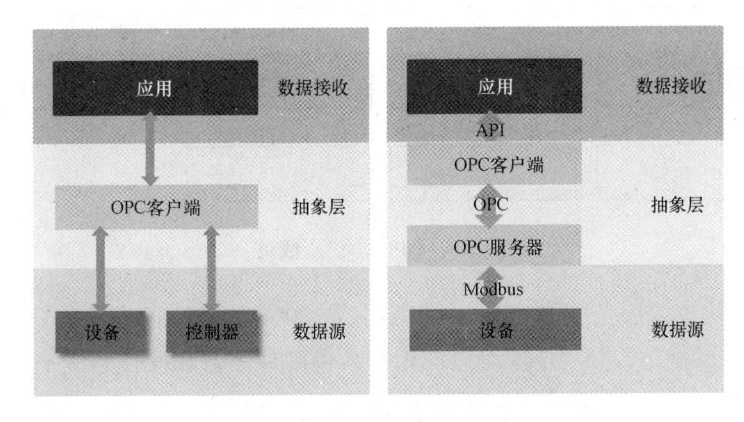

图 2.7　OPC 的体系架构

从图 2.7 可以看出 OPC 服务器可以根据设计而提供这方面的服务，如连接不同的自控设备，或特殊的数据处理及计算功能。OPC 客户端可以同时连接几个 OPC 服务器以读写所需的数据。应用系统可以是带有 OPC 客户端的监控系统，凡是符合微软 COM/DCOM 架构的客户端都可以从 OPC 服务器获得所需的数据服务。

OPC 客户端的开发无需考虑和不同厂商设备连接的特殊通信驱动，只要对端设备有符合标准的 OPC 服务器即可（见图 2.8）。并且也不用考虑是否使用不同的操作系统。因此 OPC 将控制厂商与应用软件系统很好地联系起来。

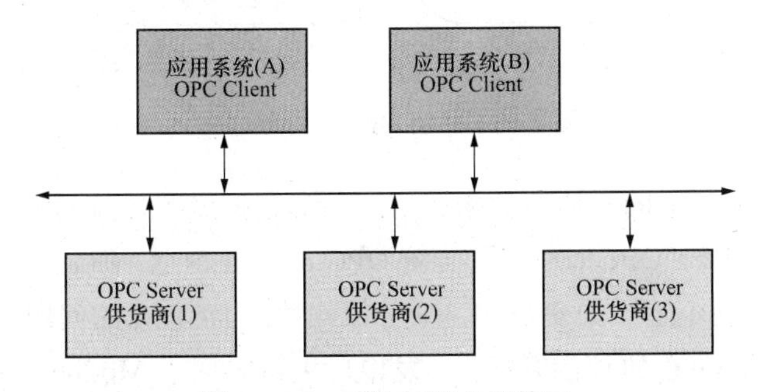

图 2.8　OPC 客户/服务器接口

OPC 是一个标准系列。第一个标准（最初就叫 OPC 规范，现在称为数据访问规范，也就是 OPC DA）源自很多的自动化产品供应商和微软的合作。最早是基于微软的 OLE COM（component object model）和 DCOM（distributed component object model）技术。标准定义了一套目标，接口和方法，用于为过程控制生产自动化来提供互操作性。COM/DCOM 技术为软件产品开发提供了框架，有大量的 OPC 数据访问服务器和客户端存在。OPC 的协议族成员如图 2.9 所示。

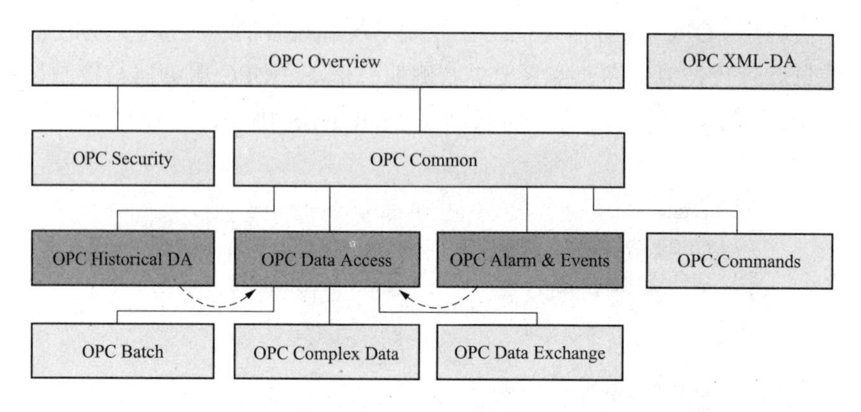

图 2.9　OPC 协议族成员

传统 OPC 协议是服务于 Windows 的应用，从 2006 年开始正式发布 OPC UA（unified architecture）技术规范，使 OPC 可以应用于各种硬件平台和操作系统平台，于是 OPC 的服务对象更加广泛，图 2.10 简要说明了二者之间的区别。

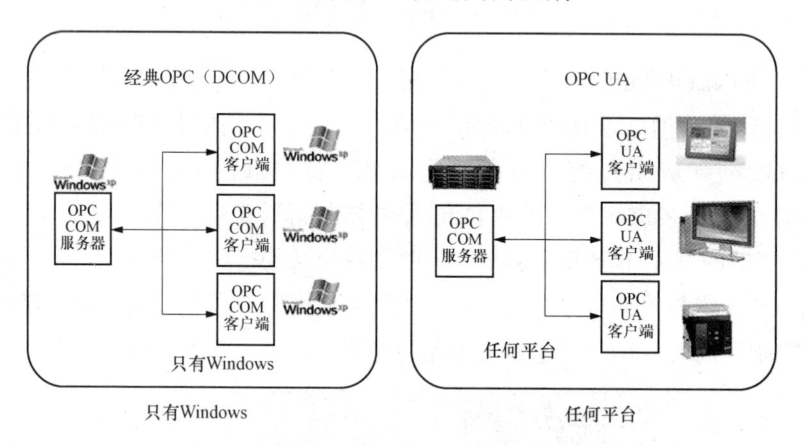

图 2.10　传统 OPC 与 OPC UA

OPC UA 被看成是新的互通性数据通信产品，它扩展了传统 OPC 配置，非常灵活，更能适应未来发展需要。OPC UA 支持传统 OPC 的所有功能，而且其基于服务的架构大大改善了传统 OPC 的不足，如安全性、平台依赖性和 DCOM 的问题。

由于 Modbus 和 OPC 协议的开放性，发电厂大量采用了 Modbus 和 OPC 协议。正是由于 Modbus 协议的开放性、标准性、通俗易懂等特点，使得任意通过网络连接到 Modbus 控制器的设备都可以改变控制器的 I/O 点或寄存器的数值，甚至还可以复位、禁止运行或下装新的逻辑或固件版本到控制器，从而带来了极大的通信安全隐患。

同样对于OPC协议，因为其基于DCOM技术，在进行数据通信时，为了响应请求，操作系统就会为开放1024～5000动态端口使用，所以IT部门在使用普通商用防火墙时根本没有任何意义。对于一般防火墙更无法进行协议分析，而使OPC客户端可以轻易对OPC服务器数据项进行读写，一旦黑客对客户端电脑取得控制权，控制系统就面临很大的安全风险。

（二）生产控制大区控制系统存在的安全隐患

电厂采用了大量的工业控制设备来实现控制的自动化，如DCS、PLC等，这些系统普遍采用了专用的硬件、操作系统和通信协议，又存在于较为封闭的网络环境中，因此往往疏于防护，存在着诸多的安全隐患。

（1）SIS系统与电厂DCS或PLC之间OPC通信安全隐患。电厂SIS系统和DCS或PLC之间的连接作为过程控制网络与企业信息网络的接口部位通常采用OPC通信，是两个系统的边界点，存在遭受来自企业信息层病毒感染的风险。虽然SIS系统和DCS或PLC之间采用传统防火墙隔离，部分恶意程序不能直接攻击到控制网络，SIS接口机也考虑了双网卡配置，但对于能够利用Windows系统漏洞的网络蠕虫及病毒等，这种配置没有多大作用，病毒还是会在SIS系统和控制网之间互相传播。安装杀毒软件可以对部分病毒或攻击有所抑制，但病毒库存在滞后问题，所以不能从根本上进行防护。

（2）DCS或PLC系统各个控制站之间的互相感染隐患。DCS或PLC的工程师站、操作员站、DPU控制器（大部分控制系统DPU都是采用基于linux或Windows的实时多任务操作系统）都在同一个网络中，一般与上层数采网无隔离防护，如果仅仅从管理角度，采取通过规章制度限制移动介质接入而减少外部感染，不在网络内部采取有效防护措施的话，控制系统内部控制站之间可能会相互感染，甚至导致系统停运。

（3）控制系统厂商的维护接入带来的安全隐患。如果控制系统厂商使用的维护设备自身遭受病毒攻击，在维护过程中，维护设备与控制系统直接相连，就会间接导致病毒扩散到控制系统中，存在一定的安全隐患。

（4）APC先控站的潜在风险。先进控制近些年在电厂应用越来越普及，先控站一般为独立于DCS等控制系统的第三方设备，利用OPC等协议与控制系统通信，在项目实施和后期维护中需频繁使用U盘、笔记本电脑等外置设备，并且是在整个控制系统在线运行情况下实施，存在较高的安全隐患。

（5）控制系统与第三方系统连接。随着电厂SIS系统、辅控网络、DCS等互连成为可能或必须，而OPC已成为主要连接方式，控制系统本身如果感染病毒或遭到攻击，可能会对与之连接的控制系统造成影响或危害。

根据上述安全分析，结合电厂的实际生产经验，梳理了电厂控制系统网络的常见安全问题，见表2.1。

表 2.1　　电厂控制系统网络常见安全隐患

序号	事故	原因	后果	严重性	发生概率	风险级别
1	线路故障	现场干扰 线路老化	通信中断 未知安全事故	中	高	中
2	设备故障	现场干扰 仪器老化 软硬件故障	生产数据丢失 未知安全事故	中	高	高
3	病毒感染	恶意网络入侵 病毒扩散 人员误操作	病毒扩散 未知安全事故	高	中	高
4	网路风暴	设备损坏 网络环路 黑客病毒	网络性能下降 网络瘫痪	高	中	高
5	IP 故障	IP 冲突 病毒攻击	不能接入网络	低	低	中

（三）管理信息大区存在的安全隐患

管理信息大区与传统 IT 网络环境类似，主要存在着以下安全问题：

（1）非法或越权的数据访问泄漏风险。管理大区网络内承载了与生产经营息息相关的 OA 和电子邮件系统，在缺乏访问控制的前提下很容易受到非法和越权的访问；虽然大多数应用系统都实现了身份认证和授权访问的功能，但是这种控制只体现在应用层，如果远程通过网络层的嗅探或攻击工具（因为在网络层应用服务器与任何一台企业网内的终端都是相通的），有可能会获得上层的身份和口令信息，从而对业务系统进行非法及越权访问，破坏业务的正常运行，或非法获得企业的商业秘密，造成泄露。

（2）恶意代码防护与网络攻击问题。网络内的部分终端上安装了防病毒软件，以有效杜绝病毒在网络中的传播，但是随着蠕虫、木马等网络型病毒的出现，单纯依靠终端层面的查杀病毒显现出明显的不足。网络类型病毒的典型特征是，在网络中能够进行大量的扫描，当发现有弱点的主机后快速进行自我复制，并通过网络传播过去，这就使得一旦网络中某个节点（可能是台主机，也可能是服务器）被感染病毒，该病毒能够在网络中传递大量的扫描和嗅探性质的数据包，对网络有限的带宽资源造成损害。

（3）VPN 访问安全问题。互联网平台已开展日常办公，如收发邮件、访问企业信息平台等工作，进行相关的业务处理，充分利用现有的共同网络资源；而互联网的开放性使得此类访问往往面临很多的安全威胁，最为典型的就是终端安全环境不可控性，安全连接身份鉴别的脆弱性，访问控制不严谨问题、数据加密算法的脆弱性等，导致信息被窃听和篡改，破坏正常的业务访问，或者泄露企业的商业秘密，使企业遭受到严重的损失。

（4）上网行为管理问题。当前不安全的互联网访问包含了三个层面：

1）降低工作效率。员工在上班时间内过度使用互联网资源，进行网络游戏、网络视频、网上炒股等活动，导致工作效率下降，影响正常生产业务开展。

2）不安全的访问。员工故意或无意访问了恶意网站，导致病毒传播，或被植入木马，并对企业信息网络造成威胁。

3）过度占用资源的访问。员工过度使用 P2P、流媒体等过度占用带宽资源的应用，严重占用了企业有限的带宽资源，影响其他人员的使用，严重的还将引起网络瘫痪。

以上行为都会对企业信息网络的正常运行带来影响，约束和监督员工访问行为对于企业而言是非常必要的。

（5）终端准入控制问题。终端准入控制问题主要包括如下管理层面：

1）资产管理。自动采集桌面终端和笔记本终端的软件、硬件资产信息，自动发现资产变更。

2）信息安全检测。自动发现接入到网络中的外来终端，防止外来终端窃取机密文件，能够对内部网络的终端拨号上网或者使用 USB 等行为进行监控，通过上网审计和上网过滤功能防止员工使用外部的邮件服务器收发邮件。

3）安全漏洞检测。自动检测所有的操作系统漏洞、微软应用系统漏洞，确保桌面系统的安全性。

4）安全接入控制。对不符合安全规定的终端或者外来终端，限制其接入内部网络或者限制其访问重要服务器和网络资源。

5）集中式维护。集中式软件分发，包括对应用软件、补丁软件的自动分发和自动安装。

6）集中式进程管理。包括远程协助、进程监控多种管理模式。

7）集中式安全设置。包括集中式 Windows 本地安全策略设置。

8）集中式设备定位。可以依据 IP、MAC、用户名等信息迚行快速定位，发现异常的终端等。

（6）运维管理问题。随着信息化建设的不断加强，各种多样化的安全产品会随着信息化建设不断更新和补充，那么，最直接的问题就是安全运维的复杂性问题，如，繁杂的设备账号密码管理问题、运维人员的交叉管理、防止信息泄密的权限控制问题，安全事件发生后怎样准确定责和事件回放的问题。在日常的技术运维操作中主要有以下操作风险：

1）操作风险不透明；

2）误操作导致关键应用服务异常甚至宕机；

3）违规操作导致敏感信息泄露；

4）恶意操作导致系统上的敏感数据信息被篡改和破坏；

5）操作风险不可控；

6）无法有效监管原厂商和代维厂商的维护操作；

7）无法有效取证和举证维护过程中出现的问题和责任。

运维操作管理的本质是对于运维操作行为的控制，而采用什么样的方式去控制和控制的力度，决定了管理的高度。只有通过事前的控制（严格授权），事中的监控（实时监控运维人员操作），事后的审计（日志查询和录像回放）才能最大程度的帮助用户降低技术运维操作的风险。

三、控制与管理系统未来运行环境

1. 面临的信息安全挑战

电厂在向信息化、智能化的发展过程中，对信息安全的要求也越来越高，但是因为其与传统信息安全防护的差异性以及特殊的使用场景，导致基于IT系统的安全防护方式和手段无法很好地适用于控制网络环境，电厂控制系统面临以下信息安全挑战：

（1）高稳定性要求带来的系统技术相对陈旧。工业控制系统对系统的稳定性有很高的要求，一般情况下，一套系统建设完成之后，系统内的设备、平台不会轻易地做更新换代，造成当下很多的DCS和PLC控制系统仍在采用Windows XP等操作系统平台；而对于已发现的安全漏洞若无法充分地验证、评估补丁程序对控制系统稳定性的影响，企业也会更倾向于选择不打补丁。不会像个人电脑一样，下载补丁后立刻打上。在这种条件下，如何保障信息系统安全稳定运行，有一定难度。

（2）高实时性要求带来的防护系统性能挑战。互联网中我们也很强调性能，但跟工业控制系统相比就是小巫见大巫了。工业控制系统对系统的实时响应要求是普通互联网无法比拟的，因此也对各类防护系统提出了更高的性能要求。这就造成一系列复杂的、智能化的分析、检测算法都无法满足工业控制系统的安全防护要求，限制了防护方法的应用。

（3）高可靠性要求带来的检测高准确性目标。工业控制系统同时具有高可靠性要求，这样也要求防护系统的分析检测结果要具有明确的确定性，从而造成当前基于模糊匹配、聚类分析等智能算法的入侵检测、计算机免疫等各类模糊检测方法无法应用。

2. 信息安全威胁根源分析

电厂工控系统信息安全问题的根源在于，在设计之初，由于资源受限，非面向互联网等原因，为保证实时性和可靠性，系统各层普遍缺乏安全性设计。在缺乏安全架构顶层设计的情况下，技术研究无法形成有效的体系，产品形态目前多集中在网络安全防护层面，对控制系统自身的安全性能提升缺乏长远的规划。电厂工控系统安全根源具体分析如下：

（1）策略与规程脆弱性。指安全策略或安全规程不健全。工控系统缺乏安全策略，相关人员缺乏正规安全培训，系统设计阶段没有从体系结构上考虑安全，缺乏有效的管理机制去落实安全制度，对安全状况没有进行审计，没有容灾和应急预案以及配置管理缺失等。

（2）工控架构脆弱性。传统工业控制系统更多考虑物理安全、功能安全，系统架构设计只为实现自动化、信息化的控制功能，方便生产和管理，缺乏信息安全考虑和建设。同时系统部署架构种类繁杂，需求特殊，不利于系统升级及漏洞修补。

（3）工控平台脆弱性。由于现有的工业控制系统都采用了默认配置，这就使得系统口令、访问控制机制等关键信息很容易被外界所掌握；部分系统设备采用无认证接受指令以及嵌入式系统，存在较多漏洞和潜在后门的可能性较大；另外工控系统安装杀毒软件困难也使得工控系统很容易遭受病毒木马的感染。

（4）工控网络脆弱性。工控网络脆弱性指工控系统采用的协议杂多且不安全，存在的漏洞较多；而且部分协议采用明文传输或文档公开，信息很容易被窃取，篡改及伪造；同时工控网络定义网络边界模糊，区域划分不明，比如存在控制相关的服务并未部署在控制网络内的情况。

3. 控制与管理系统信息安全防护工作势在必行

上述分析可见，虽然我国电力行业高度重视，积极推动电力监控系统网络与信息安全防护建设，并建立了相应的安全防护体系，但我国发电厂工控网络与信息安全仍存在不少不足或欠缺之处，最近有发电厂控制系统因勒索病毒感染，导致全厂不同 DCS 屏幕蓝屏的信息安全事件，这为发电厂敲响警钟，开展发电厂控制与管理系统信息安全防护工作势在必行。为保证发电厂的安全运行，在推进智能化发电厂建设的同时，应重视工业控制系统信息安全建设，从以下几方面着手：

（1）首先应提升工控系统信息安全防护意识，这需要从标准着手，加快针对发电厂特点的控制系统网络与信息安全防护相关标准的制定，以迅速改变 DCS 网络安全技术要求在电力行业标准中仍是空白的局面，推动解决当前火电厂供应侧 DCS 信息安全工作薄弱的现状。

（2）有步骤地开展工业控制系统信息安全防护工作，先应选择试点单位，作为工业控制系统与信息安全防护标准示范项目试点，积累经验，为发电厂全面开展 DCS 的网络与信息安全工作提供指导作用，以少走弯路。

（3）发电厂工控系统信息安全防护方面的隐患，更多的是管理层面，因此应加强工控安全技术人员专业能力和专业知识的培训，以强化行业工控安全系统性认识，同时组织一些工业控制系统信息安全方面的防护竞赛，促进 DCS 技术和信息安全技术相结合的复合知识人才的涌现，以提高工业企业抵御信息安全事件的能力，降低工业企业信息泄露风险。

第三章

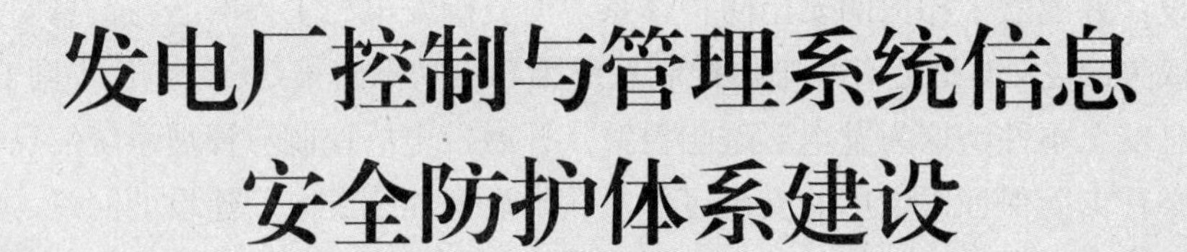

发电厂控制与管理系统信息安全防护体系建设

随着工业化和信息化的飞速发展，电厂的电力调度和生产已完全依赖于计算机监控系统和数据网络，并在如今网络互连的大背景下，越来越多地开始采用以信息技术为基础的通用协议、通用硬件、通用软件，以及云计算、大数据为代表的新一代信息技术，逐渐向开放、互联、智能的新一代电厂转变。智能化电厂一方面可以提高生产力，提升创新能力，减少工业能源及资源消耗，助力产业模式转型升级；另一方面也会因为互联而诱发一系列网络安全问题，前文已经描述了智能化电厂所面临的严峻信息安全形势，不同于传统信息安全事件，电厂一旦发生安全事件，则不仅仅是信息泄露、信息系统无法使用的问题，而会对社会的生产、人们的生活造成直接的、实质性的影响。本章将重点介绍智能化电厂信息安全保障体系的构建思路及相关的法律法规和标准规范。

第一节　控制与管理系统信息安全的内涵

一、安全防护特点

1. 安全防护目标

发电厂随着网络用户与网络应用不断增多，网络结构与应用越来越复杂，信息安全重要性越来越高，能否及时发现并成功阻止网络黑客的入侵等网络安全威胁，保证计算机网络与信息系统的安全和正常运行，成为一项常抓不懈的重大安全生产问题。因此电厂控制与管理系统信息安全目标是为了保障电厂工业信息系统的安全，防范黑客及恶意代码等对电厂的攻击及侵害，特别是抵御集团式攻击，防止电厂监控系统的崩溃或瘫痪，以及由此造成的电力设备事故或电力安全事件。

电厂控制与管理系统信息安全防护的总体原则为“安全分区、网络专用、横向隔离、纵向认证”。安全防护主要针对电力监控系统，即用于监视和控制电力生产及供应过程的、基于计算机及网络技术的业务系统及智能设备，以及作为基础支撑的通信及数据网络等。通过将发电厂业务系统根据不同的功能特性划分为不同的安全区域，重点强化边界的安全防护，同时加强区域内部的物理、网络、主机、应用和数据安全，加强安全管理制度、机构、人员、系统建设、系统运维的管理，提高系统整体安全防护能力，保证发电厂业务系统及重要数据的安全，提高机组运行可靠性和安全经济性。最终达到可用性、完整性、保密性、可控性和不可否认性五个安全目标，其中：

（1）可用性是电厂信息安全关注的核心，电厂工业系统信息安全必须确保所有控制系统部件可用，运行正常及功能正常，同时电厂控制系统的过程是连续的，过程控制系统不能接受意外中断。

（2）完整性是必须确保所有控制系统和管理系统信息的完整性和一致性，包括数据的完整性和系统的完整性。

（3）保密性是确保所有控制系统和管理系统的信息不被泄露给非授权的用户、实体或进程，或供其利用。

（4）可控性是确保电厂控制系统、管理系统及相关信息的传播范围和操作管理可控，防止非法利用信息和信息系统。

（5）不可否认性是信息交换的双方，不能否认其在交换过程中发送和接收信息的行为，所有参与者都不可否认或抵赖曾经完成的操作。

2. 控制与管理系统信息安全的特殊性

发电厂工业信息系统网络既包含了传统的IT管理信息网络，同时也包含DCS、PLC等工业控制系统网络。工业控制系统与管理信息系统相比，既有共性又有明显的差异性。虽然随着IT技术的引入，工业控制系统和IT系统的相似度越来越高，但它们追求的侧重点还是有着明显的区别。IT系统主要以管理数据为目的，工业控制系统则以物理实体控制为目标；两者追求的安全目标优先级也不相同，IT系统的安全目标优先级是保密性>完整性>可用性；而工业控制系统的安全目标优先级则是可用性>完整性>保密性。因而，必须客观地分析智能化电厂工业控制系统和管理信息系统网路与信息安全的异同点，才能有效地进行安全防护。电厂管理信息网络和工业控制网络的主要区别见表3.1。

表3.1　管理信息系统与工业控制系统的区别

序号	特　点	管理信息系统	工业控制系统
1	应用领域	管理系统等商用系统	控制系统等工业领域
2	开放性	完全开放、互联网	相对封闭
3	设备（系统）更新	频繁	不频繁
4	数据保密性要求	高	一般
5	可靠性	一般	非常高
6	实时性	一般	非常高
7	对待病毒	允许	不允许
8	应用数据类型	复杂繁多	简单
9	通信协议	HTTP、SMTP、FTP、SQL···	OPC、Modbus、DP、FF···

发电厂管理信息网络与我们传统的IT信息网络相同，比较关注数据的保密性，而控制网络对比传统信息网络具有一定的特殊性，具备以下特点：

（1）非常强调实时I/O能力，而非更高的网络安全能力。

（2）极少安装普通的防病毒软件，即使安装了也难以实时更新病毒库。

（3）工业控制网络各个子系统之间缺乏有效的隔离。

（4）不同厂商控制设备采用不同通信协议，大多数为私有协议。

（5）仪控工程师缺乏应对黑客攻击的警惕性和经验。

根据上述两个不同应用领域网络特点的比较可知，在管理信息网络上运用很成熟的安全技术和理念不能直接应用于工业控制网络，管理信息系统网络的安全需求与工业控制网络的安全需求在某些地方完全不同。如商业防火墙通常允许该网络内的用户使用HTTP 浏览因特网，而控制网络则恰恰相反，它的安全性要求明确禁止这一行为；再比如，OPC是工业通信中最常用的一种标准，但由于OPC基于DCOM技术，应用过程中端口在1024～65535间不固定使用，这就使得基于端口防护的普通商用防火墙根本无法进行设置。

上述工业网络的这些特点，导致工业网络存在着明显的安全缺陷。因此，需要针对工业控制网络和管理信息网络的特点，同时考虑实际电厂现场具体工况，研究适用于发电厂的工业网络与信息安全的解决方案。

二、控制与管理系统信息安全防护需求

1. 电力行业需求

信息安全是为其宿主服务的。因此需先对其服务对象——能源行业进行需求分析。按照国家行动计划，能源战略发展方向是绿色、低碳、智能；长期目标主要是保障安全、优化结构和节能减排；重点发展领域有煤炭清洁高效利用（包括高参数节能环保燃煤发电、整体煤气化联合循环发电等）、新一代核电、分布式能源、先进可再生能源、智能电网、智能化电厂等。煤炭清洁高效利用主要是发展大容量、高参数、节能环保型发电机组，由此带来压力容器与压力管道的数量增多、压力等级提升，从而使面临的危险更大。由于核电站已基本不再采用仪表组成的控制系统，开始全面采用工控系统，其工控系统的信息安全等级要求更高，需求更为急迫。当前电厂、电网的数字化、网络化、智能化发展如火如荼，智能仪表/控制设备、无线传感/控制网络等的大量采用，电厂/电网内IOT（物联网）、IOS（服务互联网）的推广，正在形成泛在的传感、泛在的计算、泛在的控制，网络边界动态及模糊，信息管控面和量剧增，对信息安全形成更大的挑战。虚拟电厂是电力行业网络化继续向前推进的一个显著代表，是一种新型的发电模式，是分布式发电集控或群控技术的发展。其网络互联主要是通过LAN、WAN、GPRS、ISDN或总线系统实现。所采用的工控系统信息安全应适应虚拟电厂的地域分散性、控制的实时性和可靠性的需求。

在信息安全中，传统的安全目标三角是C（保密性）、I（完整性）和A（可用性）。

对于IT应用，其安全优先级排列顺序为CIA；对于工控系统，通常认为安全优先顺序应为AIC。综合能源行业因素，考虑到工控系统的应用对象及其重要性，能源控制系统的网络安全目标不是CIA，也不是AIC，而应是SAIC四角，即在AIC基础上增加S（安全），且优先级最高。

2. 控制与管理系统信息安全平台需求

传统的信息安全防护是采用多层、点状的防护机制，如防火墙防护、基于应用的防护、IPS、抗病毒、端点防护等。从安全角度看，上述机制主要是基于状态检测原理，处于分割状态，不能提供完善的防护，如7层可见度、基于用户的访问控制等。因此，宜采用具有完整的、高度融合的、防范内外威胁且减小成本的控制与信息安全平台。选择或构建的新型安全平台必须至少具有以下9个方面的能力：

（1）利用威胁防范智能核集成网络和端点安全；

（2）基于应用和用户角色，而不是端口和IP，对通信进行分类；

（3）支持颗粒度可调的网络分段，如基于角色或任务的访问等；

（4）本质闭锁已知威胁；

（5）检测和预防未知恶意软件的攻击；

（6）阻止对端点的零日攻击；

（7）具有集中管理和报告功能；

（8）支持无线和虚拟技术的安全应用；

（9）强大的API和工业标准管理接口。

3. 政府管理层面的需求

控制与信息安全是一个多维度、多学科、技术和管理并存、动态发展的综合体。要达到国家等级保护3～5级（特别是4级以上），或国际标准所定义的SL3级或SL4级信息安全等级，没有国家及政府层面的介入，单凭企业的力量是难以实现的。

在美国，其国土安全部下属的NCCIC（国家信息安全和通信一体化中心）和专门成立的ICS-CERT（工控系统-信息安全应急响应工作组），核心任务是帮助关键基础设施资产所有者降低相关控制系统和工艺过程的信息安全风险。ICS-CERT是以天为单位响应每天所发生的信息安全事件，通过与公司网络的连接，覆盖几乎所有的与控制系统环境损害有关的攻击事件。在2014年，ICS-CERT曾对两类针对控制系统的高级威胁做出及时响应：一为采用水坑式攻击的Havex；二为利用控制系统脆弱性，直接控制人机接口的BlackEnergy。

为了应对日益增多的针对基础设施控制系统的威胁，我国也应成立类似的、专门的能源等基础设施工控信息安全机构和工作组，从政府层面指导、监督、帮助核心企业应对信息安全风险。

第二节　控制与管理系统信息安全政策和标准体系

目前，工业控制系统安全已引起国际社会的广泛关注，国际上成立了专门的工作组，相互协作，共同探讨应对工业控制系统的信息安全问题，对工业控制系统信息安全提出要求，建立相关的国际标准。虽然我国与欧美等发达国家在工业控制系统网络安全保障支撑能力方面存在着较大差距，但我国政府、研究机构、网络安全厂商和运营单位也在积极从各方面推进工业控制系统网络安全管理与保障工作，各项工作机制正逐步完善。我国相关部委也出台了多个政策文件强调工业控制系统信息安全的重要性，并开始抓紧制定工业控制系统的相关安全规范和相关技术标准，电厂作为工业控制系统的一个典型且重要的应用场所，备受关注。

一、国家与行业需求

1. 国家顶层设计

针对工业控制系统网络安全面临的新形势，工业和信息化部于 2010 年就开始针对工业控制系统网络安全问题组织力量开展了专题研究。2011 年 9 月，工业和信息化部发布《关于加强工业控制系统信息安全管理的通知》（工信部协〔2011〕451 号），通知明确了工业控制系统信息安全管理的组织领导、技术保障、规章制度等方面的要求，在工业控制系统的连接、组网、配置、设备选择与升级、数据、应急管理六个方面提出了明确的具体要求，并加强督促检查确保落到实处。同时在文中指出"全国信息安全标准化技术委员会抓紧制定工业控制系统关键设备信息安全规范和技术标准，明确设备安全技术要求"，旨在通过标准化工作来推动工业控制系统安全防护建设。作为我国加强工业控制系统网络安全的第一份政府规范性文件，它标志着中国将工业控制系统网络安全管理上升为国家战略，451 号文的颁布对国家切实加强工业控制系统网络安全管理与保障、提供工业控制系统网络安全防范能力、保障工业生产安全运行和国家经济安全具有重要指导意义。

2011 年 12 月，李克强副总理主持召开国家网络与信息安全协调小组第一次会议，明确提出要摸清重要网络与信息系统的安全风险和隐患，提出防范对策措施，加强安全防护和管理，提供安全防护水平。2012 年 6 月 28 日，国务院颁布《关于大力推进信息化发展和切实保障信息安全的若干意见》（国发〔2012〕23 号），该文件明确明确提出"保障工业控制系统安全。加强核设施、航空航天、先进制造、石油石化、油气管网、电力系统、交通运输、水利枢纽、城市设施等重要领域工业控制系统，以及物联网应用、数字城市建设中的安全防护和管理，定期开展安全检查和风险评估。重点对可能危及生命和公共财产安全的工业控制系统加强监管。对重点领域使用的关键产品开展安全测评，实行安全风险和漏洞通报制度。"

2013 年 8 月，国家发展改革委颁布《关于组织实施 2013 年国家信息安全专项有关事项的通知》（发改办高技〔2013〕1965 号），工业控制信息安全成为四大安全专项之一，国家在政策层面给予工控安全大力的支持，鼓励电力电网、石油石化、先进制造、轨道交通领域的大型重点骨干企业，按照信息安全等级保护相关要求，建设完善安全可控的工业控制系统。同时，工业和信息化部发布了《信息化和工业化深度融合专项行动计划

(2013—2018)》，指出在实施专项行动中要加强重点领域工业控制系统的网络安全管理，定期在钢铁、有色、化工等重点领域开展工业控制系统的网络安全检查和测评，开展工业控制系统网络安全漏洞信息的收集、汇总和分析研判，形成工业控制系统安全测评检查和漏洞发布制度。

2014 年 2 月 27 日，中央网络安全和信息化领导小组成立，标志着网络安全工作正式上升到国家战略高度，并在原国家互联网信息办公室、原工业和信息化部信息安全协调司和信息化推进司等单位的基础上组建了中央网络安全和信息化领导小组办公室（中央网信办），包括工业控制系统在内的关键基础设施安全也是中央网信办统筹的重点工作之一。

2014 年 3 月的两会上，全国人大代表、浪潮集团董事长孙丕恕向两会提交了《关于加强我国关键信息基础设施安全保障能力》的议题，就我国关键信息基础设施加强安全立法工作、实施产品和服务安全审查制度和国产化替代工程等提出建议。中央网信办、工业和信息化部等单位积极组织了研究立项开展了专题研究，并起草了《关键信息基础设施保护条例》列入国务院法制办立项计划，并在 2017 年 7 月发布了征求意见稿。《关键信息基础设施保护条例》将从国家层面进一步推动工业控制系统网络安全的保障工作。

2016 年 11 月 3 日，工业和信息化部印发《工业控制系统信息安全防护指南》，明确指出工业控制系统信息安全事关经济发展、社会稳定和国家安全。《工业控制系统信息安全防护指南》坚持“安全是发展的前提，发展是安全的保障”，以当前我国工业控制系统面临的安全问题为出发点，结合了我国工业控制系统的安全现状和基础条件，从管理、技术两方面明确提出了工业企业工控安全防护的 11 条要求，来应对新时期工控安全形势，提升工业企业工控安全防护水平。

2. 电力行业相关通知与要求

电力行业作为关系国计民生的重要基础行业，同时也是技术、资金密集型行业，在注重信息化建设的同时，对于网络安全工作也给予高度重视，多次组织国内大批专家对电力系统安全防护进行了深入系统地研究论证，安全防护的理念逐步形成，通过原国家电力监管委员在 2004 年发布了第 5 号令《电力二次系统安全防护规定》（简称 5 号令），随后陆续下发了相关配套文件。5 号令的核心是“安全分区、网络专用、横向隔离、纵向认证”，体现了电力监控系统安全防护总体策略，其主要内容为：合理划分安全分区，扩充完善电力调度专用数据网，采取必要的安全防护技术和防护设备，剥离非生产性业务，实现电力调度数据网络与其他网络的物理隔离，有效提高电力监控系统抵御黑客、病毒、恶意代码等各种形式的恶意破坏和攻击的能力。5 号令确定了从管理、技术两方面持续开展安全工作，建立了较为完善的电力监控系统安全防护体系，取得了明显的效果。

2007 年 8 月，原国家电力监管委员会印发了《关于开展电力行业信息系统安全等级保护定级工作的通知》（电监信息〔2007〕34 号），通知中指出，为贯彻落实公安部、国家保密局、国家密码管理局、国务院信息化工作办公室《关于印发〈信息安全等级保护管理办法〉的通知》（公通字〔2007〕43 号）和《关于开展全国重要信息系统安全等级保护定级工作的通知》（公信安〔2007〕861号）要求，提高电力行业网络和信息系统的信息安全保护能力和水平，定于2007年8～10月在电力行业组织开展信息系统安全等级保护定级工作。并在同年11月，编制印发了《电力行业信息系统安全等级保护定级工作指导意见》（电监信息〔2007〕44号），来指导电力行业企业开展信息系统安全等级保护的定级工作，预示着等级保护这项我国信息安全的基本制度和方法在电力行业的施行。2012年，国家电力监管委员会印发了《电力行业信息系统安全等级保护基本要求》（电监信息〔2012〕62号），预示着等级保护工作在电力行业有了基本的执行准则。

2014年8月，国家发展改革委颁布第14号令《电力监控系统安全防护规定》，替代《电力二次系统安全防护规定》，对原有的相关管理规定和技术措施进行了相应的完善和加强，明确要求电力行业加强电力监控系统的信息安全管理，防范黑客及恶意代码等对电力监控系统的攻击及侵害，保障电力系统的安全稳定运行。指出电力监控系统安全防护工作应当落实国家信息安全等级保护制度，按照国家信息安全等级保护的有关要求，坚持“安全分区、网络专用、横向隔离、纵向认证”的原则，保障电力监控系统的安全，并具体从技术管理、安全管理、保密管理、监督管理四个方面进行了明确规定，来应对信息技术发展带来的新的安全风险。

2015年2月，国家能源局印发《国家能源局关于印发电力监控系统安全防护总体方案等安全防护方案和评估规范的通知》（国能安全〔2015〕36号），明确要求各电力企业加强电力监控系统的安全防护工作，严格落实《电力监控系统安全防护规定》的具体规定要求，并制定了《电力监控系统安全防护总体方案》等安全防护方案和评估规范，具体指导各电力行业有针对性地开展电力监控系统的安全防护和评估工作。

信息系统安全等级保护是我国在国家范围内推行的对于网络与信息安全的一项基本制度，它针对通用的计算机信息系统，从技术与管理等方面提出了普遍适用的措施、规定和要求，是企业进行信息安全保障工作的一个通用的、基本的门槛，而电力监控系统安全防护主要针对与电力生产、供应密切相关的电力监控系统，并根据其具体功能及实际特点，有针对性提出了相关的安全防护措施，是在等级保护基础上的细化、补充、完善和加强。

二、国际相关标准

（一）国际电工委员会/国际自动化协会（IEC/ISA）

1. IEC 62443《工业过程测量、控制和自动化网络与系统信息安全》

用于工业自动化和控制系统的信息安全技术标准最初是由国际自动化协会（ISA）中的ISA 99委员会提出。2007年，ICE/TC65/WG10与ISA 99成立联合工作组，联合制定IEC 62443标准体系。IEC 62443一共分为4个部分共13个标准文档，每个文档描述了工业控制系统信息安全的不同方面，是目前工业控制领域最具权威性的标准体系之一。IEC 62443标准结构如图3.1所示。

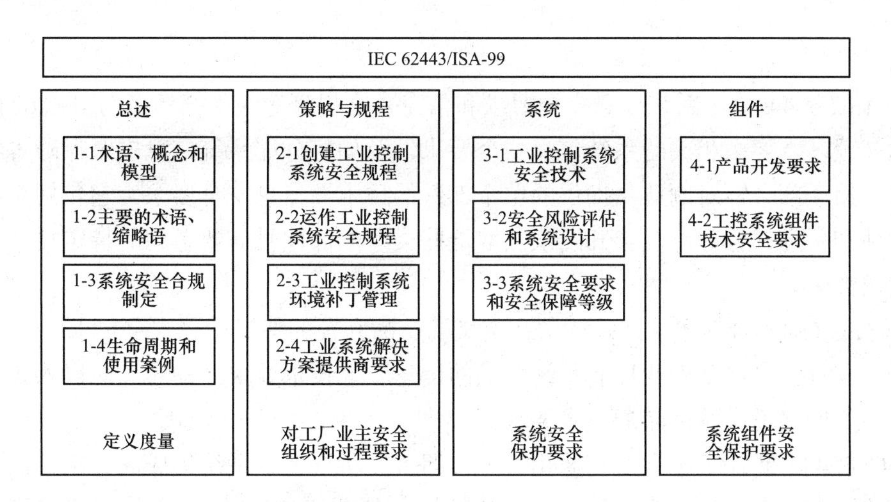

图 3.1　IEC 62443/ISA99 架构图

（1）第 1 部分描述了信息安全的通用方面，作为 IEC 62443 其他部分的基础。

1）IEC 62443-1-1 术语、概念和模型：为其余各部分标准定义了基本的概念和模型，从而更好地理解工业控制系统的信息安全。

2）IEC 62443-1-2 术语和缩略语：包含了该系列标准中用到的全部安全术语和缩略语列表。

3）IEC 62443-1-3 系统安全符合性度量：包含建立定量系统信息安全符合性度量体系所必要的要求，提供系统目标、系统设计和最终达到的信息安全保障等级。

4）IEC 62443-1-4 生命周期和使用案例：描述系统的生命周期和具体的使用案例。

（2）第 2 部分主要针对用户的信息安全程序。它包括整个信息安全系统的管理、人员和程序设计方面，是用户在建立其信息安全程序时需要考虑的。

1）IEC 62443-2-1 建立工业控制系统信息安全程序：描述了在项目已设计完成并实施后如何运行信息安全程序，包括测量项目有效性的度量体系的定义和应用。

2）IEC 62443-2-2 运行工业控制系统信息安全程序：描述了在项目已设计完成并实施后如何运行信息安全程序，包括测量项目有效性的度量体系的定义和应用。

3）IEC 62443-2-3 工业控制系统环境中的补丁更新管理。

4）IEC 62443-2-4 对工业控制系统制造商信息安全政策与实践的认证。

（3）第 3 部分针对系统集成商保护系统所需要的技术性信息安全要求。它主要是系统集成商在把系统组装到一起时需要处理的内容，包括将整体工业自动化控制系统设计分配到各个区域和通道的方法，以及信息安全保障等级的定义和要求。

1）IEC 62443-3-1 工业控制系统信息安全技术：提供了对不同网络信息安全工具的评估、缓解措施，可有效应用于当今的控制系统，以及用来调节和监控众多产业和关键基础设施的技术。

2）IEC 62443-3-2 区域和通道的信息安全保障等级：描述了定义所考虑的区域和通道的要求，用于工业控制系统的目标信息安全保障等级要求，并对验证这些要求提供信息安全导则。

3）IEC 62443-3-3 系统信息安全要求和信息安全保障等级：描述了与 IEC 62443-1-1 定义的 7 项基本要求相关的系统信息安全要求，及如何分配系统信息安全保障等级。

（4）第 4 部分针对制造商提供的单个部件的技术性信息安全要求。它包括系统的硬件、软件和信息部分，以及当开发或获取这些类型的部件时需要考虑的特定技术性信息安全要求。

1）IEC 62443-4-1 产品开发要求：定义了产品开发的特定信息安全要求。

2）IEC 62443-4-2 工业控制系统产品的信息安全技术要求：描述了对嵌入式设备、主机设备、网络设备等产品的技术要求。

IEC 62443 涵盖了所有的利益相关方，即资产所有者、系统集成商、组件供应商，以尽可能地实现全方位的安全防护。为了避免标准冲突，IEC 62443 同时涵盖了业内相关国际标准的内容，如来自荷兰石油天然气组织 WIB 标准和美国电力可靠性保护协会标准 NERC-CIP 标准，它们包含的附加要求也被整合在 IEC 62443 系列标准中。因此，IEC 62443 标准体系是工业控制系统信息安全的通用且全面的标准，该标准的建立和实施，是工业控制系统信息安全的里程碑，对工业控制系统信息安全产生了深远的影响。

2. IEC 62351《电力系统管理与相关信息交互数据和通信信息安全》

IEC 62351 是 IEC 第 57 技术委员会 WG15 工作组为电力系统安全运行针对有关通信协议（IEC 60870-5、IEC 60870-6、IEC 61850、IEC 61970、IEC 61968 系列和 DNP 3）而开发的数据和通信安全标准。它由八部分组成，现对该标准各部分作简要介绍：

（1）IEC 62351-1 是介绍部分，包括对电力系统运行安全的背景，以及 IEC 62351 安全性系列标准的导言信息。

（2）IEC 62351-2 是术语部分，包括 IEC 62351 标准中使用的术语和缩写词的定义。这些定义将建立在尽可能多的现有的安全性和通信行业标准定义上，所给出的安全性术语广泛应用于其他行业以及电力系统。

（3）IEC 62351-3 是 TCP / IP 平台的安全性规范，提供了任何包括 TCP / IP 协议平台的安全性规范，包括 TASE.2（ICCP）和 IEC 61850。它指定了通常在互联网上包括验证、保密性和完整性的安全配合的传输层安全性（TLS）的使用。这部分介绍了在电力系统运行中有可能使用的 TLS 的参数和整定值。

（4）IEC 62351-4 是 MMS 平台的安全性部分，提供了包括制造报文规范（MMS）（9506 标准）平台的安全性，包括 TASE.2（ICCP）和 IEC 61850。它主要与 TLS 一起配置和利用它的安全措施，特别是身份认证。它也允许同时使用安全和不安全的通信，所以在同一时间并不是所有的系统需要使用安全措施升级。

（5）IEC 62351-5 是 IEC 60870-5 及其衍生规约的安全性部分，是对该系列版本的规约（主要是 IEC 60870-5-101，以及部分的 102 和 103）和网络版本（IEC 60870-5-104 和 DNP 3.0）提供不同的解决办法。具体来说，运行在 TCP / IP 上的网络版本，可以利用在 IEC 62351-3 中描述的安全措施，其中包括由 TLS 加密提供的保密性和完整性。

（6）IEC 62351-6 是 IEC 61850 对等通信平台的安全性部分，IEC 61850 包含变电站 LAN 的对等通信多播数据包的三个协议，它们是不可路由的。所需要的信息传送要在 4 毫秒内完成，因而采用影响传输速率的加密或其他安全措施是不能接受的。因此，身份认证是唯一可行的安全措施，这样 IEC 62351-6 这些报文的数字签名提供了一种涉及最少计算要求的机制。

（7）IEC 62351-7 是用于网络和系统管理的管理信息库，这部分标准规定了指定用于电力行业通过以 SNMP 为基础处理网络和系统管理的管理信息库（MIB）。它支持通信网络的完整性、系统和应用的健全性、入侵检测系统（IDS）以及电力系统运行所特别要求的其他安全性/网络管理要求。

（8）IEC 62351-8 是基于角色的访问控制，这一部分提供了电力系统中访问控制的技术规范。通过规范支持的电力系统环境是企业范围内的以及超出传统的边界的，包括外部供应商，供应商和其他能源合作伙伴。规范精确地解释了基于角色的访问控制（RBAC）在电力系统中企业范围内的使用。它支持分布式或面向服务的架构，这里的安全性是分布式服务的，而应用是来自分布式服务的消费者。

IEC 62351 中所采用的主要安全机制，包括数据加密技术、数字签名技术、信息摘要技术等，其常用的标准有先进的加密标准（AES）、数据加密标准（DES）、数字签名算法（DSA）、RSA 公钥密码、MD5 信息摘要算法、D-H 密钥交换算法、SHA-1 哈希散列算法等。该标准的建立和实施对电力系统数据和通信信息安全产生了深远的影响。

我国电力系统管理及其信息交换标准化技术委员会（TC82），在 IEC 62351 标准的基础上，编制了 GB/Z 25320《电力系统管理及其信息交换数据和通信安全》系列标准，指导我国电力行业建立电力系统的数据和通信安全。

（二）国际标准化组织/国际电工委员会（ISO/IEC）

国际标准化组织是世界上最大的非政府性标准化研究机构，它在国际标准化中占主导地位，在其发布的信息安全标准中，最具影响力的为 ISO/IEC 27000 标准体系，自正式发布后受到了很多国家的认可，已成为国际上最具代表性、应用最广泛的信息安全管理体系标准。俗话说“三分技术七分管理”，目前组织普遍采用现代通信、计算机、网络技术来构建组织的信息系统，但大多数组织的最高管理层对信息资产所面临的威胁的严重性认识不足，缺乏明确的信息安全方针、完整的信息安全管理制度、相应的管理措施不到位，如系统的运行、维护、开发等岗位不清，职责不分，存在一人身兼数职的现象，这些都是造成信息安全事件的重要原因，同时缺乏系统的管理思想也是一个重要的问题。所以，组织需要一个系统的、整体规划的信息安全管理体系，从预防控制的角度出发，保障组织的信息系统与业务之安全与正常运作。ISO 27000 系列标准就是指导组织如何建立和维护自身的信息安全管理体系（ISMS），它适用于各种性质、各种规模的组织，如政府、银行、电信、研究机构、大中型企业、外包服务企业、软件服务企业等。ISMS 是一套不限于 IT 技术的管理系统，它就像是 ISO 9001 一样需要全公司员工身体力行方能奏效。在实施的过程中，需要经营管理阶层的认知与全力支持，以及全体员工的共识和配合。教育训练和不断的实施活动是必要的，尤其需要定期审核和检查，以确保系统可以持续不断地执行。

经过多年的发展，信息安全管理体系国际标准已经出版了一系列的标准，其中ISO/IEC 27001是ISO/IEC 27000系列的主标准，详细说明了建立、实施和维护信息安全管理体系的要求，规定了组织设计和维护信息安全过程的最佳实践框架，于2005年10月正式发布，并于2013年10月进行了修订更新，是可用于认证的标准，其他标准可为实施信息安全管理的组织提供实施的指南。目前各标准的现行状态见表3.2。

表3.2 ISO/IEC 27000标准系列

序号	标准编号	标准名称	现行状态
1	ISO/IEC 27000	信息技术—安全技术—信息安全管理体系—概述及术语	2009年出版
2	ISO/IEC 27001	信息技术—安全技术—信息安全管理体系—要求	2013年出版
3	ISO/IEC 27002	信息技术—安全技术—信息安全管理实用规则	2013年出版
4	ISO/IEC 27003	信息技术—安全技术—信息安全管理体系—实施指南	2010年出版
5	ISO/IEC 27004	信息技术—安全技术—信息安全管理—测量	2009年出版
6	ISO/IEC 27005	信息技术—安全技术—信息安全风险管理	2011年出版
7	ISO/IEC 27006	信息技术—安全技术—信息安全管理体系认证机构要求	2011年出版
8	ISO/IEC 27007	信息技术—安全技术—信息安全管理体系审核指南	2011年出版
9	ISO/IEC TR27008	信息技术—安全技术—ISMS控制措施的审核员指南	2011年出版
10	ISO/IEC 27010	信息技术—安全技术—部门间和组织间通信的信息安全管理	2012年出版
11	ISO/IEC 27011	信息技术—安全技术—通信行业基于ISO/IEC 27002的信息安全管理指南	2008年出版
12	ISO/IEC 27013	信息技术—安全技术— ISO/IEC 20001与 ISO/IEC 27000-1整合实施指南	2012年出版
13	ISO/IEC 27014	信息技术—安全技术—信息安全治理架构	2013年出版
14	ISO/IEC TR 27015	信息技术—安全技术—金融服务行业信息安全管理指南	2012年出版
15	ISO/IEC TR 27016	IT安全—安全技术—信息安全管理—组织经济学	2014年出版
16	ISO/IEC 27017	信息技术—安全技术—基于ISO/IEC 27002使用云计算服务信息安全控制措施指南	2015年发布
17	ISO/IEC 27018	信息技术—安全技术—公有云中作为个人身份信息处理器保护个人身份信息的行为守则	2014年发布
18	ISO/IEC TR 27019	信息技术—安全技术—基于ISO/IEC 27002的能源公用事业行业特定的过程控制系统信息安全管理的指导方针	2013年发布
19	ISO/IEC 27031	信息技术—安全技术—业务连续性信息通信技术准备指南	2011年出版
20	ISO/IEC 27032	信息技术—安全技术—网络安全技术指南	2010年出版
21	ISO/IEC 27033	信息技术—安全技术—网络安全系列	2009年后陆续出版
22	ISO/IEC 27034	信息技术—安全技术—应用程序安全系列	2011年后陆续出版

续表

序号	标准编号	标 准 名 称	现行状态
23	ISO/IEC 27035	信息技术—安全技术—信息安全事件管理	2011 年出版
24	ISO/IEC 27036	信息技术—安全技术—信息安全的供应商关系系列（4 部分）	2013 年后陆续出版
25	ISO/IEC 27037	信息技术—安全技术—识别、收集、获取和保存数字证据指南	2012 年出版
26	ISO/IEC 27038	信息技术—安全技术—数字编辑规范	2014 年发布
27	ISO/IEC 27039	信息技术—安全技术—选择、部署和运行的入侵检测和预防系统	2015 年发布
28	ISO/IEC 27040	信息技术—安全技术—存储安全	2015 年发布
29	ISO/IEC 27041	信息技术—安全技术—确保事件调查方法的适宜性和充分性的指导	2015 年发布
30	ISO/IEC 27042	信息技术—安全技术—指引的分析和解释的数字证据	2015 年发布
31	ISO/IEC 27043	信息技术—安全技术—事件调查的原则和过程	2015 年发布
32	ISO/IEC 27050	信息技术—安全技术—电子发现	暂未发布

2008 年 6 月，ISO/IEC 27001—2005 同等转换成我国国家标准 GB/T 22080—2008《信息技术—安全技术—信息安全管理体系　要求》，并在 2008 年 11 月 1 日正式实施。2016 年 8 月，根据 ISO/IEC 27001—2013 的修订版 GB/T 22080—2016 正式发布，在 2017 年 3 月 1 日正式实施。

三、国内相关标准

我国工业控制系统信息安全标准体系正在逐步地加紧制定中，分为国家标准和行业标准，有些已经发布，有些尚在制定、审批过程中，这些标准的建立，对我国工业控制系统信息安全具有极其重要的指导和规范作用，将大力推动我国各行业工业控制系统的信息安全建设。我国工业控制系统信息安全标准的编制主要由全国信息安全标准化技术委员会（TC260）、全国工业过程测量和控制标准化技术委员会（TC124）、全国电力系统管理及其信息交换标准化委员会（TC28）、全国电力监管标准化技术委员会（TC296）来负责制定，目前针对工业控制领域的国家标准体系框架如图 3.2 所示。

我国工业控制系统的安全标准体系由安全等级划分、安全要求、安全实施和安全测评四个部分组成，因为工业控制领域信息安全的起步较晚，导致目前大部分的标准尚在研究制定阶段，下面简单介绍下已发布的与电厂电力系统相关的信息安全国家标准情况。

（一）全国信息安全标准化技术委员会（TC260）

GB/T 32919—2016《信息安全技术工业控制系统安全控制应用指南》。

该标准中给出了工业控制系统安全控制列表、明确了工业控制系统安全控制选择方法、规范了工业控制系统安全程序，在上述内容的基础上可以制定具体安全解决方案。该标准结合工业控制系统的特殊性及安全要求，针对工业控制系统开展风险评估工作

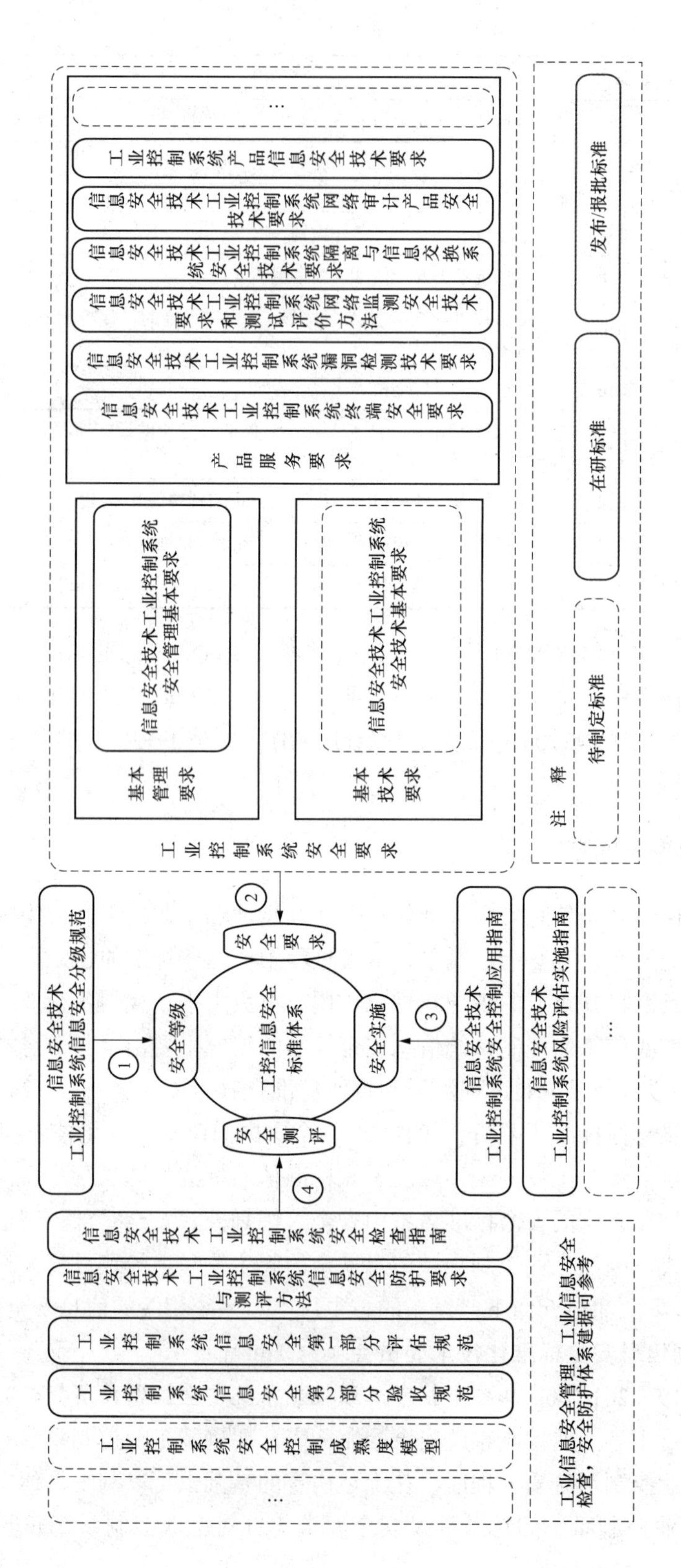

图 3.2 我国工业控制领域信息安全标准体系框架

的具体实施提出指导，要求对工业控制系统的系统资产进行详细记录。根据已有的安全措施，从环境和人为因素分析工业控制系统面临的威胁，从技术和管理方面分析工业控制系统存在的脆弱性，对工业控制系统的系统现存风险进行分析，制订风险处置计划，对工业控制系统的残余风险进行有效控制。

该标准是针对各行业使用的工业控制系统给出的安全控制应用基本方法，是指导组织选择、裁剪、补偿和补充工业控制系统安全控制，获取适合组织需要的应允的安全控制基线，以满足组织对工业控制系统安全需求，帮助组织实现对工业控制系统进行有效的风险控制管理。

该标准适用于工业控制系统信息安全管理部门和企业，为工业控制系统信息的建设工作提供指导，工业控制系统信息安全的运维以及安全检查工作均可参考使用。

该标准规范性地阐述了工业控制系统安全控制的应用过程，并在附录中给出了包含物理安全、网络安全、身份认证、访问控制、审计和问责、系统与信息完整性、应急计划、系统和通信保护、人员安全、配置管理、维护、教育培训、事件响应、风险评估、规划、系统和服务获取、安全评估与授权、介质保护在内的 18 项安全控制要求和指导意见。

该标准于 2017 年 3 月 1 日正式实施。

（二）全国工业过程测量和控制标准化技术委员会（TC124）

1. GB/T 30976.1—2014《工业控制系统信息安全　第 1 部分：评估规范》

该标准规定了工业控制系统（SCADA、DCS、PLC、PCS 等）信息安全评估目标、评估的内容、实施过程等。

该标准适用于系统设计方、设备生产商、系统集成商、工程公司、用户、资产所有人，以及评估认证机构对工业控制系统信息安全进行评估时使用。

该标准包括了工业控制系统信息安全概述，组织机构管理评估，系统能力（技术）评估，评估程序，工业控制系统生命周期各阶段的风险评估，以及风险评估报告的格式要求等内容。

该标准于 2015 年 2 月 1 日正式实施。

2. GB/T 30976.2—2014《工业控制系统信息安全　第 2 部分：验收规范》

该标准规定了对实施安全解决方案的工业控制系统信息安全额能力进行验收的验收流程、测试内容、方法及应达到的要求。这些测试是为了证明工业控制系统在增加安全解决方案后满足对安全性的要求，并且保证其主要性能指标在允许范围内。

该标准的各项内容可作为实际工作中的指导，适用于各种工艺装置、工厂和控制系统。

该标准包括了术语和定义、概述、验收准备阶段、风险分析与处置阶段，以及能力确认等内容。

该标准于 2015 年 2 月 1 日正式实施。

第三节　控制与管理系统信息安全防护体系规划与设计

一、防护体系规划

（一）总体防护策略

智能化电厂信息安全规划建设应贯彻落实国家和行业网络信息安全要求，主动适应“互联网＋”、工业互联网、新电改等新形势业务发展以及新一代信息化应用需求，推进电力关键信息基础设施安全防护能力的提升，基于“可管、可控、可知、可信”的总体防护策略，打造下一代智能化电厂安全主动防护保障体系，全面提升信息安全监管预警、边界防护、系统保障和数据保护能力。

（二）健全安全管理体系

“三分技术七分管理”是网络安全领域的一句至理名言，其原意是：网络安全中的30%依靠计算机系统信息安全设备和技术保障，而70%则依靠用户安全管理意识的提高以及管理模式的更新，强调了安全管理的重要性。不管这个占比是否合理，至少管理性和技术性的安全措施是相辅相成的，缺一不可，在对技术性措施进行设计的同时，必须考虑安全管理措施，甚至需要着重考虑。前文也描述了目前电厂对安全领域的投入和管理远远不能满足安全防范的要求，缺乏保障业务安全运行的管理机制和制度规范，工作人员安全意识相当淡薄，专业的安全管理人才匮乏，尚未形成一套统一、完善的能够指导整个电厂电力系统安全运行的管理规范，是网络安全事件产生的极大根源。

信息安全管理是信息安全防护体系的一个重要组成部分，信息安全管理是管理者为实现信息安全目标（保障重要信息资产的机密性、完整性、可用性，以及业务运作的持续性）而进行计划、组织、指挥、协调和控制的一系列活动，是组织实现其业务目标的重要保障。人作为信息安全里最不可控的要素，一些安全问题本质上是人的问题，随着电厂对新一代信息技术的广泛应用，具有信息化、数字化、自动化、互动化特征的智能化电厂结构日益复杂，面临的信息安全风险多种多样，单凭技术手段已无法很好地实现全面的安全防护，通过制定信息安全方针策略标准规范，建立行之有效的管理制度和监督审查机制等多方面非技术性的努力，以规范人的行为操作，是信息安全技术水平提高到一定程度的必然需求，智能化电厂信息安全建设离不开信息安全管理建设。

智能化电厂安全管理机制主要解决组织、制度和人员这三方面的问题，通过建立电厂信息安全管理组织机构并明确责任，制定健全的信息安全管理制度，加强电厂系统管理和使用人员的安全意识并进行安全培训和教育，来实现包括信息安全规划、风险管理、应急响应计划、意识培训、安全评估等多方面内容的信息安全目标，同时以体系化的方式实施信息安全管理，将信息安全始终保持在一定的水平。智能化电厂信息安全管理机制主要由以下几部分组成。

1. 安全政策，标准——管理依据

信息安全政策与标准是信息安全管理、运作、技术体系标准化、制度化后形成的一整套对信息安全的管理规定，是安全意识培养的内容来源，是组织管理控制的依据，是技术方案必须遵从的基础要求。前文所阐述的国家部委、电力监管行业印发的政策以及工业控制领域的信息安全标准规范，是智能化电厂制定安全管理制度和措施的重要参考依据。

2. 安全组织——管理控制

智能化电厂应有明确的信息安全管理组织，由最高领导人或主管安全生产的最高领导作为信息安全管理的责任人，并通过建立完善的组织架构，配置专业的信息安全专职人员，明确不同安全组织、不同安全角色的定位和职责以及相互关系，对智能化电厂信息安全风险进行管理控制。按照“谁主管谁负责，谁运营谁负责”原则，将电力系统安全防护及信息报送纳入日常安全生产管理体系中。

3. 安全策略与制度——管理规定

安全策略是对信息安全目标和工作原则的规定，是指导智能化电厂所有信息安全工作的纲领性文件，是电厂信息安全决策机构对信息安全工作的决策和意图的表述，其表现形式是一系列为实现安全策略形成的制度文件，包括门禁管理、人员管理、权限管理、访问控制管理、安全防护系统的维护、常规设备及各系统的备份管理、用户口令密钥及数字证书的管理、培训管理等管理制度。

4. 安全意识培养——管理基础

智能化电厂各业务信息系统的使用者，在信息安全方面的自我约束、自我控制，是智能化电厂信息安全管理体系的一个重要层次。安全意识培养是信息安全管理控制的基础，实际工作中大部分的信息安全控制需要依靠使用者的主观能动性。定期开展保密教育、安全意识培训等活动，是经济效果最明显的安全防护措施。

5. 风险评估——管理手段

信息安全风险评估是信息安全管理工作的重要环节，信息安全风险评估直接决定了能否为电厂的业务运营提供切实的信息安全保障。信息安全风险评估是一种动态的持续性的实践活动，是从风险管理的角度，运用科学的方法和手段，系统地分析电厂控制与管理系统所面临的威胁及其存在的脆弱性，评估安全事件一旦发生可能造成的危害的严重程度，提出有针对性的抵御威胁的防护对策和整改措施。风险评估是实现电厂控制与管理系统信息安全纵深防御的基础，是安全防护与监控策略建立的基础。同时，电厂控制与管理系统作为我国重要的关键基础设施，风险评估工作应贯穿于智能化电厂控制与管理系统的规划、设计、实施、运维和废弃阶段。

智能化电厂的安全管理体系如何规划和建设，如何有针对性地制定相关的制度和措施，在本书的后续章节会进行详细介绍。

二、防护体系设计

（一）加强控制系统边界安全防控

发电厂控制与信号安全防护工作应当落实国家信息安全等级保护制度，按照国家信息安全等级保护以及《电力监控系统安全防护规定》的有关要求，坚持“安全分区、网络专用、横向隔离、纵向认证”的原则，分区部署、运行和管理各类电力系统，加强不同边界之间的安全防护和监控手段。

1. 安全分区

按照《电力监控系统安全防护规定》，原则上将智能化电厂基于计算机及网络技术的业务系统划分为生产控制大区和管理信息大区，并根据业务系统的重要性和对一次系统的影响程度将生产控制大区划分为控制区（安全区Ⅰ）及非控制区（安全区Ⅱ），控制区中的业务系统或其功能模块（或子系统）是电力生产的重要环节，直接实现对电力一次系统的实时监控，纵向使用电力调度数据网络或专用通道，是安全防护的重点与核心；非控制区是电力生产的必要环节，在线运行但不具备控制功能，使用电力调度数据网络，与控制区中的业务系统或其功能模块联系紧密；管理信息大区是生产控制大区以外的电厂管理业务系统的集合，管理信息大区内部在不影响生产控制大区安全的前提下，可根据不同的安全要求划分安全区。其次，如果生产控制大区内个别业务系统或其功能模块（或子系统）需要使用公用通信网络、无线通信网络以及处于非可控状态下的网络设备与终端等进行通信时，应设立安全接入区。

电厂根据业务系统或其功能模块的实时性、使用者、主要功能、设备使用场地、各业务系统间的相互关系、广域网通信方式以及对电力系统的影响程度等，按照以下原则将业务系统或其功能模块置于相应的安全区：

（1）实时控制系统、有实时控制功能的业务模块以及未来有实时控制功能的业务系统应置于控制区。

（2）应尽可能将业务系统完整置于一个安全区内。当业务系统的某些功能模块与此业务系统不属于同一个安全区时，可以将其功能模块分置于相应的安全区中，经过安全区之间的安全隔离设施进行通信。

（3）不允许把应置于高安全等级区域的业务系统或其功能模块迁移到低安全等级区域；但允许把属于低安全等级区域的业务系统或其功能模块放置于高安全等级区域。

（4）对不存在外部网络联系的孤立业务系统，其安全分区无特殊要求，但需遵守所在安全区的防护要求。

（5）对小型电厂和变电站的控制与管理系统可以根据具体情况不设非控制区，重点防护控制区。

安全分区是智能化电厂控制与管理系统安全防护体系的结构基础，各类电厂安全区的划分可参照表 3.3。

表 3.3　　电厂控制与管理系统分区表

序号	业务系统及设备	控制区	非控制区	管理信息大区
一、火电厂、水电厂安全分区表				
1	火电机组分散控制系统 DCS	DCS		
2	火电机组辅机控制系统	辅机 PLC/DCS		
3	火电厂厂级信息监控系统	监控功能	优化功能	管理功能
4	调速系统和自动发电控制功能 AGC	调速、自动发电控制		
5	励磁系统和自动电压控制功能 AVC	励磁、自动电压控制		
6	水电厂监控系统	水电厂监控		
7	梯级调度监控系统	梯级调度监控		
8	网控系统	网控系统		
9	相量测量装置 PMU	PMU		
10	自动控制装置	PSS、汽门快门等		
11	五防系统	五防系统		
12	继电保护	继电保护装置及管理终端		
13	故障录波		故障录波装置	
14	梯级水库调度自动化系统		梯级水库调度	
15	水情自动测报系统		水情自动测报	
16	水电厂水库调度自动化系统		水电厂水库调度自动化	
17	电能量采集装置		电能量采集	
18	电力市场报价终端		电力市场报价	
19	管理信息系统 MIS			MIS
20	雷电检测系统			雷电监测
21	气象信息系统			气象信息
22	大坝自动监测系统			大坝自动监测
23	防汛信息系统			防汛信息
24	报价辅助决策系统			报价辅助决策
25	检修管理系统			检修管理
26	火灾报警系统	火灾报警		
二、核电站安全分区表				
1	核电站厂级分散控制系统 DCS	DCS		
2	自动电压控制 AVC	自动电压控制功能		
3	厂级信息监控系统	监控功能	优化功能	管理功能
4	相量测量装置 PMU	PMU		

续表

序号	业务系统及设备	控制区	非控制区	管理信息大区
5	网控系统	网控系统		
6	火警探测系统	火警探测系统		
7	辅机控制系统	辅机控制系统（三废处理系统、循环水处理系统、凝结水精处理系统、除盐水系统）		
8	继电保护	继电保护装置及管理终端		
9	自动控制装置	安控、电力系统稳定器 PSS 等		
10	故障录波		故障录波装置	
11	电能量采集装置		电能量采集装置	
12	管理信息系统 MIS			MIS
13	检修管理系统			检修管理
三、风电场安全分区表				
1	风电场监控系统	风机监控 风电场监控		
2	无功电压控制	无功电压控制功能		
3	发电功率控制	发电功率控制功能		
4	升压站监控系统	升压站监控功能		
5	相量测量装置 PMU	PMU		
6	继电保护	继电保护装置及管理终端		
7	故障录波		故障录波装置	
8	电能量采集装置		电能量采集装置	
9	风功率预测系统		风功率预测	
10	状态监测系统		风机状态监测	
11	测风塔系统			测风塔
12	天气预报系统			数字天气预报
13	管理信息系统 MIS			管理信息系统
四、光伏电站安全分区表				
1	光伏电站运行监控系统	电站运行监控		
2	无功电压控制	无功电压控制功能		
3	发电功率控制	发电功率控制功能		
4	升压站监控系统	升压站监控功能		

续表

序号	业务系统及设备	控制区	非控制区	管理信息大区
5	相量测量装置 PMU	PMU		
6	继电保护	继电保护装置及管理终端		
7	故障录波		故障录波装置	
8	电能量采集装置		电能量采集装置	
9	光伏功率预测系统		光伏功率预测	
10	天气预报系统			数字天气预报
11	管理信息系统 MIS			管理信息系统
五、燃机电厂安全分区表				
1	燃机电厂厂级分散控制系统 DCS	机组单元控制、自动发电控制、机组保护、辅机控制、公共系统等		
2	燃气轮机控制系统 TCS	燃气轮机控制功能		
3	自动电压控制 AVC	自动电压控制功能		
4	厂级信息监控系统	监控功能	优化功能	管理功能
5	升压站监控系统	升压站监控功能		
6	相量测量装置 PMU	相量测量功能		
7	自动发电控制 AGC	自动发电控制功能		
8	火警探测系统	火警探测系统		
9	变电站综合自动化系统	变电站监控、继保、故障录波 RTU		
10	继电保护	继电保护装置及管理终端		
11	故障录波		故障录波装置	
12	电能量采集装置		电能量采集装置	
13	管理信息系统			管理信息系统

2. 网络专用

电力调度数据网是为生产控制大区服务的专用数据网络，承载电力实时控制、在线生产交易等业务。发电厂端的电力调度数据网应当在专用通道上使用独立的网络设备组网，在物理层面上实现与电厂其他数据网及外部公共信息网络的安全隔离。发电厂端的电力调度数据网应当划分为逻辑隔离的实时子网和非实时子网，分别连接控制区和非控制区。电力调度数据网的组网设备应进行安全的配置，包括关闭或限定网络服务、避免使用默认路由、关闭网络边界 OSPF 路由功能、采用安全增强的 SNMPv2 及以上版本的网管协议、设置受信任的网络地址范围、记录设备日志、设备高强度的密码、开启访问控制列表、封闭空闲的网络端口等。

3. 横向隔离

横向隔离是安全防护体系的横向防线。按照《电力监控系统安全防护规定》，应当采用不同强度的安全隔离设备隔离各安全区，在生产控制大区与管理信息大区之间必须设置经国家指定部门检测认证的电力专用横向单向安全隔离装置，隔离强度应接近或达到物理隔离。电力专用横向单向安全隔离装置作为生产控制大区与管理信息大区之间的必备边界防护措施，是横向防护的关键设备。生产控制大区内部的安全区之间应当采用具有访问控制功能的网络设备、防火墙或者相当功能的设施，实现逻辑隔离。具体来讲，主要涉及以下几类横向边界的安全隔离防护：

（1）生产控制大区与管理信息大区的边界安全隔离防护。智能化电厂生产控制大区与管理信息大区之间的通信必须部署电力专用横向单向安全隔离装置。横向单向安全隔离装置应严格禁止 E-Mail、Web、Telnet、Rlogin、FTP 等安全风险高的通用网络服务和以 B/S 或 C/S 方式的数据库访问，仅允许纯数据的单向安全传输。

按照数据通信方向，电力专用横向单向安全隔离装置分为正向型和反向型。正向安全隔离装置用于生产控制大区到管理信息大区的非网络方式的单向数据传输。反向安全隔离装置用于从管理信息大区到生产控制大区的非网络方式的单向数据传输，是管理信息大区到生产控制大区的唯一数据传输途径。反向安全隔离装置集中接收管理信息大区发向生产控制大区的数据，进行签名验证、内容过滤、有效性检查等处理后，转发给生产控制大区内部的接收程序。

（2）控制区（安全区Ⅰ）与非控制区（安全区Ⅱ）的边界安全隔离防护。控制区与非控制区之间应采用具有访问控制功能的网络设备、安全可靠的硬件防火墙或者相当功能的设备，实现逻辑隔离、报文过滤、访问控制等功能。所选设备的功能、性能、电磁兼容性必须经过国家相关部门的认证和测试。

（3）系统间安全隔离防护。电厂内同属于控制区、非控制区、管理信息大区的各系统之间，各不同位置的厂站网络之间，可以根据需要采取一定强度的逻辑访问控制措施，如防火墙、VLAN 等进行隔离防护。

（4）生产控制大区与安全接入区的边界安全隔离防护。安全接入区与生产控制大区相连时，在联接处必须部署电力专用横向单向安全隔离装置，同样仅允许纯数据的单向安全传输。

4. 纵向认证

纵向加密认证是安全防护体系的纵向防线。电厂生产控制大区系统与调度端系统通过电力调度数据网进行远程通信时，应当采用认证、加密、访问控制等技术措施实现数据的远方安全传输以及纵向边界的安全防护。电厂的纵向连接处应当设置经过国家指定部门检测认证的电力专用纵向加密认证装置或者加密认证网关及相应设施，与调度终端实现双向身份认证、数据加密和访问控制。

生产控制大区的业务系统在与其终端的纵向联结中使用无线通信网、电厂其他数据网（非电力调度数据网）或者外部公用数据网的虚拟专用网络方式（VPN）等进行通信的，应接入安全接入区，安全接入区内纵向通信应采用基于非对称密钥技术的单向认证等安全措施，如果是重要的业务则可以采用双向认证。

5. 与第三方的边界安全防护

随着智能化电厂的互联与开放，与第三方业务系统和网络的连接会愈加频繁，当电厂生产控制大区中的业务系统需要与环保、安全等政府部门进行数据传输时，其边界防护应当采用生产控制大区与管理信息大区之间的安全防护措施，生产控制大区数据经横向单向安全隔离装置，通过管理信息大区与外部系统进行数据交换。管理信息大区与外部网络之间应采取防火墙、VPN 和租用专线等方式，保证边界与数据传输的安全。严格禁止外部企业（单位）或设备生产商远程连接生产控制大区中的业务系统及设备。

综上所述，智能化电厂边界安全防护示意如图 3.3 所示。

（二）构建全方位安全态势感知体系

安全态势感知的概念来自于态势感知，最早源于航天飞行的人因研究，之后在军事、核反应控制、空中交通监管等多个领域被广泛研究，原因在于在动态复杂的环境中，决策者需要借助态势感知的工具显示当前环境的连续变化情况，才能准确地做出决策。之后态势感知的概念被广泛引入到网络安全领域，1999 年 Tim Bass 提出了网络态势感知（cyberspace situation awareness，CSA）的概念：在大规模网络环境中，对能够引起网络态势发生变化的安全要素进行获取、理解、显示以及预测最近的发展趋势。

参考上述概念，这里讲的安全态势感知，则指一个组织机构通过获取影响其安全风险的因素，并对其进行分析判断，实现对其目前安全风险的实时、共同的理解。而安全风险衡量了一次攻击对本地一些高价值资产产生显著影响的可能性，也决定了我们该采取怎样的措施来应对这些安全风险，实现积极的、主动式的安全防护。现在面临的一个重大挑战在于，在电厂智能化的过程中，大数据、云计算、物联网、移动互联等新一代信息技术的应用以及与互联网的深度融合下，原先以物理防护为主的电厂安全防护体系已无法有效应对，更多来自互联网的病毒、木马、拒绝服务攻击等使得电厂面临的安全风险因素更加复杂多样，安全风险的影响因素已不受本地管理者的控制，并且它们经常被攻击者隐匿起来。这就需要信息安全管理者花费更多的时间、更多的精力来建设和优化本地安全态势感知的能力。但是目前电厂在此方面开展的工作，极少或根本没有开展，这就导致在某一特定时刻，我们根本无法知悉是否正面临安全风险或正在“遭受攻击”，而电厂电力系统作为我国重要的信息基础设施，一旦遭受攻击和破坏，可能带来的是供电系统瘫痪等严重的后果。因此构建全方位的安全态势感知体系，让管理者能够实时掌握目前的安全状态，并进行适当的安全预测，可以在很大程度上降低由于安全事件带来的损失。

1. 安全态势感知体系的设计目标

安全态势感知的根本目的在于掌握自身的安全状态，识别潜在、正在进行中的威胁，对网络安全状态了然于心。因此智能化电厂安全态势感知体系在设计上应实现如下 6 个目标：

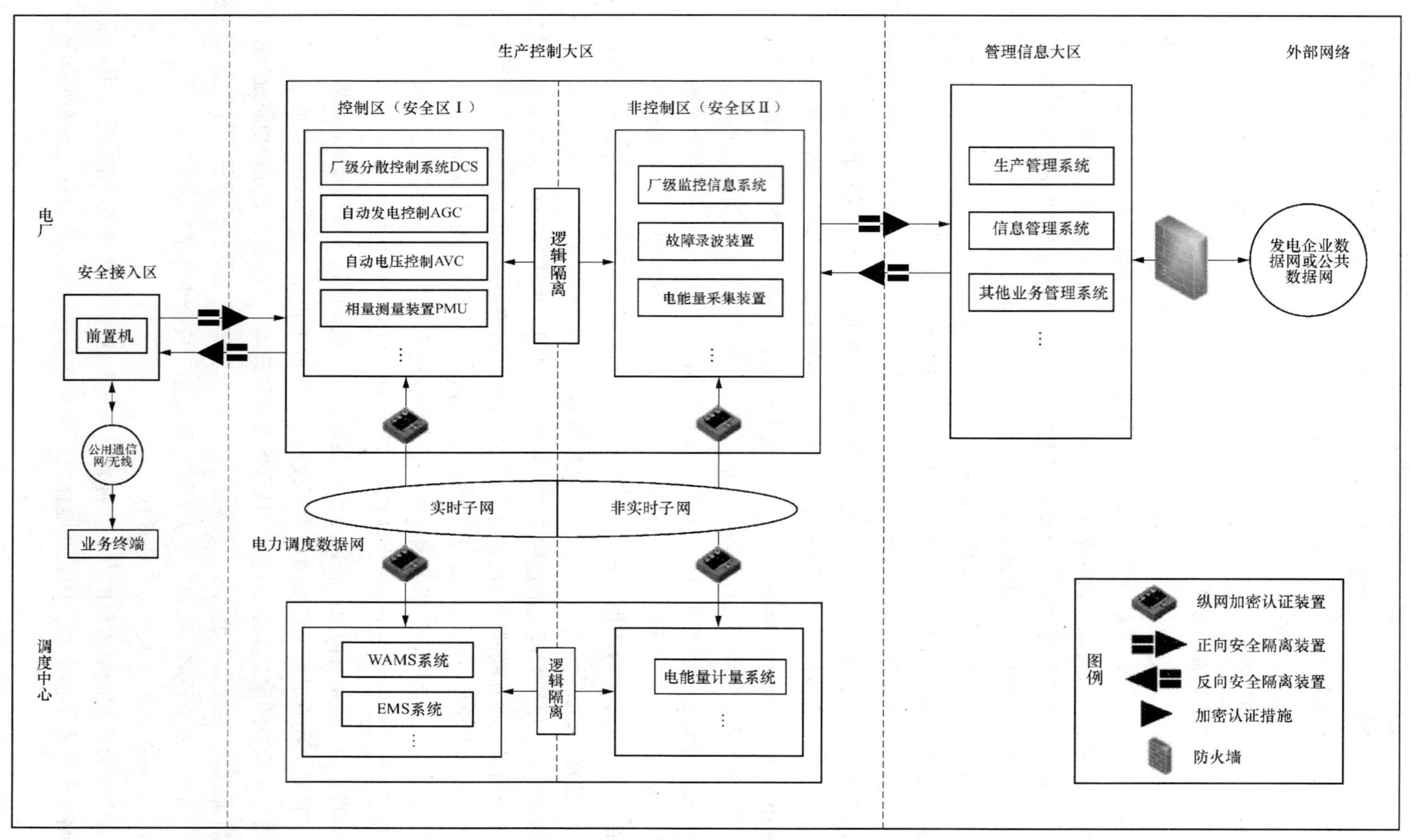

图3.3 智能化电厂边界安全防护示意

（1）强化主动监控预警体系，实现集中管理。以控制与管理系统可用性、安全性监控为主线，构建统一集成的安全管理中心，通过将多种安全数据、信息和情报进行统一收集，由专业人员进行分析、解释、显示和处置，主动、及时地发现安全问题，并调度资源解决问题，形成电厂的主动式安全防护新局面。

（2）帮助定位电厂安全事件原因，快速恢复电厂业务系统运行。建立集中的安全事件告警分析及展示平台，提供灵活、自动化的安全事件处理能力。当安全事件产生时，可以进行事件快速定位，发现安全事件原因，调度资源快速恢复电厂控制与管理系统服务功能，缩短安全事件解决时间，降低安全管理成本，提高电厂电力控制与管理系统的整体可用性。

（3）掌握系统的运行质量与效率，合理利用资源。建立安全态势感知体系后，可以实时了解电厂控制与管理系统资源的可用性及服务质量情况，根据需要从整体角度考虑资源的使用和控制与管理系统运维层面配置的优化。

（4）共享电厂控制与管理系统运维管理经验，完善安全知识库。把运维管理过程中产生的丰富经验进行积累和总结，形成有效的安全知识库，建立安全知识的共享机制，提供信息共享和交流的平台，提高电厂控制与管理系统运维管理人员的工作效率。

（5）统计分析和决策支持。通过提供各类安全分析报表、资源统计报表和态势分析报表，从各个侧面、各个角度反映电厂控制与管理系统的运行情况、安全情况，为电厂控制与管理系统的优化、管理、升级、改造、扩容提供科学依据。

（6）全面直观的可视化系统管理展示。通过一个统一的门户系统展示电厂管理与控制系统的安全态势，通过可视化手段有效地展示电厂控制与管理系统的运行情况、安全状况、威胁态势等，使领导、管理者和技术人员能迅速了解自己关心的问题。

2. 安全态势感知体系的建设模式

针对上述安全态势感知体系的设计目标，最具可操作性的便是建立电厂控制与管理系统安全管理中心（security operations center，SOC），实现对电厂控制与管理系统各层面所有设备的安全监控、威胁预警以及安全事件处置。

安全管理中心的设计思路是构建一个基于云计算和大数据技术的专业化支撑平台，主动探测或被动监测本地电厂控制与管理系统、合作单位以及外部机构的各种运行数据、告警信息和威胁情报，通过规则库匹配、威胁建模、大数据分析等技术手段，结合人力综合分析，实现对信息安全事件的深度分析、在线实时安全态势感知、安全威胁的感知预警以及响应和处置工作。安全管理中心的高层设计如图 3.4 所示。

基于安全管理中心，全方位的安全态势感知体系由主动探测与被动监测相结合的数据信息获取、基于大数据技术的安全态势评估、基于网络威胁的安全态势预测三部分组成。

（1）数据信息获取。数据信息获取主要通过主动探测与被动监测相结合的方式采集态势要素信息和数据，前者主要关注脆弱性和威胁信息，后者则全面关注安全态势要素数据。

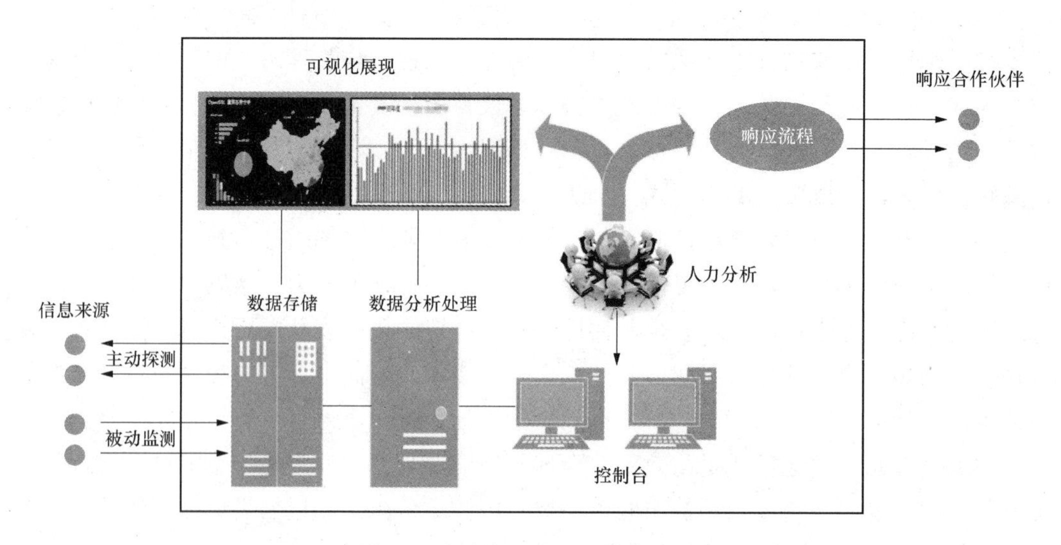

图 3.4　安全管理中心的高层设计

主动探测通过部署探测性传感器、建立威胁情报共享机制等方式获取与工业控制系统、电厂控制与管理系统相关的脆弱性和威胁信息，主要包括以下几类：

1）已知的脆弱性和威胁信息。对来自供应商、服务提供商、政府、学术界和黑客界的相关漏洞信息的收集，权威部门发布的威胁预警信息收集，合作单位及网络安全公司提供的安全威胁情报等。

2）直接的威胁感知数据。在关键信息系统或基础设施中不是蜜网或蜜罐系统，对网络威胁进行诱捕和分析，获取直接的威胁感知数据。

3）可疑目标主动探测。对曾经发起网络攻击的威胁源，对其开展具有针对性的网络追踪来获取相关数据。

被动监测以采集网络流量或主机资源信息的方式来进行数据获取，这是目前安全态势感知系统的主要数据采集方式，主要包括以下几类：

1）安全防护系统的数据。防火墙、横向单向隔离装置、纵向加密认证装置、入侵检测、漏洞扫描、安全审计安全防护系统的日志和告警数据，这些数据是基础的态势要素数据，基于这些数据能够获得当前网络环境的基本安全状态。

2）重要服务器与主机的数据。在关键服务器与主机上部署主机代理，实现本机网络流量与主机资源（内存使用、进程、日志、文件访问等）信息的捕获。

3）网络重要节点的数据。利用网络设备如路由器、交换机的流量镜像功能，获取流经这些设备的网络数据，特别是一些重要的网络节点、安全区边界处的网络流量数据的捕获。

这一阶段安全管理中心主要实现海量数据的集中收集和存储，可优先考虑采用云计算模式，利用云计算资源动态分配、数据的分布式冗余存储，提高资源利用率，数据存储的可靠性，提高系统的可扩展性。

（2）安全态势评估。在实现对态势要素信息和数据的捕获后，下一步就需要开展对

这些安全数据的解读和分析，实现对当前阶段安全态势的评估。安全态势评估分为数据预处理、数据集成、脆弱性评估、威胁评估和安全评估五个步骤。对异源异构的数据，需要在数据分类的基础上进行格式归一化处理，然后在相关知识库与技术手段的支撑下，根据资产、威胁、脆弱性或安全事件等进行标识，进行数据去重、集成和关联，再依次进行面向脆弱性、威胁和安全性的专项风险评估。可利用第一阶段采集的主动探测类数据，这些数据虽然可能不完整、不系统，但指向性很强，能够明确作为威胁存在的证据，可用于确认安全事件、新威胁发现和攻击路径还原。对于被动监测到的海量数据，则需要利用大数据相关技术，从这些海量数据中提取可疑的网络攻击行为数据，以特征匹配技术为支撑，深化攻击模式和数据流特征提取，以 0Day 漏洞的研究与利用为基础，辅以外界的安全情报，提升对新威胁的监测能力，并在发现威胁或安全事件时，进行告警和处置。

这一阶段安全管理中心需要实现对数据的融合分析和处理展现能力，包括海量数据的融合、基于安全分析模型的数据挖掘、威胁数据的专家解读、脆弱性信息管理、对威胁的管理（例如入侵检测系统相关警报或信息的处理等）、以可视化的方式展现当前安全形势、安全事件发生时的事件管理等。

（3）安全态势预测。相对于脆弱性的出现与安全策略的调整，网络威胁的变化频率要高得多。因此在全面获取网络威胁相关状态数据的情况下，要根据网络安全的历史和当前的状态，基于网络威胁来进行态势预测，就能够较好地反映网络安全在未来一段时间内的发展趋势。态势预测的目标不仅仅是希望产生准确的预警信息，更重要的是要将预测结果用于决策分析与支持，来进一步加强安全体系的持续改进。

（三）建立可信计算环境

信息安全等级保护是我国信息安全保障的一项基本制度和方法，开展信息安全等级保护工作是促进信息化发展，保障国家信息安全的重要举措，也是我国多年来信息安全工作的经验总结。电厂控制与管理系统作为我国重要的信息基础设施，应严格落实信息安全等级保护的相关要求，从物理环境、主机、网络设备、恶意代码防范、应用安全控制、审计、备份及容灾等多个层面进行信息安全防护，构建可信的安全计算环境。

1. 控制与管理系统的等保定级

信息系统安全等级保护就是对信息系统实行分等级的安全保护，是对信息系统中发生的信息安全事件分等级响应、处置，其目的是为了突出重点，并加强安全建设和管理，同时有利于控制安全的成本。

信息系统的安全保护等级由等级保护对象受到破坏时所侵害的客体和对客体造成侵害的程度两个定级要素决定。其中等级保护对象受到破坏时所侵害的客体，包括公民、法人、其他组织的合法权益和社会秩序、公民利益、国家安全三方面。等级保护对象受到破坏后对客体造成侵害的程度分为一般损害、严重损害、特别严重损害三种。信息系统按其受到破坏后对相应客体造成侵害的严重程度，由低到高分为五级，具体定级要素与信息系统安全等级保护的关系见表 3.4。

表 3.4　定级要素与信息系统安全等级保护的关系

受侵害的客体	对客体的侵害程度		
	一般损害	严重损害	特别严重损害
公民、法人和其他组织的合法权益	第一级	第二级	第二级
社会秩序、公共利益	第二级	第三级	第四级
国家安全	第三级	第四级	第五级

根据公安部等四部委印发的《信息安全等级保护管理办法》，电监会组织电力行业开展重要信息系统安全等级保护定级工作，在广泛征求各电力企业意见的基础上，经商公安部，提出以下定级建议（见表 3.4），未列出的信息系统可根据表 3.3 的定级原则自主确定信息系统安全保护等级。

表 3.5　电力行业重要信息系统安全等级保护定级建议

系统类别	系统名称	范　围	建议等级	备　注
生产控制系统	能量管理系统	省级及以上	4	
		省级以下	3	
	变电站自动化系统（含开关站、换流站）	220kV 及以上	3	
		220kV 以下	2	
	配网自动化系统		3	
	电力负荷管理系统		3	
	火电机组控制系统 DCS（含辅机控制系统）	单机容量 300MW 及以上	3	
		单机容量 300MW 以下	2	
	水电厂监控系统	总装机容量 1000MW 及以上	3	
		总装机容量 1000MW 以下	2	
	梯级调度监控系统	总装机容量 2000MW 及以上	3	若无控制功能则属生产管理系统
		总装机容量 2000MW 以下	2	
生产管理系统	继电保护和故障录波信息管理系统		2	
	电能量计量系统		3	
	广域相量测量系统		3	若有控制功能则属生产控制系统
	水调自动化系统		2	
	调度生产管理系统	省级及以上	3	
		省级以下	2	
	发电厂 SIS	总装机容量 1000MW 及以上	3	若有控制功能则属生产控制系统
		总装机容量 1000MW 以下	2	
	梯级水调自动化系统		2	

续表

系统类别	系统名称	范　围	建议等级	备　注
生产管理系统	大坝自动监测系统		2	
	雷电（气象）监测系统		2	
	核电站环境监测系统		3	
网站系统	企业内部网站系统		2	
	企业对外网站系统	集团公司本部	3	
		二级公司、网省公司及以下	2	
	电力监管门户网站系统	电监会本部	3	
		电监会派出机构	2	
管理信息系统	生产管理信息系统		2	
	电力市场信息系统		3	
	财务（资金）管理系统	集团公司本部、二级公司、网省公司	3	
		二级公司、网省公司以下	2	
	营销管理系统		2	
	办公自动化（OA）系统	集团公司本部	3	
		二级公司、网省公司及以下	2	
	邮件系统		2	
	人力资源管理系统		2	
	物资管理系统		2	
	项目管理系统		2	
	ERP 系统		2	
	修造管理信息系统		2	
	施工管理信息系统		2	
	电力设计管理信息系统	省院（或甲级资质）及以上设计单位	3	
		省院（或甲级资质）以下设计单位	2	
	电力监管信息系统		3	
信息网络	电力调度数据网络		3	
	电力企业广域网		2	
	电力监管广域网		2	

信息系统安全等级保护的核心是保证不同安全保护等级的信息系统具有相适应的安全保护能力。不同等级的系统应具备的基本安全保护能力如下：

（1）第一级安全保护能力。应能够防护系统免受来自个人的、拥有很少资源的威胁源发起的恶意攻击、一般的自然灾难，以及其他相当危害程度的威胁所造成的关键资源损害，在系统遭到损害后，能够恢复部分功能。

（2）第二级安全保护能力。应能够防护系统免受来自外部小型组织的、拥有少量资源的威胁源发起的恶意攻击、一般的自然灾难，以及其他相当危害程度的威胁所造成的重要资源损害，能够发现重要的安全漏洞和安全事件，在系统遭到损害后，能够在一段时间内恢复部分功能。

（3）第三级安全保护能力。应能够在统一安全策略下防护系统免受来自外部有组织的团体、拥有较为丰富资源的威胁源发起的恶意攻击、较为严重的自然灾难，以及其他相当危害程度的威胁所造成的主要资源损害，能够发现安全漏洞和安全事件，在系统遭到损害后，能够较快恢复绝大部分功能。

（4）第四级安全保护能力。应能够在统一安全策略下防护系统免受来自国家级别的、敌对组织的、拥有丰富资源的威胁源发起的恶意攻击、严重的自然灾难，以及其他相当危害程度的威胁所造成的资源损害，能够发现安全漏洞和安全事件，在系统遭到损害后，能够迅速恢复所有功能。

（5）第五级安全保护能力。目前我国五级系统基本没有，这里不再提起。

2. 控制与管理系统等级保护的安全设计

在确定了电厂控制与管理系统的安全等级后，可根据系列标准《信息系统安全等级保护基本要求》GB/T 22239，落实相关安全措施，以获得相应级别的安全保护能力，对抗各类安全威胁。根据电厂控制与管理系统的特点，应重点从以下几个层面进行安全设计：

（1）物理安全。控制与管理系统机房所处建筑应当采取有效防水、防潮、防火、防静电、防雷击、防盗窃、防破坏措施，应当配置电子门禁系统以加强物理访问控制，必要时应当安排专人值守，应当对关键区域实施电磁屏蔽。

（2）主机与网络设备加固。电厂控制与管理系统关键应用系统的主服务器，以及网络边界处的通信网关机、Web 服务器等，应使用安全加固的操作系统。加固方式包括安全配置、安全补丁、采用专用软件强化操作系统访问控制能力以及配置安全的应用程序，其中配置的更改和补丁的安全应当经过测试。

非控制区的网络设备与安全设备应当进行身份鉴别、访问权限控制、会话控制等安全配置加固。可以应用电力调度数字证书，在网络设备和安全设备实现支持 HTTPS 的纵向安全 Web 服务，同时对浏览器客户端进行身份认证和加密传输。

应当对外部存储器、打印机等外设的使用进行严格的管理。

生产控制大区中除安全接入区外，应当禁止选用具有无线通信功能的设备；管理信息大区业务系统使用无线网络传输业务时，应具备接入认证、加密等安全措施。

（3）入侵检测。生产控制大区应统一部署一套网络入侵检测系统，应当合理设置检测规则，检测发现隐藏于流经网络边界正常通信流中的入侵行为，分析潜在的威胁并进行安全审计，同时将数据和告警信息实时发送给安全管理中心。

（4）应用安全控制。电厂重要的业务系统应逐步采用数字证书技术，对用户登录应用系统、访问系统资源等操作进行身份认证，提供登录失败处理功能，根据身份与权限进行访问控制，并对操作行为进行安全设计。

对于电厂内部远程访问业务的情况，应当进行会话控制，并采用会话认证、加密与抗抵赖等安全机制。

（5）安全审计。电厂控制与管理系统应具备安全审计功能，能够对操作系统、数据库业务应用的重要操作进行记录、分析，及时发现各种违规行为以及病毒和黑客的攻击行为，特别是针对远程用户登录到本地操作系统的操作行为，应该进行严格的安全审计。可以使用设备、系统、应用和数据库自身的安全审计功能，也可以采购专门的安全审计系统进行专业的审计分析。安全管理中心应对网络运行日志、操作系统运行日志、数据库访问日志、业务应用系统运行日志、安全设备运行日志进行集中收集和分析。

（6）恶意代码防范。电厂控制与管理系统的主机及操作终端，应统一部署恶意代码防护软件，应及时更新特征码，查看查杀记录。恶意代码更新文件的安装应当经过测试。禁止生产控制大区与管理信息大区公用一套防恶意代码管理服务器。

生产控制大区具备控制功能的系统应当逐步采用以密码硬件为核心的可信计算技术，用于实现计算环境和网络环境的安全可信，免疫未知恶意代码破坏，应对高级别的恶意攻击。

（7）备份与容灾。应当定期对关键业务的数据进行备份，并实现历史归档数据的异地保存。关键主机设备、网络设备或关键部件应当进行相应的冗余配置。控制区的业务系统和应用应当采用冗余方式。

（8）内网安全监视。生产控制大区应实现内网安全监视功能，实现监测控制系统的计算机、网络及安全设备运行状态，及时发现非法外联、外部入侵等安全事件并及时告警。

（9）设备选型及漏洞整改。电厂控制与管理系统在设备选型及配置时，应禁止选用经国家相关管理部门检测认定并经国家能源局通报存在漏洞和风险的系统及设备。

第四章

发电厂控制与管理系统信息安全防护技术体系建设

前文描述了智能化电厂安全防护体系的规划和设计思路，提出了“可管、可控、可知、可信”的总体安全防护策略，本章将延续前文的内容，来具体阐述智能化电厂的信息安全技术体系如何构建，结合国家能源局发布的电厂电力监控系统防护方案，给出适用于智能化电厂控制和管理网络的安全技术方案，并重点介绍目前在电厂控制和管理网络主要采用的安全技术产品的功能、特点和使用场景，可供相关人员在安全建设时提供参考。

第一节　控制与信息安全防护技术方案

智能化电厂信息安全技术防护方案总体上根据“安全分区、网络专用、横向隔离、纵向认证”的原则，在不大规模改变发电厂原有的网络结构的情况下，按照这四个层次的安全需求，部署相应的安全技术防护产品，来对智能化电厂控制网络和管理网络进行安全防护，智能化电厂网络安全防护如图 4.1 所示。

安全分区是智能化电厂信息安全防护的基础，根据前文描述的分区原则以及示例，需要将发电厂的生产环境分为生产控制大区和管理信息大区，并根据业务系统的重要性和对一次系统的影响程度将生产控制大区划分为控制区（安全区Ⅰ）及非控制区（安全区Ⅱ），分别连接电力调度数据网的实时子网与非实时子网。

在生产控制大区与管理信息大区之间部署电力专用的横向单向安全隔离装置，在发电厂生产控制大区与调度数据网的纵向连接处部署纵向加密认证装置，采用国密办批准的专用密码算法以及电力系统安全防护专家组制定的特有封装格式，在协议 IP 层实现数据的封装、机密性、完整性和数据源鉴别等安全功能，实现双向身份认证、数据加密和访问控制。除了《电力监控系统安全防护规定》所明确要求的外，尚需要根据前文分析的安全威胁，对智能化电厂的管理和控制系统进行综合性的安全防护，构建智能化电厂的安全技术防护体系。下面重点对方案中的安全技术产品进行详细的介绍。

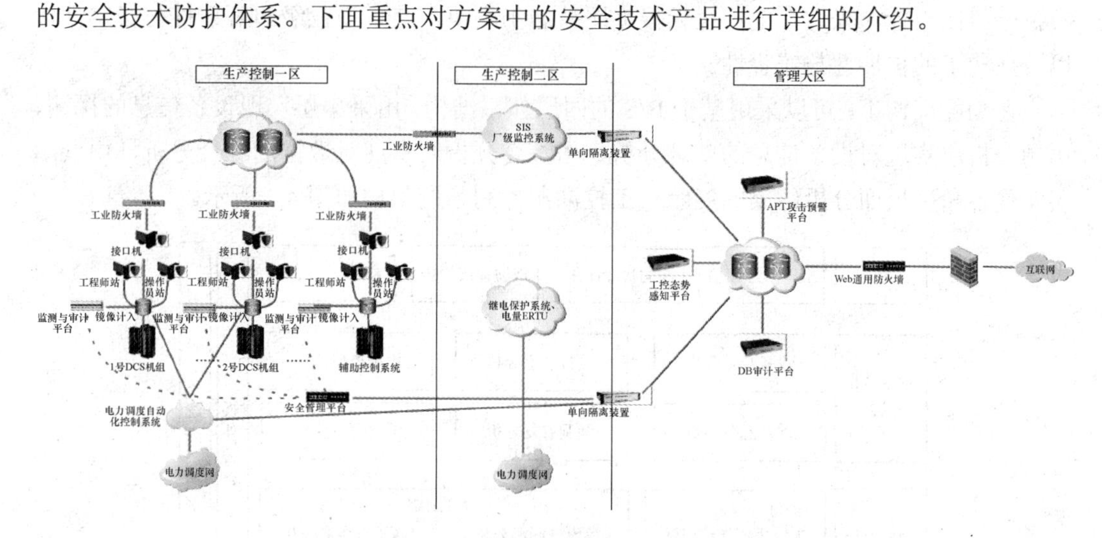

图 4.1 智能化电厂网络安全防护

第二节 安全防护技术产品

一、工控漏洞检测系统

漏洞检测系统，顾名思义就是要发现系统存在的漏洞和隐患，并能给出合理的修复建议。智能化电厂系统既包括了传统的管理信息系统，也包括了更为重要的工业控制系统，因此漏洞探测系统既要能实现对传统系统安全漏洞的探测，也要能对专有的工控系统、协议等进行有效的识别，发现工业控制系统中存在的漏洞和后门等。通过对设备信息、漏洞信息的分析结果展示，能够让系统管理者全面掌握当前系统中的设备使用情况、设备分布情况、漏洞分布情况、漏洞风险趋势等内容，从而实现对重点区域或者高危区域进行有针对性的重点整治的目的。在智能化电厂环境中，应部署一套漏洞检测系统，实现对工业控制网络和传统 IT 管理网络系统的漏洞发现。传统的漏洞检测系统目前已经较为成熟，下面重点介绍针对工业控制系统的漏洞检测系统。

从“震网”病毒开始到 Havex 病毒，其攻击手段及作用方式越来越复杂与高级。对众多的安全事件与病毒进行分析，可发现这些病毒或多或少地都利用了设备或者系统本身存在的漏洞，基于这些漏洞实施破坏。及时、准确地检测出工控系统的漏洞，才能在这场工控系统安全的战争中，处于先机，立于不败之地。然而，传统的漏洞检测技术大部分都基于互联网，并不能及时发现工控系统的漏洞。而且，很多工控系统中的设备很脆弱，无法经受传统的漏洞检测所带来的负担。对工控系统的漏洞检测必须在保障系统实时性、稳定性的情况下，不影响设备正常运行的前提下进行，同时应覆盖到工控网络中的各类工业控制设备、网络通信设备、安全防护设备、工作站、服务器等。在系统使用的硬件设备上，也应该采用工业级设计，采用工业级芯片、IP 级防护、冗余电源、重负荷全封闭设计，来适合电厂全天候、严苛恶劣环境，兼备工业级的可靠性与稳定性，以及架构上的扩展性与兼容性。

在功能架构上，可以采用基于B/S的四层体系结构，由采集层实现设备信息的探测、由预分析层实现对设备信息的基础分析、由综合分析层实现对数据的综合分析、由展示层实现各角度层面分析结果的展示。工控漏洞探测系统架构如图4.2所示。

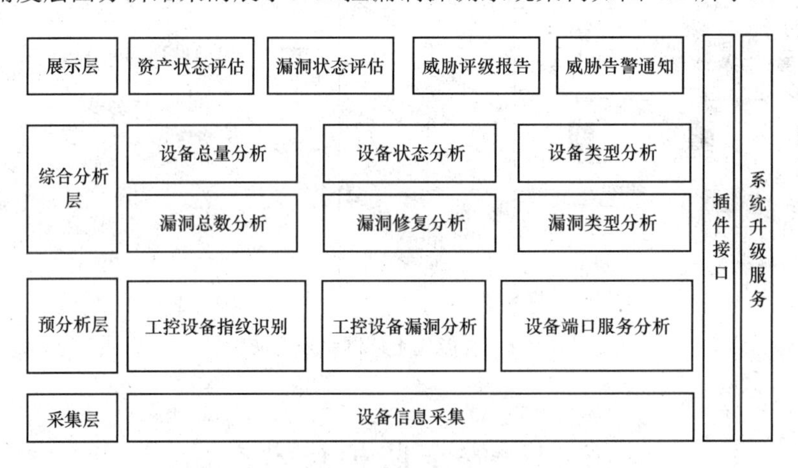

图4.2　工控漏洞探测系统架构

工控漏洞检测系统功能应包含首页展示、任务管理、资产管理、检测报告、漏洞策略、系统管理等主要模块。

（1）首页综合展示模块。首页综合展示模块，对平台检测分析结果进行综合展示，包括资产状态评估（显示总资产数、在线资产数、资产类型统计、资产分布统计）、漏洞状态评估（显示漏洞总数、影响设备数、漏洞趋势、漏洞分布情况）。并对漏洞的趋势进行综合展示，督促管理人员及时采取措施进行对应的修复工作。

（2）任务管理模块。任务管理模块为检测计划安排的模块，包括检测任务的新建、执行、修改等操作。检测对象的输入包括手动输入与自动探测两种方式，并支持单次任务、周期性任务、定时任务的设置。检测探测的资产将进入资产管理，以区域、IP进行区分。检测的内容包括设备的IP、设备型号、所存在的漏洞数等。通过任务详情可查看任务相关的资产总数、检测进度、检测到的漏洞信息等内容，任务支持单次任务（设置完成后通过点击开始按钮执行）、周期性任务（设置完成后按照所设置的周期检测，如时间间隔、执行时间）和定时任务（设置完成后按照指定时间点，执行一次）。

（3）设备管理模块。设备管理模块为对各个检测任务探测到的资产进行综合管理的模块，以IP、区域、资产类型进行区分。通过设备详情功能，可查看设备漏洞相关信息。

（4）检测报告模块。检测报告模块是各个检测任务检测完成后的报告管理模块，对每个任务的每次检测均会生成相应的报告，并存储于本模块中。通过报告预览功能可预览报告的内容，并进行报告的导出操作。

（5）漏洞策略模块。漏洞策略模块中的策略为检测任务执行中进行使用，提供默认的检测模板——快速检测、全面检测，并支持自定义模板功能，方便在需要的时候使用指定的模块实现个性化的检测功能。

（6）系统设置模块。系统管理为工控漏洞检测系统提供运行维护的支撑，包括配置管理，用户管理，日志管理等功能。其中配置管理包括网络配置、网关及路由配置、DNS配置、安全配置、系统升级等功能。

工控漏洞检测系统部署较为灵活，一般采用旁路部署的方式接入检测网络，工控漏洞检测系统部署示意如图 4.3 所示。

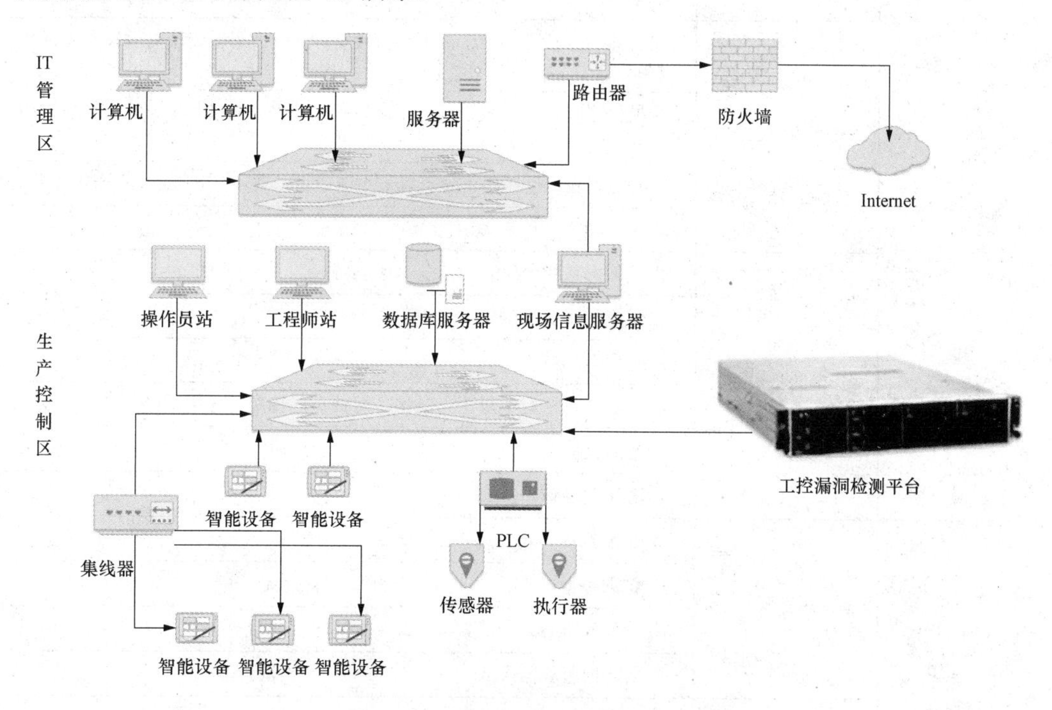

图 4.3　工控漏洞检测系统部署示意

因目前工控系统还较为普遍的采用了厂商自研的系统和协议，因此好的工控漏洞检测系统在具备对传统网络设备、安全设备、服务器的识别和漏洞检测外，还必须集成对工控主流设备厂商系统和协议识别、解析和检测，工控漏洞探测系统应支持对表 4.1 所列设备的检测。

表 4.1　　　　工控漏洞探测系统检测设备列表

资产大类	资产中类	资 产 小 类
工控设备	工控设备	可编程逻辑控制器（PLC）（包括但不限于以下主流设备：西门子、施耐德、罗克韦尔、三菱、GE、台达、Beckoff、Bachmann、Koyo、Omron）
		远程终端控制系统（RTU）（包括但不限于以下主流设备：安控、凯山、金时、庆仪、航天三院）
		集散控制系统（DCS）（包括但不限于以下主流设备：艾默生、ABB、霍尼韦尔、横河、日立、FOXBORO、浙江中控、和利时、国电智深、新华、科远）

续表

资产大类	资产中类	资产小类
工控设备	工控设备	数据采集模块
		继电保护装置（包括但不限于以下主流设备：南瑞、四方、南自、许继、西门子、施耐德、ABB）
		无线传输模块 DTU（包括但不限于以下主流设备：宏电、四信、桑荣、才茂、蓝斯 、驿唐）
		变频器（包括但不限于以下主流设备：LG、ABB、富士、松下、台达）
工控网络设备及安全设备	网络通信设备	路由器（包括但不限于以下主流设备：H3C、思科、华为等路由器通用系列）
		交换机（包括但不限于以下主流设备：H3C、思科、华为等交换机通用系列）
		工业交换机（包括但不限于以下主流设备：摩莎、赫斯曼、东土工业等）
		网关
	安全防护设备	入侵防御系统（IPS）
		入侵检测系统（IDS）
		网闸
		防火墙（包括但不限于天融信、网神、网御星云通用系列）
		工业防火墙
		加密认证设备
工控系统信息设备	服务器	Web 服务器
		OPC 服务器
		数据服务器
		安全防护服务器
	工作站	工程师站
		操作员站
		现场操作屏
		网络打印机

同时，应该至少支持 PROFINET、S7、Modbus、IEC104、DNP3、Ethernet/IP、BACnet、Fox、Crimson V3、FINS、PCWorx、ProConOs、MELSEC-Q 等工控协议。

二、工控防火墙

工控防火墙是工业控制系统信息安全常用的边界安全设备，可以有效实现区域管控，划分控制系统安全区域，对安全区域实现隔离保护，保护合法用户访问网络资源。相比传统防火墙，工控防火墙能够对常见的工业控制协议进行深度解析，如 OPC、Modbus、DNP3、IEC104、S7、Profine 等，并能对 OPC 端口进行动态追踪，通过建立可信任的数采通信及工控网络区域间通信的模型，采用白名单的安全控制，过滤一切非法访问，只有可信任的流量可以在网络上传输，为控制网与管理信息网的连接、控制网内部各区域的连接提供安全保障。在智能化电厂的控制区（安全区Ⅰ）和非控制区（安全区Ⅱ）之间，应部署工业防火墙，实现网络层面的逻辑隔离，对边界进行访问控制，避免无授权设备对保护区域的访问，实现基于通信“白环境”边界攻击防御。同时控制区和非控制区内的不同系统，也可以根据其不同的安全防护需求，划分为不同的安全域，而这些安全域之间也应该采用工业防火墙进行安全隔离防护。工控防火墙一般具备以下几个特点：

（1）更具针对性和高效性，专门用于工业控制系统的安全保护。

（2）卓越的工业环境适应能力，适应多种复杂恶劣的工业环境。

（3）内置多种专有工业通信协议，可对工控协议（OPC、Modbus、IEC 60870-5-104、IEC 61850 MMS、DNP3 等）各类数据包进行快速有针对性的捕获与深度解析，做到实时和精准的指令级识别，有效解决工控网络安全问题。

（4）具备在线修改防火墙组态功能，可以实时对组态的防火墙策略进行修改，而且不影响工业实时通信，其他防火墙需要断电、重启等。

（5）工业型设计，导轨式安装，低功耗无风扇，具备二区防爆认证。

除了满足上述工业环境特性的要求外，工控防火墙还应该具备传统防火墙的绝大多数功能，如：

（1）灵活的部署模式。工控防火墙应支持三种部署模式，分别是透明模式、路由模式、混合模式。防火墙会根据进入设备的数据包，自动选择正确的应用模式进行处理。

（2）路由功能。工控防火墙应支持静态路由（static routing）、ISP 路由、源路由（source-based routing，SBR）、源接口路由（source-interface-based routing，SIBR）、策略路由（policy-based routing，PBR）、就近探测路由（proximity routing）、动态路由（包括 RIP、OSPF 和 BGP）和等价多径路由（equalcost multipath routing，ECMP）和静态组播路由（static multicast-routing）等多种路由方式，方便适应不同的组网需求。

（3）网络地址转化（NAT）。工控防火墙应可以通过创建并执行 NAT 规则来实现 NAT 功能。NAT 规则有源 NAT 规则（SNAT Rule）和目的 NAT 规则（DNAT Rule）两类。SNAT 转换源 IP 地址，从而隐藏内部 IP 地址或者分享有限的 IP 地址；DNAT 转换目的 IP 地址，通常是将受安全网关保护的内部服务器（如 WWW 服务器或者 SMTP 服务器）的 IP 地址转换成公网 IP 地址。

（4）用户认证。工控防火墙应支持本地用户认证、外部服务器用户认证（RADIUS、LDAP、MS AD）、Web 认证、802.1x。

（5）应用识别与控制。工控防火墙应提供广泛的应用层监控、统计和控制过滤功能。该功能能够对 FTP、HTTP、P2P 应用、实时通信工具以及 VoIP 语音数据等应用进行识别，并根据安全策略配置规则，保证应用的正常通信或对其进行指定的操作，如监控、流量统计、流量控制和阻断等。工控防火墙利用分片重组及传输层代理技术，使设备能够适应复杂的网络环境，即使在完整的应用层数据被分片传送且分片出现失序、乱序的情况下，也能有效的获取应用层信息，从而保证安全策略的有效实施。

（6）VPN 功能。工控防火墙应支持 IPSec VPN、SSL VPN、拨号 VPN、L2TP VPN、PnPVPN。

IPSec VPN 配置复杂，维护成本高，对网管人员技术要求高，针对该问题，工控防火墙为企业用户提供了一种简单易用的 VPN 技术——PnPVPN，即即插即用 VPN。PnPVPN 由两部分组成，分别是 PnPVPN Server 和 PnPVPN Client，各自功能描述如下：

1）PnPVPN Server。通常放置于企业总部，由总部 IT 工程师负责维护，客户端的大多数配置由服务器端下发。PnPVPN Serve 通常工控防火墙充当，一台安全网关可充当多个 PnPVPN Server。

2）PnPVPN Client。通常放置于企业分支机构（如办事处），可由总部工程师远程维护，只需要做简单配置（如客户端 ID、密码和服务器端 IP 地址），和 Server 端协商成功后，即可从 Server 端获取配置信息（如 DNS、WINS、DHCP 地址池等），PnPVPN Client 通常由工控防火墙充当。

（7）攻击防护。工控防火墙应支持 TCP/IP 攻击防护（IP 碎片攻击、IP Option 攻击、IP 地址欺骗攻击、Land 攻击、Smurf 攻击、Fraggle 攻击、Huge ICMP 包攻击、ARP 欺骗攻击、WinNuke 攻击、Ping-of-Death 攻击、Teardrop 攻击）；支持扫描保护（IP 地址扫描攻击、端口扫描攻击）；支持 Flood 保护（Syn Flood 攻击、ICMP Flood 攻击、UDP Flood 攻击、DNS Query Flood 攻击）；支持二层攻击防护（IP-MAC 静态绑定、主机防御、ARP 防护、DHCP Snooping）。

（8）病毒过滤。工控防火墙应具有许可证控制的病毒过滤功能，能够为用户提供高速、高性能以及低延迟的病毒过滤解决方案。配置工控防火墙的病毒过滤功能后，设备能够探测各种病毒威胁，例如蠕虫、木马、恶意软件、恶意网站等，并且根据配置对发现的病毒进行处理。

工控防火墙病毒过滤功能可扫描协议类型包括 POP3、HTTP、SMTP、IMAP4 以及 FTP；可扫描文件类型包括存档文件（包含压缩存档文件，支持压缩类型有 GZIP、BZIP2、TAR、ZIP 和 RAR）、PE（支持的加壳类型有 ASPack 2.12、UPack 0.399、UPX 的所有版本以及 FSG 的 1.3、1.31、1.33 版本和 2.0 版本）、HTML、Mail、RIFF、CryptFF 和 JPEG。

（9）网络行为控制。工控防火墙网络行为控制功能可以根据需要针对不同用户、不同网络行为、不同时间进行灵活的控制规则设置，对用户的网络行为进行全面的行为控制、行为审计（记录行为日志）和内容审计（记录内容）。

工控防火墙网络行为控制功能主要包括 URL 过滤、网页关键字过滤、Web 外发信息控制、邮件过滤、网络聊天控制、应用行为控制、日志管理。

三、工控主机防护软件

工控主机防护软件是针对工业控制网络中的操作员站、工程师站、服务器等工控主机进行安全防护的终端安全产品，可以分单机版及网络版。其采用白名单的技术方式，轻量级的软件设计提高工控网络适应性以及工控主机的软硬件兼容性，全面监控主机的进程状态、网络端口状态、USB端口状态，同时支持主机加固，有效防御已知与未知的病毒、木马等恶意软件威胁，实现工控主机的全生命周期的安全保护。在工程师站、操作员站、服务器部署工控主机防护软件，实现软件白名单管理、移动存储介质管理、系统加固等，此外，配合安全U盘使用，在各主机系统上进行数据交换，进一步降低病毒、恶意软件的感染风险。工控主机防护软件应具有以下功能：

（1）主机白名单管理。采用白名单防护机制，实现对工控软件广泛兼容，避免发生工控应用的误杀。无需频繁升级，符合工控网络与互联网隔离的特性；智能学习工控主机安全运行环境中的所有正常行为，建立主机白名单基线。

（2）主机的全面防护。通过智能学习建立主机白名单，阻止非法程序执行，有效阻止IT网络病毒和工业控制系统病毒，应对未知威胁攻击。支持从操作系统、注册表、内存空间完整性、本地安全策略方面进行主机加固，有效识别和阻止白名单之外的程序运行，有效阻止IT网络病毒和工业控制系统病毒。

（3）主机的安全加固。保护配置文件和注册表的完整性，对工控主机安全加固。

（4）移动存储介质管理。根据现场需要，灵活控制U盘、硬盘等移动存储介质的读写权限。有效避免移动存储介质在工控网络中滥用带来的安全隐患，保障工控主机间数据交换安全。

四、工控审计与监测系统

工控审计与监测系统是一款专门针对工业控制系统的审计和威胁监测的系统。该系统能够识别多种工业控制协议，如S7、Modbus/TCP、Profinet、Ethernet/IP、IEC104、DNP3、OPC等。系统采用审计监测终端配合统一监管平台的部署管理方式进行统一管理，采用旁路部署的方式接入生产控制层中的核心交换机，实时监测生产过程中产生的所有流量，完全不影响现有系统的生产运行。审计监测终端严格按照工业级硬件的要求进行设计，能够满足各种工业现场的环境要求，可广泛应用于各类网络环境。

工控审计与监测系统提供多种防御策略，帮助用户构建适用的专属工业控制网络安全防御体系。通过对协议的深度解析，识别网络中所有通信行为并翔实记录。检测针对工业控制协议的网络攻击、工控协议畸形报文、用户异常操作、非法设备接入以及蠕虫、病毒等恶意软件的传播并实时报警，系统提供直观清晰的网络拓扑图，显示工控系统中的设备间连接关系。系统能够建立工控系统正常运行情况下的基线模型，对于出现的偏差行为进行检测并集成网络告警信息，使用户在了解网络拓扑的同时获知网络告警分布，从而帮助用户实时掌握工业控制系统的运行情况。工控审计与监测系统主要有以下功能：

（1）工控系统攻击检测。支持针对工控协议畸形报文、参数阈值篡改、网络数据风暴等攻击行为的监测并告警。

（2）异常行为检测。支持对工控协议的深度解析，结合特定算法建立工控网络的通信模型基线，将当前工控协议通信行为与基线进行对比，对偏离基线的行为进行检测并告警。

（3）关键事件检测。支持多种配置策略，用户可选择需要检测的关键行为，如组态变更、操控指令变更、PLC 下装、负载变更等关键事件告警。

（4）网络告警事件统计。支持实时告警显示、告警事件统计、告警事件数量趋势等多维度的统计。

（5）工控网络流量统计。支持按照不同的协议类型、不同的流量类型（包括广播流量、多播流量、单播流量）、OSI 模型分布（包括链路层、网络层、传输层、会话层、表示层、应用层）进行工控数据流量统计。

（6）工控网络连接统计。支持支持基于连接数、报文收发数、流量大小多维度的统计工控网络信息统计。

（7）网络信息全审计、行为可溯源。全面记录工控网络的操作行为、网络会话、异常告警提供行为审计、内容审计、生产完整记录便于事件追溯。

工控审计与监测系统采用旁路接入的方式接入生产控制大区的核心交换机，通过交换机端口方式获取访问数据，在不影响现有系统生产运行的情况下，实时监测生产过程中产生的所有流量，可以很好地对安全事件和违规行为进行有效的审计和取证，对工控玩过中的异常行为进行实时监测和告警，实现可视化的管理。

五、工业控制态势感知平台

工业控制系统态势感知平台是专门用于工业控制系统，实时收集、分析和关联整个工业企业中的设备信息和网络信息，提供整网设备监控、集中配置管理、集中策略控制、日志管理呈现、全网安全协防等功能，为企业提供集中、全面、简洁、高效的安全管理方案。工业控制态势感知平台一般部署在管理信息大区的安全管理区内。

工业控制系统态势感知平台支持通过后端分布式爬虫引擎对全球节点的分析，对每个节点所拥有的特征进行判别，从而获得设备类型、固件版本、分布地点、开放端口服务等信息。同时专门针对基础设施安全漏洞威胁进行主动检测，快速发现一个区域、一个国家，乃至全球的基础设施系统的分布情况及威胁异常行为，并基于大数据分析技术，对基础设施安全态势进行感知和展示。

平台通过在网络空间部署若干设备信息采集探针，对设备信息、漏洞信息进行采集，并将采集到的数据上传至云大数据处理分析服务器；处理分析服务负责将收到的信息通过设备识别、漏洞分析、端口服务分析、异常行为分析等处理手段形成基础威胁数据，存储至本地中间数据库；最后经过大数据综合分析形成威胁态势数据，进行综合展示与告警，可对安全威胁进行提前的感知。工控态势感知平台典型功能为：

（1）整体安全感知。依据企业全面数据，利用图形化、可视化技术，通过贴近用户场景的科技感大屏，帮助用户全方位地了解当前网络的资产分布和网络架构，感知企业整体信息安全状态和信息安全趋势。

（2）实时风险预警。监测到资产或区域安全风险时，会以声光报警的形式，结合精确的二维地图直观地呈现给用户，并支持点击声光报警处展示风险详情，高危风险置顶，普通风险滚动。首页同时支持风险播报，高危风险置顶，普通风险滚动。风险播报的内容覆盖CVE、CNVD、CNNVD和自主发现的零日漏洞及针对网络环境中发生的高危指令、非法接入设备、异常连接、异常流量等，漏洞内容涵盖检验篡改组态数据、伪造控制指令、实时欺骗、获取超级权限、导致拒绝服务、弱密码、安全绕过、获取超级权限等。

（3）企业区域管理。支持包括企业、生产区、管理区维度选择的区域管理，同时在这几个维度的选择下支持添加自定义的区域。

（4）设备资产管理。用户可以通过导入或手动添加的方式维护资产列表，优化工控系统的运维管理。资产的信息包括设备名称、设备类型、IP、所属区域、物理位置、责任人、所属部门、购买日期、厂商、型号、版本信息、开放端口、状态、漏洞信息等。另外支持资产查询的功能，对于资产的变化情况，做到可以追溯。

（5）智能风险分析。在大多数的应用场景中，平台会汇聚许多工控安全产品（工控主机防护、工控工具箱、工控防火墙、工控审计、工控漏扫等），甚至传统信息安全产品（WAF、DB审计、APT等）的风险数据。依据发现的大量资产数据、指纹信息和威胁数据，平台会通过关联分析、机器学习的算法智能地完成风险识别和风险预警，平台同时支持操作人员对风险的确认、处置、忽略等操作，并对应生成日志。

在技术上，工业控制系统态势感知平台往往采用了以下技术：

（1）数据采集与存储技术。态势感知平台需要采集的数据包括各类信息资产的日志数据、漏扫设备的扫描结果以及安全设备的报告数据，主要采用实时采集的方式，数据被主动采集到服务平台后，经过处理，能够将来自各个厂商的设备、系统中各种报文、资源信息归一化处理，形成平台内的统一格式，并由平台进行格式化后的存储、分析。

（2）联网设备的基础数据云识别技术。为了实现对联网工控设备的检测，需要实现全网设备发现的设计与网格计算。全网基础数据的采集和识别主要采用了以下多种技术：

1）服务发现。采用远程端口检测与会话指纹采集的形式，进行远程开放服务的发现。

2）会话指纹识别。采用对应服务发出请求会话，如telnet、http、ftp等通用协议或者设备私有协议请求，如S7、modbus、dnp3等，对服务的返回信息进行指纹识别。

（3）大数据行为建模。通过深入研究大量具有重大影响力的安全事件的攻击过程、手段和具体技术形成模型。将监测过程中获取的行为模式数据和设备数据与模型进行匹配。在前期发现并判断安全事件发生可能性，及时进行通报预警。

（4）实时监测和告警。内嵌多套安全规则和大数据安全建模，对工控互联网设备状态进行实时监测，对异常行为和漏洞爆发进行实时告警，帮助实时掌控工控互联网及工控局域网的安全情况。

（5）可视化威胁评估。工业控制系统态势感知平台通过探测网络空间中的工控及安防监控设备，可视化展现其详细信息。同时，依托精准的IP地理位置数据库，平台可对设备定位，包括隶属省份城市、经纬度坐标等，并通过二维地图精确呈现。对于漏洞的细节，平台结合国际CVSS评分绘制漏洞的危害级别矢量图（根据身份认证、攻击复杂度、可用性影响、机密性影响、完整性影响、攻击向量属性绘制），可更直观体现到漏洞危害。此外，平台采用智能威胁评分技术，根据态势感知结果进行大数据分析，并进行多维度综合威胁评分，包括设备评分及区域整体安全评分，再与地图相结合的方式向用户提供可视化的威胁态势评估报告。工控安全态势感知监测预警系统将为智能化电厂的安全态势分析、威胁预警提供全方位的可视化支撑。

（6）攻击路径回溯。能够实时感知外网访问生产网和生产网内部之间的实时访问和攻击情况。深度协议数据包解析，准确定位异常行为，攻击追溯和发现网络潜在的安全风险。通过时间与数据的综合维度，精确展现大数据环境下的工控安全发展态势。

六、横向安全隔离设备

根据《电力监控系统安全防护规定》第九条的相关规定“电厂生产控制大区和管理信息大区控制区间必须设置经国家指定部门检测认证的电力专用横向安全隔离装置；安全接入区与生产控制大区中其他部分的连接处必须设置经国家指定部门检测认证的电力专用横向单向安全隔离装置。”电力专用横向安全隔离装置分为正向型和反向型，正向安全隔离装置用于生产控制大区到管理信息大区的非网络方式的单向数据传输，反向安全隔离装置用于从管理信息大区到生产控制大区的非网络方式的单向数据传输，是管理信息大区到生产控制大区的唯一数据传输途径。

正向型安全隔离装置一般具有以下功能：

（1）实现两个安全区之间的非网络方式的安全的数据交换，并且保证安全物理隔离装置内外两个处理系统不同时连通。

（2）在安全岛硬件上保证从低安全区到高安全区的TCP应答禁止携带应用数据，防止病毒和黑客非法访问。

（3）支持表示层与应用层数据完全单向传输，即从安全区Ⅲ到安全区Ⅰ/Ⅱ的TCP应答禁止携带应用数据的工作模式。

（4）支持多种工作模式。无IP地址透明工作方式（虚拟主机IP地址、隐藏MAC地址）、支持网络地址转换（NAT）、混杂工作模式，保证标准应用的透明接入。

（5）基于MAC、IP、传输协议、传输端口以及通信方向的综合报文过滤与访问控制。

（6）防止穿透性TCP连接。禁止内网、外网两个应用网关之间直接建立TCP连接，将内外两个应用网关之间的TCP连接分解成内外两个应用网关分别到隔离装置内外两个网卡的两个TCP虚拟连接。隔离装置内外两个网卡在装置内部是非网络连接，且只允许数据单向传输。

（7）提供完备的日志审计功能，如时间、IP、MAC、PORT等日志信息。对通过装置进入内网的应用数据及未通过装置而被丢失的应用数据进行完整的记录，以便事后审计；此外，也应具有对隔离设备的操作维护日志信息。

（8）支持系统告警，支持完备的安全事件告警机制，当发生非法入侵、装置异常、通信中断或丢失应用数据时，可通过隔离装置专用的告警串口或网络输出报警信息，日志格式遵循 Syslog 标准，方便用户管理。

（9）安全、方便的维护管理方式。基于图形化的管理界面，方便对装置进行设置、监视和控制运行。

（10）提供正向数据通信 API 函数接口，方便用户进行二次系统安全物理隔离的改造。

（11）具有方便的设备配置文件导入与导出功能。

而反向型安全隔离装置具有以下功能：

（1）具有应用网关的功能，实现应用数据的接收与转发。

（2）具有应用数据内容有效性检查功能。

（3）采用基于数字证书的数字签名技术，在数据发送端（III区）对需要发送的数据进行签名，然后发给反向隔离设备，反向隔离设备在收到数据后进行签名验证，并能根据招标人制定的安全策略进行检查，然后发送给数据接收程序（I/II区）。

（4）对文本文件形式的数据，通过编码转换技术实现半角字符转换为全角字符，保证进入I/II区的数据为纯文本数据。

（5）反向隔离设备提供基于 RSA 密钥对的数字签名和采用电力专用加密算法进行数字加密的功能。

（6）反向隔离设备提高基于数字证书的图形化界面，通过专用智能 IC 卡进行身份认证，保证配置管理的安全。

（7）支持系统告警，支持完备的安全事件告警机制，当发生非法入侵、装置异常、通信中断或丢失应用数据时，可通过隔离装置专用的告警串口或网络输出报警信息，日志格式遵循 Syslog 标准，方便管理。

（8）反向隔离设备必须提供配套的文件传输程序，便于进行二次系统安全物理隔离改造。

（9）具有方便的设备配置文件导入与导出功能。

（10）提供完备的日志审计功能，如时间、IP、MAC、PORT 等日志信息。对通过装置进入内网的应用数据及未通过装置而被丢失的应用数据进行完整的记录，以便事后审计；此外，也应具有对隔离设备的操作维护日志信息。

（11）满足传输内容纯文本强过滤的要求。

七、纵向加密认证装置

电力专用纵向加密认证装置位于电力控制系统的内部局域网与电力调度数据网络的路由器之间，用于生产控制大区的广域网边界保护，可为本地生产控制大区提供一个网络屏障同时为上下级控制系统之间的广域网通信提供认证与加密服务，实现数据传输的机密性、完整性保护。按照“分级管理”要求，纵向加密认证装置部署在各级调度中心及下属的各厂站，根据电力调度通信关系建立加密通道，部署示意如图 4.4 所示。

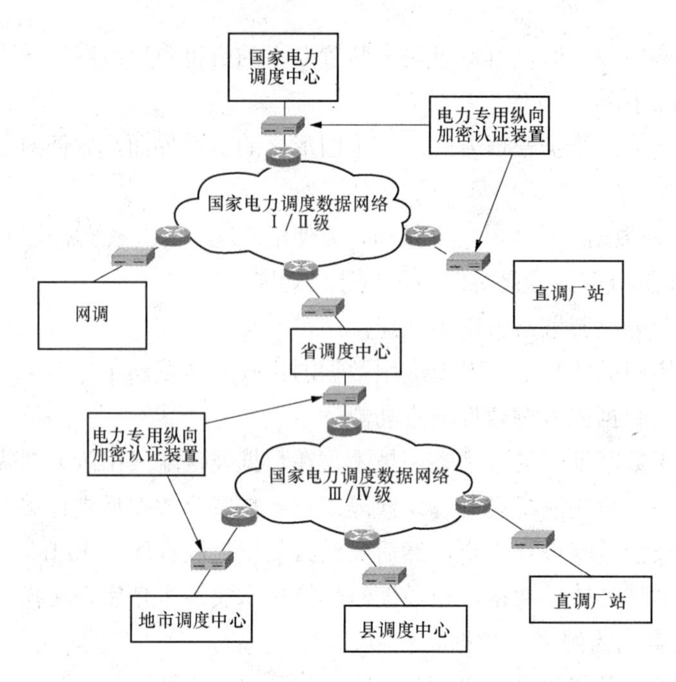

图 4.4　电力专用纵向加密装置部署图

专用纵向加密认证装置应具备如下功能：

（1）通过国家主管部门的审批和技术鉴定，采用国家主管部门审批通过的专用密码算法。

（2）密钥管理采用公私钥体制，符合 X.509 标准，使用 BASE-64 编码，由调度证书服务系统一签发。

（3）五类安全证书机制。根证书、操作员证书、管理中心证书、纵向认证设备证书、对机证书。

（4）三级密钥管理。主密钥、设备公私钥（设备公钥以证书请求方式导出，由证书服务系统签发成设备证书并发布）、工作密钥，应满足以下要求：

1）密钥同步的双方首先相互验证身份；

2）双方以 RSA 算法加密传送实时产生的工作密钥；

3）工作密钥定期自动更换。

（5）可使用符合《电力专用纵向加密认证装置技术规范》要求的证书服务系统下发的数字证书和操作员卡。

（6）IP 层通信加密，符合 IPSec，密文采用封装安全载荷（ESP）。

（7）采用透明网桥模式，不影响原有网络和终端设备的配置，系统扩展性好。

（8）一对多加密模式，适应所有广域网络，扩展性好，灵活性高。

（9）具有完善的自检、告警、自愈、审计功能。

（10）在启动和运行过程中，发生的事件和错误都有日志记录，可以通过配置管理软件查看事件和定位故障。操作员进行的操作也有日志记录，便于对其进行归纳和分析。

（11）具有声光组合告警提示。

（12）支持双机热备功能。

（13）支持本地设置和远程管理。

（14）基于 Windows 图形界面的专用配置管理软件进行各类配置管理工作，界面友好，操作便捷。

（15）本地配置管理。证书管理、隧道管理、策略管理、系统配置和日志管理。

（16）支持软件的备份、恢复和增量升级。

八、APT 预警平台

近年来，针对工业控制系统的攻击，越来越多地出现了高级持续性威胁（advanced persistent threat，APT）的影子，而工控环境中暴露出来的攻击更加是直接破坏国家及民生相关的重要设施。APT 是指隐匿而持久的电脑入侵过程，通常由某些人员精心策划，针对特定的目标。其通常是出于商业或政治动机，针对特定组织或国家，并要求在长时间内保持高隐蔽性。高级持久威胁包含高级、持久、威胁三个要素。高级强调的是使用复杂精密的恶意软件及技术以利用系统中的漏洞；持久暗指某个外部力量会持续监控特定目标，并从其获取数据；威胁则指人为参与策划的攻击，如震网病毒事件就是典型的 APT 攻击事件。

在管理信息大区部署 APT 攻击预警平台，其使用深度检测技术，可对 APT 攻击进行检测，能检测到传统安全设备无法检测的攻击，及时向管理人员告警。APT 攻击预警平台具有以下功能：

（1）Web 威胁深度检测。支持通过对 Web 流量和应用进行深度检测，提供了全面的入侵检测能力。

（2）邮件威胁深度检测。对邮件协议进行深度分析，记录并分析每个邮件，并对其中的附件进行分析并检测，发现其中的安全问题。

（3）病毒木马深度检测。支持对应用协议解析，在协议中分离文件，通过对病毒木马进行扫描，快速发现各种已知特征的恶意文件攻击行为。

（4）0day 攻击检测。支持通过定位目标文件中的 shellcode 以及脚本类文件中的溢出代码，进行静态执行分析，对目标文件进行检测，发现其中的 0day 攻击样本。

（5）异常行为分析。支持利用恶意流量特征，能基于多个维度检测攻击行为。

（6）关联行为分析。提供更为深层的威胁分析服务、安全预警服务和情报共享服务，依托于云端的海量数据、高级的机器学习和大数据分析能力，可及时共享最新的安全威胁情报，提供更为精准的威胁分析能力。

九、Web 应用防火墙

Web 应用防火墙专注于网站及 Web 应用系统的应用层专业安全防护，很好地解决了传统安全产品如网络防火墙、入侵防御系统等难以对应用层深度防御的问题。通过在管理大区与互联网的边界处部署 Web 应用防火墙可以有效地缓解网站及 Web 应用系统面临的攻击，如 OWASP TOP 10 中定义的常见威胁；可以快速地应对恶意攻击者对 Web 业务带来的冲击；可以智能锁定攻击者并通知管理员对网站代码进行合理的加固。Web 防火墙具有以下功能：

（1）防护主流的 Web 通用攻击。内置了主流的通用 Web 攻击特征有效的防御来自外部的如 SQL 注入、文件注入、命令注入、配置注入、LDAP 注入、跨站脚本等，部署 WAF 后自动障蔽相应的 Web 攻击行为。

（2）协议规范性检查。通过 HTTP 协议规范性检查可以实现 Web 主动防御功能，如请求头长度限制、请求编码类型限制等从而障蔽了大部分非法的未知攻击行为。

（3）抗 Web 扫描器扫描。可以防护 Paros proxy、WebScarab、WebInspect、Whisker、libwhisker、Burpsuite、Wikto、Pangolin、Watchfire AppScan、N-Stealth、Acunetix Web Vulnerability Scanner 等多种扫描器的扫描行为。

（4）防护敏感信息泄露。可防止敏感信息泄露，如服务器出错信息，数据库连接文件信息，Web 服务器配置信息，网页中的连续出现的身份证、手机、邮箱等个人信息均可被 WAF 识别并依据策略采取相应的措施。

（5）防止恶意言论提交。支持中文关键字解析技术，通过对用户提交信息进行过滤，有效解决用户提交政冶敏感、违反法规相关的言论信息，从而保障网站的内容健康。

（6）CC 攻击防护。基于 URL 级别的访问频率统计，并通过访问行为建模检测出 CC 攻击的来源，对 CC 攻击者采取限时锁定措施从而有效防止外网的 CC 攻击行为，该功能还可有效解决因验证码技术落后而导致的口令爆破问题。

（7）防护盗链行为。支持多种盗链识别算法能有效解决单一来源盗链、分布式盗链、网站数据恶意采集等信息盗取行为，从而确保网站的资源只能通过本站才能访问。

（8）应用程序错误跟踪。支持自动记录应用程序的出错信息，并能将应用程序出错信息进行分类汇总，为程序人员进行分析原因和修复程序提供了重要参考。

（9）静态网页篡改防护。支持静态网页篡改防护与预警功能，防止篡改的页面显示到用户端并将篡改事件及时告警。

（10）Web 应用加速。采用 WebCache 等技术对防护的网站进行加速，通过对静态文件的缓存技术，动态请求的 TCP 连接复用技术实现了网站访问速度的提升。

（11）Web 负载均衡。支持对防护站点的轻量级负载均衡，有效缓解因单台服务器可能存在单点故障的情况，从而实现网站不间断服务。

（12）站点访问审计。支持对网站的访问情况进行统计分析呈现即时访问量趋势图、用户最关注的网页、访问者最集中的地市区域等信息，便于分析网站的业务模块的访问情况，并为业务功能的价值提供评价参考。

十、数据库审计与风险控制系统

数据审计与风险控制系统能够实时记录电厂重要数据库的活动，对数据库的操作进行细粒度的审计，满足相关合规性管理的要求，并根据内置的规则对数据库遭受到的风险行为进行告警，对攻击行为进行阻断。它通过对用户访问数据库行为的记录、分析和汇报，用来帮助管理员事后生成合规报告、事故追根溯源，同时可以加强数据库的网络行为记录，提高数据资产安全。

在管理信息大区部署数据库审计与风险控制系统，全面记录针对电厂重要数据库的访问行为，识别越权操作等违规行为，并完成安全事件的追踪溯源；可跟踪敏感数据访问行为轨迹，建立访问行为模型，及时发现敏感数据泄露；提供符合法律法规的报告，满足等级保护、企业内控等审计要求；可为数据安全管理与性能优化提供决策依据。数据库审计与风险控制系统具有以下功能：

（1）原始信息收集。数据库审计与风险控制系统通过旁路镜像的模式进行部署，可以在不改变用户现有网络结构、不占用数据库服务器资源、不影响数据库性能的情况下实现对数据库的访问行为审计。支持分布式部署，实现配置与报表的集中管理、并发流量采集与处理、多点存储、多级管理。

（2）审计信息标准化。支持国内外主流数据库，如 Oracle、SQLserver、DB2、Mysql、Informix、Sybase、PostgreSQL、神通 OSCAR、达梦 DM、人大金仓、南大通用 Gbase、CACHE、Teradata 等。并可将不同数据库协议按照标准化的格式进行展示，方便管理人员阅读和分析。

（3）审计信息筛选。根据 5W1H 分析模型进行规制设计，提供丰富的规则条件和向导式的规则配置方法，同时内置了多条安全相关的审计分析规则。

（4）告警与报表。DBAuditor 提供 Syslog、短信、邮件、SNMP、FTP 等丰富的告警方式，可第一时间通知管理人员，并可与 SOC、安管平台等进行日志的整合。

（5）智能关联分析。通过同时提取 Web 业务端和数据库端的协议流量，提取出具体业务操作请求 URL、POST/GET 值、业务账号、原始客户端 IP、MAC 地址、提交参数等。通过智能自动多层关联，关联出每条 SQL 语句所对应 URL，以及其原始客户端 IP 地址等信息，实现追踪溯源。

（6）数据库行为模型分析。自动学习建立数据库行为模型，行为模型是基于总逻辑分析思维，一层一层展示整个数据库的行为状态。通过行为模型的变更分析，可方便用户掌握最新访问动态。通过行为模型的对比分析则可以分析出两个不同时间段的模型差异，可以非常方便地发现数据库账号、源 IP、访问工具类型、权限的增删变更情况，方便进一步分析。

第五章

发电厂控制与管理系统信息安全防护管理体系建设

智能化电厂信息安全，不仅需要正确的技术解决方案，而且需要完善的管理方案。每个信息系统的组织机构都需要建立相应的信息安全管理体系，其目的在于指导组织机构在已有安全管理体系的框架或环境下，建立、实施、运行、监视、评审、保持与改进控制与管理系统的信息安全，从而达到智能化电厂对信息安全的要求。本章节将重点介绍智能化电厂安全管理体系的建设方法。

第一节　控制与管理系统信息安全防护管理体系概述

一、体系范畴

目前，国际上普遍采用规划（Plan）—实施（Do）—检查（Check）—处置（Act）（PDCA）模型来建立信息安全管理体系过程，其模型图如图 5.1 所示。

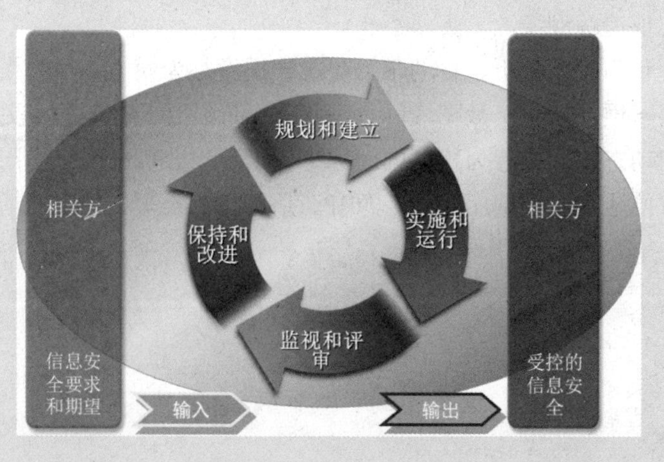

图 5.1　应用于信息安全管理体系过程的 PDCA 模型图

建立信息安全管理体系，就是建立信息安全管理体系的方针、目标、过程和规程，管理风险和提高信息安全，从而获得与信息安全总方针、总目标相一致的结果。

实施和运行信息安全管理体系，就是实施和运行信息安全管理体系的方针、控制措施、过程和规程。

监视与评审信息安全管理体系，就是对照信息安全管理体系的方针、目标和实践经验，评估并测量过程的执行情况，并将结果报告管理层以供评审。

保持与改进信息安全管理体系，就是基于系统信息安全管理体系内部评审结果与其他相关信息，采取预防和纠正措施，持续改进电厂信息系统信息安全管理体系。

智能信息安全管理体系通常包括的内容有安全方针、组织机构与人员、资产管理、人力资源安全、物理与环境管理、通信与操作管理、访问控制、信息获取与开发维护、信息安全事件管理、业务连续性管理及符合性。智能化电厂的组织机构可以根据自身的实际情况，合理地选择这些内容，建立一套全面而有效的信息安全管理体系。

二、安全方针

安全方针是智能化电厂信息安全管理的重要指导方针。

信息安全方针的目标是依据业务要求、相关法律法规和健康安全环境（HSE）需求提供管理指导并支持系统信息安全。

管理层应根据这个目标制定清晰的方针指导，在整个组织机构中颁布和维护信息安全方针，表明对信息安全的支持和承诺。

1. 信息安全方针文件

信息安全方针文件应由管理层批准、发布和传达给所有员工和外部相关方。

信息安全方针文件应说明管理承诺，并提出智能化电厂的管理信息安全的方法、信息安全方针文件包括以下两项声明：

（1）信息安全、总体目标、范围，以及信息安全重要性的定义，以保障电厂信息安全管理体系。

（2）管理层意图的声明，以支持符合业务策略和目标的信息安全目标、原则和健康安全环境（HSE）需求。

智能化电厂应建立控制目标和控制措施的框架，包括风险评估和风险管理的结构。特别重要的安全方针策略、原则、标准和符合性要求的简要说明，应包括符合法律法规和合同要求，安全教育、培训和意识要求，业务连续性管理，以及违反信息安全方针的后果。

智能化电厂应有信息安全管理的一般职责和特定职责的定义，包括报告信息安全事件。

智能化电厂应做好支持方针文件的引用，如特定信息系统更详细的安全策略和规程或用户要遵守安全规则。

信息安全方针应对相关人员开放且被理解，并在整个组织机构和使用者中进行沟通。

2. 信息安全方针评审

信息安全方针应按计划的时间或者在发生重大变化时进行评审，确保其持续的合适性、充分性和有效性。这些评审应包括运作和变更管理方针。

信息安全方针应有专人负责。该负责人负有信息安全方针制定、评审和评价的管理职责。评审要包括评估组织机构信息安全方针改进的机会和管理信息安全适应组织机构环境、业务状况、法律条件或技术环境变化的方法。

信息安全方针评审应考虑管理评审的结果。定义管理评审规程，包括时间表或评审周期。管理评审的输入信息包括相关方的反馈、独立评审的结果、预防和纠正措施的状态，以往管理评审的结果、过程执行情况和信息安全方针符合性、可能影响组织机构管理信息安全的方法的变更（主要包括组织机构环境、业务状况、资源可用性、合同、规章和法律条件或技术环境的变更等）、威胁和脆弱性的趋势、已报告的信息安全事件、相关政府部门的建议。管理评审的输出包括与组织机构管理信息安全的方法及其过程的改进有关的决定和措施，应包括与控制目标和控制措施的改进有关的决定和措施，应包括与资源和/或职责分配的改进有关的决定和措施，应包括与维护管理评审的记录并获得管理层对修订方针的批准有关的决定和措施。

第二节 组织机构与人员

智能化电厂系统信息安全组织通常是由内部组织和外部组织组成。

一、内部组织

内部组织的目标是管理组织机构范围内信息安全。

内部组织应建立管理框架，以启动和控制组织机构范围内的信息安全的实施。

管理层应批准工控信息安全方针、分配安全角色，以及协调和评审整个组织机构安全的实施。

在必要时，应在组织机构范围内建立信息安全专家建议库，并在组织机构内应用。然后，发展与外部安全专家或组织机构的联系，以便跟上行业趋势、跟踪标准和评估方法，并且在处理信息安全事件时，能提供合适的联络点。同时，鼓励多个专业共同参与，以应对信息安全。

1. 信息安全的管理承诺

管理层要通过清晰的说明、可证实的承诺、明确的信息安全职责分配及确认，积极支持组织机构内的信息安全工作。

管理层应确保信息安全目标获得识别，满足组织机构要求，并已被整合到相关过程中。同时，管理层应制订、评审、批准信息安全方针。

信息安全的管理承诺，应评审信息安全方针实施的有效性，为安全启动提供明确的方向和支持，为信息安全提供所需的资源，批准整个组织机构内信息安全专门的角色和职责分配，启动计划和程序来保持信息安全意识，确保整个组织机构内的信息安全控制措施的实施是相互协调的。

管理层应识别内、外部专家的信息安全建议的需求，并且在整个组织机构内评审和协调专家建议结果。

依据组织机构的规模不同，这些职责可以由一个专门的管理协调小组或者一个已有的机构来承担。

2. 信息安全协调

信息安全活动通常由来自组织机构不同部门并具备相关角色和工作职责的代表进行协调。

智能化电厂信息安全协调通常包括工业控制系统技术人员、信息人员、管理人员、审计员和安全人员，以及IT、风险管理、运行、工艺安全、物理安全、保险、法律、人力资源等领域专家的协调和协作。

信息安全协调活动应做到以下内容：确保安全活动的实施与信息安全方针相一致；确定如何处理不符合项；核准信息安全的方法和过程，如风险评估、信息分类；识别重大的威胁变更和暴露在威胁下的信息系统；评估信息安全控制措施实施的充分性和协调性；评价在信息安全事件的监视和评审中获得的信息，推荐适当的措施响应识别的信息安全事件；有效地促进整个组织机构内的信息安全教育、培训和意识。

3. 信息安全职责的分配

信息安全职责的分配，就是应清晰地定义所有信息安全职责。

信息安全职责的分配应与信息安全方针相一致，每个系统的保护和执行特定安全过程的职责要清晰地识别。在必要时补充这些职责，为特定地点和系统提供更详细的指南。此外，应清晰地定义资产保护和执行特定安全过程的局部职责。

分配有安全职责的人员可以将安全任务委托给其他人员，但不能因此免除其责任，以保证任何被委托的任务已被正确地执行。

对个人负责的职责范围应清晰地规定，尤其是与每个特殊系统相关的资产和安全过程要予以识别并清晰地定义。要分配每一资产或安全过程的实体职责，并且该职责的细节要形成文件。此外，授权级别要清晰地予以定义，并形成文件。

组织机构应任命一名信息安全管理人员全面负责信息安全工作的规划和实施，并支持控制措施识别。各工控系统、管理信息系统指定一名责任人负责日常运维工作。

4. 信息系统的授权过程

信息系统的定义和实施应有一个管理授权过程。信息系统授权过程应考虑：信息系统要有适当的用户管理授权，以批准其用途和使用；还要获得负责维护本地系统安全环境的管理人员的授权，以确保所有相关的安全方针策略和要求得到满足。若有必要，硬件和软件需进行核查，以确保其与其他系统组件兼容。

5. 保密性协议

组织机构信息保护的保密性协议的要求应识别并定期评审。

保密性协议需要使用合法的可实施条款来解决保护保密信息的要求。同时，保密性协议应遵循相关法律法规。

保密性协议的签署者应知道自己的职责，通过授权或负责的方式保护、使用和公开信息。

6. 与相关部门的联系

组织机构应保持与相关部门的适当联系；组织机构的规程中要指明什么时候与哪个部门（如监管部门、执法部门、消防部门等）联系，以及怀疑已识别的信息安全事件可能触犯了法律时，如何及时报告。

保持这样的联系可能是支持信息安全事件管理或业务连续性和应急规划过程的要求。与法规部门的联系有助于预先知道组织机构必须遵循的法律法规方面预期的变化，并为这些变化做好准备。与其他相关部门的联系包括公共设施、紧急服务和安监部门等。

当受到来自互联网攻击的组织机构需要外部第三方时，组织机构需要互联网服务提供商或电信部门等外部第三方采取应对攻击源的措施。

7. 与相关专业组织的联系

组织机构可以与一些专业组织、专业安全技术论坛或专业协会保持一定的联系。

通过与这些相关专业组织的联系，可以共享信息安全信息和实践，提高信息安全知识水平，掌握信息安全环境现状，积极应对和处理信息安全信息事件。

8. 信息安全的独立评审

组织机构应按计划的时间间隔对管理信息安全的方法及其实施（如信息安全的控制目标、控制措施、策略、过程和规程）进行独立评审。当安全实施发生重大变化时，也要进行独立评审。

独立评审应由管理层启动。对于确保一个组织机构管理信息安全方法的持续的适宜性、充分性和有效性，这种独立评审是必要的。评审要包括评估安全方法改进的机会和变更的需要，包括信息安全方针和控制目标。

独立评审通常由独立于被评审范围的人员执行。独立评审的人员可以来自组织机构内部审核部门、独立的管理人员或第三方专业机构。

二、外部组织

外部组织的目标是保持组织机构被外部组织访问、处理、管理或与外部进行通信的信息和系统的安全。

组织机构的信息安全不应由于引入外部组织的产品或服务而降低。外部组织对组织机构信息系统的任何访问、对信息资产的处理和通信都应进行控制。

如果组织机构需要与外部组织一起工作的业务，则可能要求访问组织机构的信息系统、从外部组织获得产品和服务，或提供给外部组织产品和服务，应进行风险评估以确定涉及信息安全的方面和控制要求。在与外部组织签定的协议中，双方宜商定和定义控制措施。

1. 与外部组织相关风险的识别

涉及外部组织业务过程中信息系统的风险应予以识别，并在允许访问前实施适当的控制措施。

当需要允许外部组织访问组织机构的系统或信息时，应实施风险评估以识别特定控制措施的要求。关于外部组织访问的风险的识别应考虑以下两点：

（1）外部组织需要访问的信息系统。

（2）外部组织对信息系统的访问类型，如物理访问（如进入控制室、控制现场、电子设备间、信息中心机房、档案室等），逻辑访问（如访问控制系统、组态信息、数据库等），组织机构和外部组织之间的网络连接（如固定连接、远程访问等），以及现场访问或非现场访问。

外部组织应意识到他们的义务，并在访问、处理、通信或管理组织机构信息系统时履行相应的职责和责任。

2. 处理与顾客有关的安全问题

在允许顾客访问组织机构信息系统之前，必须处理所有确定的安全要求。

在允许顾客访问组织机构的信息系统资产前应解决相关安全问题，应充分考虑资产保护，包括保护组织机构信息和软件资产的规程、对已知脆弱性的管理、判定资产是否受到损害（如丢失数据或修改数据）的规程、完整性和对复制、公开信息的限制。应充分考虑需提供的产品或服务的描述。应充分考虑顾客访问的不同原因、要求和利益。应充分考虑访问控制策略，包括允许的访问方法、唯一标识符（如用户 ID 和口令）的控制和使用、用户访问和权限的授权过程、没有明确授权的访问均被禁止的声明，以及撤销访问权或中断系统间连接的处理。应充分考虑对信息错误（如个人信息的错误）、信息安全事件和安全违规进行报告、通知和调查的安排。要充分考虑每项可用服务的描述。应充分考虑服务的目标级别和服务的不可接受级别。应充分考虑监视和撤销与组织机构资产有关的任何活动的权利。应充分考虑组织机构和顾客各自的义务。应充分考虑相关法律问题和如何确保满足法律要求（如数据保护法律）。如果协议涉及与其他国家顾客的合作，特别要考虑到不同国家的法律体系。还应充分考虑知识产权、版权转让，以及任何合著作品的保护。

按照所访问的系统和信息的不同，与顾客访问组织机构资产有关的安全要求有明显差异。在顾客协议中明确这些安全要求时，应包括所有已确定的风险和安全要求。

如果与外部组织的协议有可能涉及多方，那么允许外部组织访问的协议要包括允许指派其他合作方，并规定他们访问和介入的条件。

3. 处理第三方协议中的安全问题

当涉及访问、处理或管理组织机构的信息系统，以及与之通信的第三方协议，或在信息系统中增加产品或服务的第三方协议时，应涵盖所有相关的安全要求。

第三方协议要确保在组织机构和第三方之间不存在误解。第三方的保障应满足组织机构自己的需要。

三、合作团队

合作团队的目标是共同做好信息安全工作。信息安全合作团队由内部组织和外部组织组成。内部组织包括信息专业组、工控系统专业组、HSE专业组和生产运营组；外部组织包括系统产品供应商和系统集成商。这种跨专业的信息安全团队能够共享各专业组的知识和经验，评估和降低信息系统的风险。

信息安全团队应直接向管理层汇报。信息专业组在信息安全团队中扮演重要角色，协调工控系统专业组、HSE专业组和生产运营组，协调产品供应商和系统集成商，共同做好系统信息安全工作。

第三节　资　产　管　理

系统信息安全资产管理需要考虑资产负责和信息分类。

一、资产负责

资产负责的目标是实现和保持对组织机构资产的适当保护。

每一项资产是可核查的。对每一项资产应指定责任人，并且赋予保持相应控制措施的职责。特定控制措施的实施可以由责任人适当地委派别人承担，但责任人仍有对资产提供适当保护的责任。

1. 资产清单

所有资产应清晰地识别，所有重要资产的清单应编制并维护。

组织机构应识别所有资产，并将资产的重要性形成文件。资产清单要包括所有从灾难中恢复而必要的信息，包括资产类型、格式、位置、备份信息、许可证信息和业务价值。该清单不宜复制其他不必要的清单，但确保内容是相关联的。

此外，每一项资产的责任人和信息分类应商定，并形成文件。根据资产的重要性、业务价值和安全级别，应识别与资产重要性对应的保护级别。

2. 资产责任人

与信息系统有关的所有资产应由组织机构的指定部门或人员承担责任。

资产责任人应确保与信息系统相关的信息和资产进行适当分类，定期评审访问限制和分类，并考虑可应用的访问控制策略。

日常任务可以委派给其他人，如委派给一个管理人员每天监管资产，但责任人仍保留职责。

在复杂的信息系统中，将一组资产指派给一个责任人，它们一起工作来提供特殊的“服务”功能。在这种情况下，服务责任人负责提供服务，包括资产本身提供的功能。

3. 资产的可接受使用

与信息系统有关的资产可接受使用规则应确定、形成文件并加以实施。

所有员工、承包方人员和第三方人员要遵循信息系统相关资产的可接受的使用规则，包括电子邮件使用规则、互联网使用规则和移动设备使用规则。

管理层应提供具体规则或指南。使用或拥有访问组织机构资产权的员工、承包方人员和第三方人员要意识到他们使用信息系统相关的资产以及资源时的限制条件，他们要对在职责范围内使用的信息系统负责。

二、信息分类

信息分类的目标是确保信息受到适当级别的保护。信息分类，可以在处理信息时指明保护的需求、优先级和期望的安全程度。

信息具有各种不同程度的敏感性和关键性，有些项可能要求附加等级的保护或特殊处理。信息分类机制用来定义一组合适的保护等级并传达处理措施的需求。

1. 分类指南

信息的分类，应按照其对组织机构的价值、法律要求、敏感性和关键性进行。对信息分类，是确定该信息如何处理和保护的简便方法。

信息的分类及相关保护控制措施，应考虑到共享或限制信息的业务需求及与这种需求相关的业务影响。

信息分类指南，应包括根据预先确定的访问控制策略进行初始分类及一段时间后进行重新分类的惯例。而前面提到的资产责任人的职责是确定资产的类别，对其周期性评审，并确保其最新并处于适当的级别。同时，应充分考虑信息分类类别的数目和从其使用中获得的好处。过度复杂的方案可能对使用来说既不方便，也不经济，或许是不实际的。在解释从其他组织机构获取的文件分类标记时要小心，因为其他组织机构可能对于相同或类似命名的标记有不同的定义。

信息保护级别，可通过分析被考虑信息的完整性、可用性、保密性三个基本要求及其他要求进行评估。经过一段时间后，信息通常不再是敏感的或关键的，如该信息已经公开等。这些方面要加以考虑，因为过多的分类致使实施不必要的控制措施，从而导致附加成本。此外，当分配信息分类级别时，参考具有类似安全要求的文件可简化分类的任务。

2. 信息的标记和处理

按照组织机构所采纳的信息分类机制，建立和实施一组合适的信息标记和处理规程。

信息标记的规程，要涵盖物理和电子格式的信息资产。

对含有分类为敏感或关键信息的系统输出，要在该输出中携带合适的分类标记。这种分类标记要根据分类指南中所建立的规则反映出分类。需要考虑的项目包括打印报告、屏幕显示、记录介质（如磁带、磁盘、CD）、电子消息和文件传送。

针对每种信息分类级别，信息的处理规程应定义。信息的处理规程包括安全处理、储存、传输、删除和销毁，还包括一系列任何安全相关事态的监督和记录规程。

分类信息的标记和安全处理，是信息共享的一个关键要求。常用的标记形式是物理标记，而有些信息资产（如电子形式的文件等）不能做物理标记，则需要使用电子标记手段。在标记不适用时，可能需要应用指定信息分类指定的其他方式，如通过规程或原数据。

第四节 人力资源安全

信息安全人力资源安全需要考虑任用前、任用中和任用后的终止或变更。

一、人员任用前

任用前的目标是确保员工、承包方人员和第三方人员理解其职责、考虑对其承担的角色是适合的，以降低设施被窃、欺诈和误用的风险。

任用前，员工、承包方人员和第三方人员信息安全职责在相应的岗位描述、任用条款和条件中明确指出。所有要任用的员工、承包方人员和第三方人员的候选者要充分地审查，特别是对敏感岗位的成员。

使用信息系统的员工、承包方人员和第三方人员要签署关于他们同意而且理解各自信息安全角色和职责的声明。

1. 角色和职责

按组织机构的信息安全方针和人事安全方针，员工、承包方人员和第三方人员的信息安全角色和职责应定义，并形成文件。

信息安全角色和职责应按照组织机构的信息安全方针实施和运行，应执行特定的安全过程或活动，应保护资产免受未授权访问、泄露、修改、销毁或干扰，应确保职责分配给可采取措施的个人，应向组织机构报告安全事态或潜在事态或其他安全风险。

在任用前对信息安全角色和职责清晰定义并传达给岗位候选者。

信息安全角色和职责可以用岗位描述来形成文件。对没有在组织机构任用过程（如通过第三方组织机构任用）中任用的个人的信息安全角色和职责也应清晰地定义并传达。

2. 审查

所有任用访问信息系统的候选者、承包方人员和第三方人员的背景验证和身份有效性确认应按照相关法律法规、道德规范和对应的业务要求、被访问信息的类别和察觉的风险来执行。

验证核查要考虑所有相关的隐私、个人数据保护和/或与任用相关的法律，并在允许时包括的内容：申请人履历的核查（针对完备性和准确性），令人满意的个人资料的可用性（如一项业务和一个个人），所获得的学术、专业资质的证实，个人身份核查（如护照或类似文件），更多细节的核查（如信用卡核查、犯罪记录核查等）。

当一个初始任命或提升职务后的人员，涉及对信息系统访问时（尤其是涉及正在处理的敏感信息，如财务信息、高度保密的信息，或信息系统在处理高风险工艺时)，那么，该组织机构对这些人员还要考虑进一步、更详细的核查。

组织机构应有规程，确定验证核查的准则和限制，如谁有资格审查人员，以及如何、何时、为什么执行验证核查。对于承包方人员和第三方人员也要执行审查过程。若承包方人员是通过代理提供的，那么与代理的合同宜清晰地规定代理对审查的职责，以及如果未完成审查或结果引起怀疑或关注时，这些代理需要遵守的通知规程。同样，与第三方的协议清晰地指定审查的所有职责和通知规程。

对考虑在组织机构内录用的所有候选者的信息要按照相关管辖范围内存在的合适的法律来收集和处理。依据适用的法律，要将审查活动提前通知候选者。

3. 任用条款和条件

作为合同义务的一部分，员工、承办方人员和第三方人员应同意并签署他们的任用合同的条款，这些条款和条件声明是他们在组织机构中的信息系统信息安全职责。

二、人员任用中

任用中的目标是确保所有的员工、承包方人员和第三方人员知悉信息安全威胁和利害关系、他们的职责和义务，并准备好在其正常工作过程中支持组织机构的安全方针，以减少人为出错的风险。

通过确定管理职责，确保安全措施应用于组织机构内个人的整个任用期。

为尽可能减小安全风险，对所有员工、承包方人员和第三方人员应提供信息安全规程适当程度的意识、教育和培训，以及信息系统设施的正确使用，还要建立一个正式的处理信息安全违规的纪律处理过程。

1. 管理职责

管理层必须要求员工、承包方人员和第三方人员按照组织机构已建立的方针策略和规程对信息安全尽心尽力。

管理职责应确保员工、承包方人员和第三方人员在被授权访问敏感信息或信息系统前了解其信息安全角色和职责，获得声明他们在组织机构中角色的安全期望的指南，被激励以实现组织机构的安全策略，对于他们在组织机构内的角色和职责的相关安全问题的意识程度达到一定级别，遵守任用的条款和条件（包括组织机构的信息安全方针和工作的合适方法)，以及持续拥有适当的技能和资质。

若员工、承包方人员或第三方人员没有意识到他们的信息安全职责，则可能会对组织机构造成相当大的破坏。被激励的人员更可靠并能减少信息安全事件的发生。

缺乏有效管理会使员工感觉被低估，并由此导致对组织机构的负面安全影响。

2. 信息安全意识、教育和培训

组织机构、承包方和第三方的所有员工，应受到与其工作职能相关的适当的意识培训和组织机构方针策略及规程的定期更新培训。

意识培训从一个正式的介绍过程开始，这个过程用来在允许访问信息或信息系统前介绍组织机构的信息安全方针策略和期望。持续培训应包括信息安全要求、法定职责和业务控制，以及信息系统设施正确使用培训。这些培训应定期检查和更新，以适应信息系统的变更和信息系统面临变化的威胁。

信息安全意识、教育和培训活动要与员工的角色、职责和技能相匹配和关联。

3. 纪律处理过程

对于信息安全违规的员工、承包方人员和第三方人员，应有一个正式的纪律处理过程。在纪律处理过程之前，应有一个信息安全违规的验证过程。

正式的纪律处理过程应确保正确和公平地对待被怀疑信息安全违规的员工、承包方人员和第三方人员。无论违规是第一次或是已重复发生过，无论违规者是否经过适当的培训，正式的纪律处理过程规定一个分级的响应。要考虑其违规的性质、重要性及对于业务的影响等因素，同时，也需要考虑相关法律、业务合同和其他因素。对于严重的明知故犯的情况，要给违规者立即免职、删除访问权限和特殊权限，如果必要，直接护送其离开现场。

纪律处理过程也可用于对员工、承包方人员和第三方人员的一种威慑，防止他们违反组织机构的信息安全策略和规程及其他信息安全违规。

三、人员任用终止或变更

任用终止或变更的目标是确保员工、承包方人员和第三方人员以一个规范的方式退出一个组织机构或改变其任用关系。

应有合适的职责确保管理员工、承包方人员和第三方人员从组织机构退出，并确保他们归还所有设备和受控物品，且删除他们所有访问权。

组织机构内职责和任用的变更管理应符合本节内容，与职责或任用的终止管理相似，任何新的任用宜遵循前面提到的任用之前的内容进行管理。

1. 终止职责

应清晰地定义和分配任用终止或任用变更的职责。

终止职责的传达要包括正在进行的信息安全要求和法律职责，适当时，还包括任何保密协议规定的职责，并且在员工、承包方人员和第三方人员的雇佣结束持续一段时间仍然有效的任用条款和条件。

在员工、承包方人员或第三方人员的合同中包含规定职责和义务在任用终止后仍然有效的内容。

职责或任用的变更管理宜与职责或任用的终止管理相似，新的任用责任宜遵循任用之前的内容。

人力资源的职能通常是与管理相关规程的安全方面的监督管理员一起负责总体的任用终止处理。对于承包方人员的情况，终止职责的处理可能由代表承包方人员的代理完成，其他情况下的用户可能由他们的组织机构来处理。人力资源部门应通知员工、顾客、承包方人员或第三方人员关于组织机构人员的变更和运营上的安排。

2. 资产的归还

在终止任用、合同或协议时，所有的员工、承包方人员和第三方人员应归还他们使用的所有组织机构资产。

终止过程应正式化，包括归还所有先前发放的软件、公司文件和设备，以及其他组织机构资产，如移动计算设备、信用卡、访问卡、软件、手册和存储于电子介质中的信息等。

如果员工、承包方人员或第三方人员购买了组织机构的设备或使用他们自己的设备时，应遵循规程确保所有相关的信息已转移给组织机构，并且已从设备中安全删除。

如果一个员工、承包方人员或第三方人员拥有的知识对正在进行的操作具有重要意义时，此信息要形成文件并传达给组织机构。

3. 撤销访问权

在任用、合同或协议终止或在变化时，所有员工、承包方人员和第三方人员对信息和系统设施的访问权应进行相应的删除或调整。

在任用终止时，个人对与信息系统和服务有关的资产的访问权宜重新考虑。这将决定删除访问权是否是必要的。任用的变更要体现在不适用于新岗位的访问权的删除上。删除或改变的访问权包括物理和逻辑访问、密钥、ID 卡、信息系统和签名，并要从标识其作为组织机构的现有成员的文件中删除。如果一个已离开的员工、承包方人员或第三方人员知道处于活动状态的账户密码，则应在任用、合同或协议终止或变更后改变口令。

在有些情况下，访问权的分配基于对多人可用而不是只基于离开的员工、承包方人员或第三方人员，如组 ID。在这种情况下，从组访问列表中删除离开的人员，还要建议所有相关的其他员工、承包方人员和第三方人员不要再与已离开的人员共享信息。

在管理层发起终止的情况下，不满的员工、承包方人员或第三方人员可能故意破坏信息或破坏信息系统设施。在员工辞职的情况下，他们可能为将来的使用而收集必要的信息。

第五节 物理与环境管理

系统物理与环境管理，需要考虑安全区域和设备安全。

一、安全区域

安全区域的目标是防止对组织机构场所和信息系统的未授权物理访问、损坏和干扰。

关键或敏感的信息系统应放置在安全区域内，并受到确定的安全周界的保护，并具备适当的安全屏障和入口控制。这些信息系统要在物理上避免未授权访问、损坏和干扰。

所提供的保护要与所识别的风险相匹配。

1. 物理安全周界

保护包含信息系统设施的区域，必须使用安全周界，如墙、卡控制的入口或有人管理的接待台等屏障。

物理安全周界应考虑和实施下列两点：

（1）安全周界清晰地予以定义，各个周边的设置地点和强度取决于周边内资产的安全要求和风险评估的结果。

（2）包含信息处理设施的建筑物或场地的周边要在物理上是安全的，即在周边或区域内不要存在可能易于闯入的任何缺口，场所的外墙是坚固结构。所有外部的门要使用控制机制来适当保护，以防止未授权进入，如身份识别仪器、门禁系统、报警器、门锁等。

对场所或建筑物的物理访问手段应到位（如有人管理的接待区域或其他控制），进入场所或建筑物应仅限于已授权人员。如果可行，应建立物理屏障以防止未经授权进入。

安全周界的所有防火门要可发出报警信号、被监视并经过测试，与墙一起按照国家相关标准建立所需的防护级别，故障保护方式按照当地防火规范来运行。

安全周界要按照国家标准安装适当的入侵检测系统，并定期测试以覆盖所有的外部门窗，要一直警惕空闲区域，其他区域要提供掩护方法。

组织机构管理的信息系统设施要在物理上与第三方管理的设施分开。其他信息物理保护可以通过在组织机构边界和信息系统设施周围设置一个或多个物理屏障来实现。多重屏障的使用将提供附加保护，一个屏障的失效不意味着立即危及信息安全。

一个安全区域可以是一个可上锁的房间，或是被连续的内部物理安全屏障包围的几个区域。在安全边界内具有不同安全要求的区域之间需要控制物理访问的附加屏障。

具有多个组织机构的建筑物应考虑专门的物理访问安全。

2. 物理入口控制

安全区域必须由合适的人员控制和保护，确保只有授权的人员才允许访问。

物理入口控制需要考虑以下两点：

（1）记录访问者进入和离开的日期和时间，所有的访问者要进行监督，除非他们的访问事前已经经过批准。只允许他们访问特定的、已授权的目标，并要向他们宣布关于该区域的安全要求和应急规程的说明。

（2）访问处理敏感信息或储存敏感信息的区域要受到控制，并且仅限于已授权的人员；鉴别控制（如访问控制卡加个人识别号）应用于授权和确认所有访问；所有访问的审核踪迹要安全地加以维护。

所有员工、承包方人员和第三方人员，以及所有访问者要佩戴某种形式的可视标识，如果遇到无人护送的访问者和未佩戴可视标识的任何人要立即通知保安人员。

只有在需要时，第三方支持服务人员才能有限制地访问安全区域或敏感信息系统，而且这种访问要被授权并受监视。

应定期地进行评审和更新安全区域的访问权，必要时也可废除安全区域的访问权。

3. 办公室、房间和设施的安全保护

办公室、房间和设施必须设计并采取安全措施。

为保护办公室、房间和设施，要考虑相关的健康与安全法规和标准。关键设施要坐落在可避免公众进行访问的场地。如有可能，建筑物不要引人注目，用不明显的标记给出其用途的最少指示。此外，标识敏感信息系统位置的目录和内部电话簿不要轻易被公众拿到。

4. 外部和环境威胁的安全防护

为防止火灾、烟雾、粉尘、洪水、地震、爆炸、社会动荡和其他形式的自然或人为灾难引起的破坏，应设计和采用物理保护措施。

应考虑任何邻近区域所带来的安全威胁。例如，屋顶漏水或地下室地板渗水，街上或操作区域爆炸等。

为避免火灾、烟雾、粉尘、洪水、地震、爆炸、社会动荡和其他形式的自然灾难或人为灾难的破坏，危险或易燃材料要在离安全区域安全距离以外的地方存放，大批供应品（如文具）不要存放于安全区域内。基本维持运行的设备和备份介质的存放地点要与主要场所有一段安全的距离，以避免影响主要场所的灾难产生的破坏。要提供适当的灭火设备，并放在合适的地点。

5. 在安全区域工作

在安全区域工作，应设计和应用物理保护和指南。

在安全区域工作要考虑下列两点：

（1）只在有必要知道的基础上，员工才能知道安全区域的存在或其中的活动。

（2）为了安全原因和减少恶意活动的机会，均要避免在安全区域内进行不受监督的工作。

未使用的安全区域在物理上应上锁并定期核查。

除非授权，否则不允许携带摄影、视频、声频或其他记录设备，如照相机等。

安全区域工作的安排，应包括对工作在安全区域内的员工、承包方人员和第三方人员的控制，以及对其他发生在安全区域的第三方活动的控制。

6. 公共访问、交接区安全

应对访问点和未授权人员可进入办公场所的其他点加以控制，若有可能，应与信息系统隔离，避免未授权访问。

进入交接区的访问要局限于已标识的和已授权的人员，当内部门打开时，外部门要得到安全保护。物资进入前要检查是否存在潜在威胁。进来的物资要按照资产管理规程在场所入口处进行登记。若有可能，进入和运出的货物要在物理上予以隔离。

二、设备安全

设备安全的目标是防止设备资产的丢失、损坏、失窃或危及资产安全，以及相关组织机构活动的中断。

设备应保护，免受物理的和环境的威胁。

对设备的保护，包括离开组织机构使用设备和财产移动设备，是减少未授权访问信息的风险和防止丢失或损坏所必需的。要考虑设备安置和处置。需要专门的控制用来防止物理威胁及防护支持性设施，如供电和电缆设施。

1. 设备安置和保护

设备应安置和保护，以减少由环境威胁机会和危险所造成的各种风险，以及未授权访问的机会。

为保护设备，设备要进行适当安置，以尽量减少不必要的对工作区域的访问。要把处理敏感数据的信息系统放在适当的限制观测的位置，以减少在其使用期间信息被窥视的风险，还要保护储存设施以防止未授权访问。

设备安置和保护，需要专门保护的部件要隔离，以降低所要求的总体保护等级；需要采取控制措施以最小化潜在的物理威胁的风险，如偷窃、火灾、爆炸、烟雾、水（或供水故障）、尘埃、振动、化学影响、电源干扰、通信干扰、电磁辐射和故意破坏；需要建立在信息系统附近进食、喝饮料和抽烟的指南；对于可能对信息系统运行状态产生负面影响的环境条件要予以监视；所有建筑物都要采用避雷保护，所有进入的电源和通信线路都要装配雷电保护过滤器；对于工业环境中的设备，要考虑使用专门的保护方法，如键盘保护膜；需要保护处理敏感信息的设备，以最小化因辐射而导致信息泄露的风险；要对设备的增加、移除和处置建立程序并进行审核。

2. 支持性设施

应保护设备使其免于由支持性设施的失效而引起的电源故障和其他中断。

支持性设施应确保足够，如电、供水、加热/通风和空调，以支持系统运行。支持性设施应定期检查并适当地测试，以确保他们正常工作和减少由于他们的故障或失效带来的风险。应按照设备制造商的说明提供合适的供电。

实现连续供电的选项包括多路供电，以避免供电的单一故障点。对支持关键业务操作的设备，推荐使用支持有序关机或连续运行的不间断电源（UPS）。电源应急响应计划要包括 UPS 故障时要采取的措施。如果电源故障延长，而处理要继续进行，则考虑备用发电机。要提供足够的燃料供给，以确保在延长的时间内发电机可以进行工作。UPS 设备和发电机宜定期核查，以确保它们拥有足够能力，并按照制造商的建议进行定期测试。另外，宜考虑使用多路电源，或者如果办公场所很大，则考虑使用一个独立的变电站。

应急电源开关应位于设备房间应急出口附近，以便紧急情况时快速切断电源。一旦主电源出现故障时提供应急照明。

连接到设施提供商的通信设备至少有两条不同线路，以防止在一条连接路径发生故障时语音服务失效。要有足够的语音服务以满足国家法律对于应急通信的要求。

此外，要有稳定和足够的供水以支持空调、加湿设备和灭火系统。供水系统的故障可能破坏设备或阻止有效灭火。若有需要，要评价和安装报警系统来检测支撑实施的故障。

3. 布线安全

传输数据或支持信息服务的电源布线和通信布线，应保证免受窃听或损坏。

对于布线安全考虑，进入信息系统的电源和通信线路宜敷设在地下，网络布线要免受未授权窃听或损坏。

为了防止干扰，电源电缆要与通信电缆分开，使用清晰的、可识别的电缆和设备记号，以使处理差错最小化。要使用文件化配线列表减少出错的可能性。

对于敏感的或关键的系统，要考虑更进一步的控制措施，包括：在检查点和终接点处安装铠装电缆管道和上锁的房间或盒子；使用可替换的路由选择和/或传输介质，以提供适当的安全性；使用光缆；使用电磁防辐射装置保护电缆；对于电缆连接的未授权装置要主动实施技术清除和物理检查；控制对配线盘和电缆室的访问。

4. 设备维护

应对设备进行正确地维护，以确保其持续的可用性和完整性。

对于设备维护，要按照供应商推荐的服务时间间隔和规范对设备进行维护，只有已授权的维护人员才可对设备进行修理和服务，要保存所有可疑的或实际的故障及所有预防和纠正维护的记录。

当对设备安排维护时，要实施适当的控制，并考虑到维护是由场所内部人员执行还是由组织机构外部人员执行必要时，敏感信息要从设备中删除或者维护人员要足够可靠。

保险策略所施加的所有要求必须遵守。

5. 组织机构场所外设备安全

对组织机构场所外设备应采取安全措施，要考虑工作在组织机构场所以外的不同风险。

无论责任人是谁，在组织机构场所外使用任何信息系统都要通过管理层授权。

对于离开场所的设备的保护，离开建筑物的设备和介质不要放置在公共场所，应有必要的看管措施制造商的设备保护说明要始终加以遵守，例如，防止暴露于强电磁场内远程工作的控制措施要根据风险评估确定，当适合时要施加合适的控制措施要有足够的安全保障掩蔽物，以保护离开办公场所的设备。

安全风险在不同场所可能有显著不同，如损坏、盗窃和截取，要考虑确定最合适的控制措施。

用于远程工作或从正常工作地点运走的信息存储和处理设备包括所有形式的个人计算机、管理设备、移动电话、智能卡、纸张或其他形式的设备。

关于保护移动设备其他方面的更多安全信息，见本章第 8 节。

6. 设备安全处置或再利用

应对包含储存介质的设备的所有项目进行核查，以确保在处置之前，任何敏感信息和注册软件已被删除或安全地写覆盖：

（1）包含敏感信息的设备在物理上要予以摧毁，或者采用使原始信息不可获取的技术破坏、删除或写覆盖，而不能采用标准的删除或格式化功能。

（2）包含敏感信息的已损坏的设备可能需要实施风险评估，以确定这些设备是否要进行销毁，而不是送去修理或丢弃。

此外，信息可能通过对设备的草率处置或重用而被泄露。

7. 资产移动

在得到授权之前，设备、信息或软件不应带出组织机构场所。

在未经事先授权的情况下，不要让设备、信息或软件离开组织机构场所。要明确识别有权允许资产移动而离开办公场所的员工、承包方人员和第三方人员。要设置设备移动的时间限制，并在返还时执行符合性核查。若必要且合适，要对设备做出移出记录，当返回时，要做出送回记录。

执行检测未授权资产移动的抽查，以检测未授权的记录装置、设备等，防止他们进入组织机构场所。这些抽查要按照相关法律和规章执行。要让每个人都知道将进行抽查，并且只能在法律法规要求的适当授权下执行核查。

第六节　通信与操作管理

信息安全通信与操作管理需要考虑操作规程和职责、第三方服务交付管理、系统规划和验收、防范恶意和移动代码、备份、网络安全管理、介质处置、信息交换、电子商务服务、监视等。

一、操作规程和职责

操作规程和职责的目标是确保对信息系统进行正确、安全地操作。

应建立所有信息系统的管理与操作的职责和规程，包括制定合适的操作规程。

在合适的地方，应实施责任分割，减少疏忽或故意误用系统的风险。

1. 文件化操作规程

操作规程应形成文件、保持并对所有需要的用户可用。

与信息系统相关的系统活动应具备形成文件的规程，如控制站的启动和关闭规程、备份、设备维护、介质处理、控制室和网络管理、系统升级和更新及安全。

操作规程应详细规定执行每项工作的说明，包括信息处理和处置、备份、时间安排、对可能出现处理差错或其他异常情况的指导、支持性联络、特定输出及介质处理的指导、系统失效时使用的系统重启和恢复规程、系统日志管理等。

2. 变更管理

对信息系统设施和系统的变更必须加以控制。

信息系统应有严格的变更管理控制。特别要考虑重大变更的标识和记录、变更的策划和测试、变更潜在影响的评估、变更批准规程、传达变更细节、基本维持运行等。

3. 责任划分

应对各类责任及职责范围进行划分，以降低未授权或无意识的修改或不当使用组织机构资产的机会。

责任划分是一种减少意外或故意误用风险的方法。在无授权或未被检测时，要注意个人不能访问、修改或使用资产。事件的启动要与其授权分离。共谋的可能性应在设计控制措施时加以考虑。

4. 开发、测试和运行设施分离

应分离开发、测试和运行设施，以减少未授权访问或改变运行系统的风险。

为防止运行问题，应识别运行、测试和开发环境之间的分离级别，并实施适当的控制措施。

二、第三方服务交付管理

第三方服务交付管理的目标是实施和保持符合第三方服务交付协议的信息安全和服务交付的适当水准。

对于第三方服务交付，组织机构应核查协议的实施，监视协议执行的符合性，并管理变更，以确保交付的服务满足与第三方商定的所有要求。

1. 服务交付

第三方应确保实施、运行和保持包含在第三方服务协议中的安全控制措施、服务定义和交付水准。

第三方服务交付应包括商定的安全安排、服务定义和服务管理的各方面。在外包安排的情况下，组织机构应策划必要的过渡（信息、控制系统和其他需要移动的任何资产），并确保在整个过渡期间保持信息安全。

组织机构要确保第三方保持足够的服务能力和可使用的计划，以确保商定的服务连续性水平在主要服务故障或灾难后继续保持。

2. 第三方服务的监视和评审

第三方提供的服务、报告和记录必须定期监视和评审，第三方服务的审核也应定期执行。

第三方服务的监视和评审要确保坚持协议的信息安全条款和条件，并且信息、安全事件和问题得到适当管理。

3. 第三方服务的变更管理

第三方服务提供的变更应管理，包括保持和改进现有的信息安全策略、规程和控制措施，并考虑到业务系统和涉及过程的关键程度及风险的再评估。

对第三方服务变更的管理过程，需要考虑组织机构要实施的变更和第三方服务实施的变更。组织机构要实施的变更应做到对提供的现有服务的加强、任何新应用和系统的开发、组织机构策略和规程的更改或更新、解决信息安全事件和改进安全的新的控制措施等。第三方服务实施的变更应做到对网络的变更和加强、新技术的使用、新产品或新版本的采用、新的开发工具和环境等。

三、系统规划和验收

系统规划和验收的目标是将系统失效的风险降至最小。

为了达到足够容量和资源的可用性以提供所需的系统性能，需要进行预先的规划和准备，并做出对于未来容量需求的推测，以减少系统过载的风险。新系统的运行要求应在验收和使用之前建立、形成文件并进行测试。

1. 容量管理

除了应监视、调整资源的使用，并做出对于未来容量要求的预测，以确保拥有所需的系统性能外，还应识别每一个新的和正在进行的活动的容量要求。应使用系统调整和监视以确保和改进系统的可用性和效率。应有检测控制措施来及时地指出问题。对未来容量要求的推测要考虑新业务、系统要求，以及组织机构信息系统能力的当前和预计的趋势。

特别需要关注与长订货交货周期或高成本相关的所有资源。管理人员要监视关键系统资源的利用，他们要识别出使用的趋势，特别是与业务应用或管理信息系统工具相关的使用。

管理人员使用该信息来识别和避免可能威胁到系统安全或服务的潜在瓶颈，及对关键员工的依赖，并策划适当的措施。

2. 系统验收

应建立新建信息系统、升级及新版本的验收准则，并且在开发中和验收前对系统进行适当的测试。

管理人员要确保验收的要求和准则已明确地定义、商定、形成文件并经过测试。新信息系统升级和新版本只有在获得正式验收后，才能进入生产环节。

四、防范恶意和移动代码

防范恶意和移动代码的目标是保护软件和信息的完整性。

防范恶意和移动代码，要求有预防措施，以防范和检测恶意代码或未授权的移动代码的引入。

信息系统软件和设施易感染恶意代码，如计算机病毒、网络蠕虫、特洛伊木马和逻辑炸弹等。

用户需要了解恶意代码的危险。若合适，管理人员应引入控制措施，以防范、检测并删除恶意代码，并控制移动代码。

工控系统应部署经系统制造商测试认证的恶意代码防护系统。

1. 控制恶意代码

应实施恶意代码的检测、预防和恢复的控制措施，并且实施适当的用户安全意识的规程。

防范恶意代码要基于恶意代码检测和修复软件、安全意识、适当的系统访问和变更管理控制措施。

2. 控制移动代码

对授权使用移动代码，其配置应确保授权的移动代码按照清晰定义的安全策略运行，阻止执行未授权的移动代码。

移动代码是一种软件代码，它能从一台计算机传递到另一台计算机，随后自动执行并在很少或没有用户干预的情况下完成特定功能。移动代码与大量的中间件服务有关。

除确保移动代码不包含恶意代码外，控制移动代码是必要的，以避免系统、网络或应用资源的未授权使用或破坏，以及其他信息安全违规。

五、备份

备份的目标是保持信息和系统设施的完整性及可用性。对备份数据和演练及时恢复建立例行规程，实施已商定的备份方针和策略。

应按照已商定的备份策略，定期备份和测试信息和软件。

应提供足够的备份设施，以确保所有必要信息和软件能在灾难或介质故障后进行恢复。

六、网络安全管理

网络安全管理的目标是确保网络中信息的安全性并保护支持性的基础设施。

对于可能跨越组织机构边界的网络安全管理，需要仔细考虑数据流、法律含义、监视和保护。还可以要求额外的控制，以保护在公共网络上传输的敏感数据。

1. 网络控制

信息系统网络应充分管理和控制，防止威胁的发生，维护使用网络的系统和应用程序的安全，包括传输中的信息。

网络管理员应实施控制，以确保网络上的信息安全、防止未授权访问所链接的服务。

2. 网络服务安全

应确定安全特性、服务级别，以及所有网络服务的管理要求，包括所有内部提供的和外包的网络服务协议。

网络服务提供商以安全方式管理，商定服务的能力应确定并定期监视，还要商定审核的权利。特殊服务的安全安排要进行识别，如安全特性、服务级别和管理要求。组织机构要确保网络服务提供商实施了这些措施。

网络服务包括接入服务、私有网络服务、增值网络和受控的网络安全解决方案，如防火墙和入侵检测系统。这些服务由简单的未受控的带宽延伸到复杂的增值提供。

七、介质处置

介质处理的目标是防止资产遭受未授权泄露、修改、移动或销毁，以及业务活动的中断。

介质应受到控制和物理保护。

应建立适当的操作规程，以保护文件、计算机介质（如磁带、磁盘）、输入/输出数据和系统文件免遭未授权泄露、修改、删除和破坏。

1. 可移动介质管理

组织机构应制定可移动介质的管理规程。

可移动介质通常包括磁带、磁盘、闪盘、可移动硬件驱动器、CD、DVD及打印介质。

对于从组织机构取走的任何可重用的介质中的内容，如果不再需要，要进行处理，使其不可恢复。如果必要，对所有介质进行授权，要保存移动介质的授权记录，以保留审核踪迹。其次，所有介质要存储在符合制造商规定的安全、保密的环境中。如果存储在介质中的信息使用时间比介质生命期长，则还要将信息存储在别的地方，以避免由于介质老化而导致信息丢失。还有，要考虑可移动介质的登记，以减少数据丢失的机会。在有业务要求时，才使用可移动介质。而且，移动存储介质只允许在规定的安全区域内使用。此外，所有可移动介质的管理规程和授权级别应清晰地形成文件。

2. 介质处置

对于不再需要的介质，应使用正式的规程进行可靠且安全处置。

应建立安全处置介质的正式规程，使敏感信息泄露给未授权人员的风险减至最小。安全处置包含敏感信息介质的规程应与信息的敏感性相一致。建议考虑下列两项：

（1）包含有敏感信息的介质宜秘密和安全地存储和处置，如利用焚化或切碎的方法，或者将数据删除供组织机构内其他应用使用。

（2）要用规程识别可能需要安全处置的范围。

所有不再需要的介质部件应收集起来并进行安全处理，这种做法比试图分离出敏感部件可能更容易。如外包纸、设备和介质收集和处置工作，应注意选择具有足够控制措施和经验的承包方。同时，处置敏感部件应做好记录，以便保留审核踪迹。还有，处置堆积的介质时，要考虑集合效应，集合效应可能使大量不敏感信息变成敏感信息。此外，敏感信息可能由于粗心大意的介质处置而被泄露。

3. 信息处理规程

信息的处理及存储规程应建立，防止信息的未授权的泄露或不当使用。

组织机构需要制定规程来处置、处理、存储或传达与分类一致的信息。

4. 系统文件安全

系统文件要进行保护，以防止未授权的访问。

为了系统文件安全，应安全地存储系统文件。应将系统文件的访问人员列表保持在最小范围，且由应用责任人授权。应妥善地保护存在公用网络上的，或经由公用网络提供的系统文件。

八、信息交换

信息交换的目标是保持组织机构内及组织机构外信息和软件交换的安全。

组织机构之间信息和软件的交换应基于一个正式的交换策略，按照交换协议执行，并且需服从相关法律。

组织机构应建立相应的规程和标准，以保护传输中的信息和含有信息的物理介质。

1. 信息交换策略和规程

组织机构要有正式的信息交换策略、规程和控制措施，以保护通过使用所有类型通信设施的信息交换。

使用电子通信设施进行信息交换的规程和控制，需考虑内容包括：设计用来防止交换信息遭受截取、复制、修改、错误寻址和破坏的规程，检测和防止可能通过使用电子通信传输的恶意代码的规程。

信息交换策略和规程尽量包括保护以附件形式传输的敏感电子信息的规程简述电子通信设施可接受使用的策略或指南无线通信使用的规程，要考虑所涉及的特定风险；员工、承包方人员和所有其他使用人员不危害组织机构的职责，如诽谤、扰乱、扮演、连锁信寄送、未授权购买等密码技术的使用，例如，保护信息的保密性、完整性和真实性所有业务通信（包括消息）的保持和处理指南，要与相关国家和地方法律法规一致；不将敏感或关键信息留在打印设施上，如复印机、打印机和传真机，因为这些设施可能被未授权人员访问；与通信设施转发相关的控制措施和限制，如将电子邮件自动转发到外部邮件地址。

工作人员要采取相应预防措施，例如，在打电话时，不泄露敏感信息，避免被无意听到或窃听。不要将包含敏感信息的消息留在应答机上，因为可能会被未授权个人重放，也不能留在公用系统或者由于误拨号而被不正确地存储。还有，工作人员在使用传真机时，不要注册统计数据，以避免未授权人员收集。现代的传真机和影印机都有页面缓存并在页面或传输故障时存储页面，一旦故障消除，这些将被打印。此外，工作人员不要在公众场所或开放办公室和不隔音的会场进行保密谈话。

2. 交换协议

为了在组织机构与外部组织之间交换信息和软件，应当建立交换协议。

这些交换协议应考虑以下两个安全条件：

（1）控制和通知传输、分派和接收的管理职责。

（2）通知传输、分派和接收的发送者的规程。

此外，要有确保可追溯性和不可抵赖性的规程；要有打包和传输的最低技术标准；要有条件转让契约；要有送信人标识标准；要有如果发生信息安全事件的职责和义务，如数据丢失；要有商定的敏感标记或关键信息系统的使用方法，确保标记的含义能直接理解，而且信息受到适当的保护；要有数据保护、版权、软件许可证符合性及类似考虑的责任和职责；要有记录、阅读信息和软件的技术标准为保护敏感项，可以要求任何专门的控制措施，如密钥；要建立和保持策略、规程和标准，以保护传输中的信息和物理介质，这些还要在交换协议中进行引用。

3. 运输中的物理介质

在组织机构的物理边界外运送包含信息的介质时，应防止这些介质未授权的访问、不当使用或毁坏。

为保护不同地点间传输的信息介质，要使用可靠的运输或信使，授权的信使清单要经管理层批准，要开发核查信使识别的规程，包装要足以保护信息免遭在运输期间可能出现的任何物理损坏，并且符合制造商的规范。

若有必要，要采取专门的控制，以保护敏感信息免遭未授权泄露或修改。

在物理传输期间，如通过邮政服务或送信人传送，信息易受未授权访问、不当使用或破坏。

4. 电子消息发送

应适当地保护包含在电子消息发送中的信息。电子消息发送的安全考虑应包括以下两个方面：

（1）防止消息遭受未授权访问、修改或拒绝服务攻击。

（2）确保正确的寻址和消息传输。

电子消息发送，要有服务的通用可靠性和可用性；在使用外部公共服务（如即时消息或文件共享）前需获得批准；要有更强的用以控制从公开可访问网络进行访问的鉴别级别；要有法律方面的考虑，如电子签名的要求。

电子消息，如电子邮件、电子数据交换和即时消息，在业务通信中充当了一个日益重要的角色。电子消息与基于通信的纸质文件相比有不同的风险。

5. 业务信息系统

保护与业务信息系统互联相关的信息，应建立并实施相应的策略和规程。

对于互联设施的安全和业务蕴涵应考虑如下两点：

（1）信息在组织机构的不同部门间共享时，出现在管理和会计系统中已知的脆弱性。

（2）业务通信系统中信息的脆弱性，如记录电话呼叫或会议呼叫、呼叫的保密性、传真的存储、打开的邮件、邮件的分发。

业务信息系统，要有管理信息共享的策略和适当的控制措施。如果系统不提供适当级别的保护，则排除敏感业务信息和分级文件。允许使用系统的工作人员、承包方人员或业务伙伴的类别，以及可以访问该系统的位置，对特定类别的用户应限制在所选定的设施。应识别出用户的身份，如组织机构的员工或者为其他用户利益的目录中的承包方人员。

业务信息系统，要有系统上存放信息的保留和备份，有基本维持运行的要求和安排，有限制访问与特定人员相关的日志信息。

办公信息系统可通过结合使用文件、计算机、移动计算、移动通信、邮件、语音邮件、通用语音通信、邮政服务/设施和传真机，来快速传播和共享业务信息。

九、电子商务服务

电子商务服务的目标是保证电子商务安全及其安全使用。

电子商务服务相关的安全包括在线交易和控制要求，这种安全应考虑，通过公共系统电子排版的信息，其完整性和可用性也应当考虑。

通过公网的电子商务信息应防止欺诈性活动、合同争议，以及未授权的泄露和修改。

在线交易的信息应当保护，以防止这些信息传送不完整、发错地方、未授权消息更改、未授权泄露、未授权消息复制或重发。

在公共系统中的信息的完整性应当保护，防止未授权修改。

十、监视

监视的目标是检测未经授权的信息系统活动。这些信息系统应监视并记录信息安全事态。宜使用操作员日志和故障日志以确保识别出信息系统的问题。

系统监视应用于核查所采用控制措施的有效性，并验证与访问策略模型的一致性。组织机构的监视和日志记录活动，必须遵守相关法律的要求。

1. 审计记录

应产生记录用户活动、异常情况和信息安全事态的审计日志，并保持一个已设的周期以支持将来的调查和访问控制监视。审计日志在需要时应包括如下内容：

（1）用户 ID。

（2）日期、时间和关键事态的细节（如登录和退出）。

若有可能，最好记录以下情况下的日志：

（1）系统配置的变更；

（2）终端身份或位置；

（3）特殊权限使用；

（4）系统实用工具和应用程序的使用；

（5）访问的文件和访问类型；

（6）网络地址和协议；

（7）成功的和被拒绝的对系统尝试访问的记录；

（8）成功的和被拒绝的对数据以及其他资源尝试访问的记录；

（9）防护系统的激活和停用（如防病毒系统和入侵检测系统）；

（10）访问信息系统引发的警报。

审计日志包含入侵和保密人员的数据，要采取适当的隐私保护措施。如有可能，系统管理员不应具有删除或停用他们自己活动日志的权利。

2. 监视系统的使用

建立信息系统设施的监视使用规程，按照风险评估决定各个设施的监视级别，并经常评审监视活动的结果。

组织机构监视系统使用，要符合相关的适用于监视活动的法律要求，需要考虑授权访问、所有特殊权限操作、未授权的访问尝试、系统报警或故障，以及改变系统安全设置和控制措施。

3. 日志信息的保护

应当保护记录日志的设施和日志信息，以防止篡改和未授权的访问。

应实施控制措施，以防止日志设施未被授权更改和出现操作问题。

4. 管理员和操作员日志

系统管理员和系统操作员的活动应记入日志，日志内容要包括事件发生的时间、事件或故障的信息。

系统管理员和操作员日志应进行定期评审。

5. 故障日志

应记录、分析故障，并采取适当措施。

对于信息系统或通信系统问题，有关的用户或系统程序所报告的故障，应加以记录。对处置所报告的故障处置，应有明确的处置规则。

6. 时钟同步

应使用已设的精确时间源对组织机构或安全域内的所有相关信息系统的时钟进行同步。如果信息系统的计算机或通信设备有能力运行实时时钟，则应置时钟为商定的标准时间（如世界标准时间或本地标准时间）。如果已知某些时钟随时间漂移，则要有一个核查和校准所有重大变化的规程。日期/时间格式的正确解释，可以确保时间戳反映实时的日期/时间。此外，还需考虑局部特殊性，如夏令时间。

设置正确的信息系统计算机时钟，确保审计记录的准确性。审计日志可用于调查或作为法律、纪律处理的证据；而不准确的审计日志可能会妨碍调查，同时也损害证据的可信性。连接到国家原子钟无线电广播时间（如北斗系统）的时钟可用于记录系统的主时钟，通过网络时间协议保持所有服务器与主时钟同步。

第七节 访 问 控 制

信息访问控制需要考虑访问业务要求、用户访问管理、用户职责、网络访问控制、操作系统访问控制、应用和信息访问控制、移动计算和远程工作等。

一、访问业务要求

访问业务要求的目标是控制对信息系统和任何受保护信息的访问。对信息系统、信息和业务过程的访问应在业务和安全要求的基础上加以控制。访问控制规则应考虑到信息传播、受控的记录和信息系统授权的策略。访问控制策略如下：

（1）应建立访问控制策略和形成文件，并根据业务和访问的安全要求进行评审。

（2）每个用户或每组用户的访问控制规则和权利应在访问控制策略中清晰地规定。访问控制包括逻辑的和物理的，两者需要一起考虑。访问控制策略要给用户和服务提供商提供一份清晰的满足业务要求的说明。

二、用户访问管理

用户访问管理的目标是确保授权用户访问信息系统，并防止未授权的访问。

对信息系统访问权的分配应有正式的规则来控制。

这些规则应涵盖用户访问生命周期内的每个阶段，从新用户初始注册到不再需要访问信息系统的用户的最终注销。在适当的时候，要特别注意对有特殊权限的访问权的分配加以控制的需要，这种访问权可以使用户越过系统的控制措施。

1. 用户注册

对授权和撤销对所有信息系统及服务的访问，应有正式的用户注册及注销规程。

用户注册和注销的访问控制规程应包括以下几点：

（1）使用唯一用户 ID，使得用户与其行为联系起来时，并对其行为负责。在对于业务或操作而言必要时才允许使用组 ID，并经过批准和形成文件。

（2）核查使用信息系统的用户是否具有该系统拥有者的授权，取得管理层时访问权的单独批准也是合适的。

用户注册，要核查所授予的访问级别是否与业务目的相适合，是否与组织机构的安全方针保持一致，例如，它没有违背责任分割原则。要给用户一份关于其访问权的书面声明，用户签署表示理解访问条件的声明；要确保直到已经完成授权规程，服务提供者才提供访问；要维护一份注册使用该服务的所有人员的正式记录；当用户的工作角色或岗位发生变更，或离开组织机构，应立即取消或封锁用户的访问权；要确保多余的用户 ID 不会发给其他用户；要定期核查并取消或封锁多余的用户 ID 和账号。

2. 特殊权限管理

对特殊权限的分配及使用应限制和控制。

多用户系统需要防范未授权访问，应通过正式的授权过程拥有特殊权限的分配。

3. 用户口令管理

用户口令管理，应通过正式的管理过程控制口令的分配。

为了保证个人口令的保密性和组口令仅在该组成员范围内使用，要求用户签署一份声明，签署的声明可包括在任用条款和条件中。

如果需要用户维护自己的口令，则在初始时提供给他们一个安全的临时口令，并强制其立即改变；在提供一个新的、代替的或临时的口令之前，要建立验证用户身份的规程；要通过安全的方式将临时口令给予用户；要避免使用第三方或未保护的电子邮件消息；临时口令要对个人而言是唯一的、不可猜测的。

用户要确认收到口令；口令不要以未保护的形式存储在计算机系统内；要在系统或软件安装后改变提供商的默认口令。

口令是按照用户授权赋予对信息系统的访问权之前，验证用户身份的一种常用手段。用户标识和鉴别的其他技术，如生物特征识别（如指纹验证）、签名验证和硬件标记的使用（如智能卡），这些技术均可用，若合适，要进行考虑。

4. 用户访问权的复查

用户访问权要定期进行复查。在用户访问权更新之后，对用户的访问权限应进行复查。当用户岗位发生变化时，也要复查和重新分配用户的访问权限。

三、用户职责

用户职责的目标是防止未授权用户对信息系统及其资产的访问、损害或窃取。

已授权用户的合作对实现有效的安全管理是非常重要的。

用户应知悉其维护有效的访问控制的职责，特别是关于口令使用和用户设备安全的职责。

应实施桌面清空策略，以降低未授权访问或破坏纸、介质和信息系统的风险。

1. 口令使用

用户在选择及使用口令时，应遵循良好的安全习惯。

对所有用户口令使用，要在初次登录时更换临时口令；要选择具有最小长度的优质口令；要保密口令；如果没有得到批准的安全存储方法，要避免记录口令（如在纸上、软件文件中或手持设备中）；每当有任何迹象表明系统或口令受到损害时，应立即变更口令；要定期或以访问次数为基础，变更口令（有特殊权限的账户的口令，宜比常规口令更频繁地予以变更），并且避免重新使用旧的口令，或周期性使用旧的口令；在任何自动登录过程（如以宏或功能键存储）中，不要包含口令；不要在业务系统和非业务系统中使用相同的口令。

2. 无人值守的用户设备

对于无人值守的信息系统设备，用户应确保有适当的保护。

用户要了解保护无人值守的设备的安全要求和规程，以及对实现这种保护所负有的职责。

3. 清洁桌面和屏幕策略

用户应采取清空桌面上文件、可移动存储介质的策略和清空信息系统设施屏幕的策略。

清空桌面和清空屏幕策略应考虑信息分类、法律和合同要求、潜在的HSE问题、相应的风险和组织机构的文化方面。当不用时，特别是当离开办公室时，要将敏感或关键业务信息锁起来（如在保险柜或保险箱或者其他形式的安全设备中）。当无人值守时，计算机和终端要注销，或使用由口令、令牌或类似的用户鉴别机制控制的屏幕和键盘锁定机制进行保护。当不使用时，要使用带钥匙的锁、口令或其他控制措施进行保护。邮件进出点和无人值守的传真机要受到保护。要防止复印机或其他复制技术（如扫描仪、数字照相机）的未授权使用。对包含敏感或涉密信息的文件要及时从打印机中清除。

四、网络访问控制

网络访问控制的目标是防止对网络服务的未授权访问。

应控制内部和外部网络服务的用户。

访问网络和网络服务的用户，不应损害网络服务的安全，确保在本组织机构的网络和其他组织机构拥有的网络及公共网络之间有合适的接口，确保对用户和设备应采用合适的鉴别机制，确保对用户访问信息系统的强制控制。

工控系统，须禁用多余的网络设备接口，同时建议对接入设备进行地址绑定；管理系统，可部署网络准入系统，对接入设备的物理地址、补丁安装、恶意代码防护、其他安全策略等进行综合检测与控制。

1. 网络服务策略

用户应仅能访问已获专门授权使用的服务。

关于使用网络和网络服务的策略应制定。

网络服务策略包括允许被访问的网络和网络服务，确定允许哪个人访问哪些网络和网络服务的授权规程，保护访问网络连接和网络服务的管理控制措施和规程，访问网络和网络服务使用的手段。

2. 外部连接的用户鉴别

对控制远程用户的访问应使用适当的鉴别方法。

远程用户的鉴别可以使用如密码技术、硬件令牌或询问/响应协议等来实现。在各种各样的虚拟专用网络（VPN）解决方案中可以发现这种技术可能的实施。专线也可用来提供连接来源的保证。

工控系统禁止外部用户远程连接。

3. 网络上的设备标识

自动设备标识应考虑，并将其作为鉴别特定位置和设备连接的方法。

若通信只能从某特定位置或设备处开始，则可使用设备标识。设备内的或贴在设备上的标识符可用于表示此设备是否允许连接网络。若存在多个网络，尤其是如果这些网络有不同的敏感度，这些标识符要清晰地指明设备允许连接到哪个网络。考虑设备的物理保护以维护设备标识符的安全可能是必要的。

这些控制措施可补充其他技术以鉴别设备的用户。此外，设备标识可用于用户鉴别。

4. 远程诊断和配置端口的保护

物理和逻辑访问诊断与配置端口应进行控制。

对于诊断和配置端口的访问，可采取的控制措施包括使用带钥匙的锁和支持规程，以控制对端口的物理访问。

有些信息系统安装了远程诊断或配置工具，以便维护工程师使用。如果未加保护，则这些诊断端口提供了一种未授权访问的手段。

如果没有特别的业务需要，那么安装在信息系统设施中的端口、服务和类似的设施，要禁用或取消。

5. 网络隔离

智能化电厂应按照《电力监控系统安全防护规定》，将基于计算机及网络技术的业务系统划分为生产控制大区和管理信息大区，并根据业务系统的重要性和对一次系统的影响程度将生产控制大区划分为控制区及非控制区，控制大区内部的安全之间应当采用具有访问控制功能的网络设备、硬件防火墙或者相当功能的设备，实现逻辑隔离；生产控制大区与管理信息大区之间必须部署经国家指定部门检测认证的电力专用横向单向安全隔离装置，隔离强度应当接近或达到物理隔离。发电厂生产控制大区与调度数据网的纵向连接处应当设置经过国家指定部门检测认证的电力专用纵向加密认证装置。图 5.2 所示为网络隔离安全防护示意。

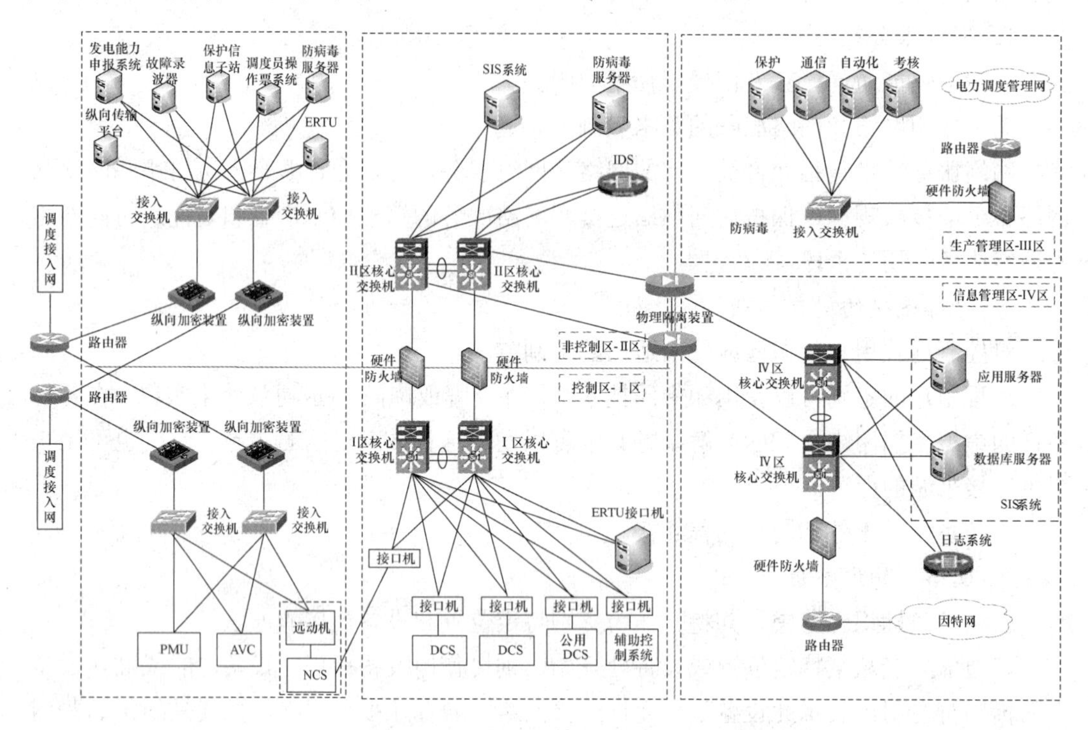

图 5.2　网络隔离安全防护示意

6. 网络连接控制

对于共享的网络，尤其是越过组织机构边界的网络，用户的联网能力应按照访问控制策略和业务进行限制。

按照访问控制策略的要求，维护和更新用户的网络访问权。

7. 网络路由控制

在网络中实施路由控制，确保计算机连接和信息流不违反业务应用的访问控制策略。路由控制措施要基于确定的源地址和目的地址校验机制。

五、操作系统访问控制

操作系统访问控制的目标是防止对操作系统的未授权访问。

使用安全设施以限制授权用户访问操作系统。这些设施应按照已定义的访问控制策略鉴别授权用户，应记录成功和失败的系统鉴别企图，应记录专用系统特殊权限的使用，当违背系统安全策略时发布警报，必要时限制用户的连接时间，以及提供合适的鉴别手段。

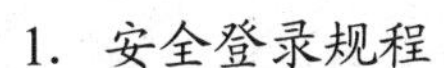

1. 安全登录规程

应通过安全登录规程对访问操作系统进行控制。

登录到操作系统的规程，要设计成使未授权访问的机会减到最少。因此，登录规程要公开最少有关系统的信息，以避免给未授权用户提供任何不必要的帮助。

2. 用户标识和鉴别

每个用户应有唯一的、专供其个人使用的标识符，并选择一种适当的鉴别技术证实用户所宣称的身份。这种控制措施应用于所有类型的用户，包括技术支持人员、操作员、网络管理员、系统程序员和数据库管理员。使用用户 ID 来将各个活动追踪到各个责任人。常规的用户活动不应使用有特殊权限的账户执行。

3. 口令管理系统

口令管理系统，必须采用交互式的口令管理系统，并确保优质的口令。

一个口令管理系统，要能够强制使用个人用户 ID 和口令，以保持可核查性要允许用户选择和变更他们自己的口令，并且包括一个确认规程，以使考虑到输入出错的情况；要强制选择优质口令；要强制口令变更；在第一次登录时强制用户变更临时口令；维护用户以前使用的口令的记录，并防止重复使用在输入口令时，不在屏幕上显示；要分开存储口令文件和应用系统数据；要以保护的形式（如加密或哈希运算）存储和传输口令。

口令是确认用户具有访问计算机服务的授权的主要手段之一。

在大多数情况下，口令由用户选择和维护。

4. 系统实用工具的使用

应限制并严格控制可能超越系统和应用程序控制措施的实用工具的使用。

对于系统实用工具的使用，应要有对系统实用工具使用标识、鉴别和授权规程应将系统实用工具和应用软件分开；应将使用系统实用工具的用户限制到可信的、已授权的最小实际用户数；应对系统实用工具使用特别的授权；应限制系统实用工具的可用性，如在授权变更的期间内；应对系统实用工具的授权级别进行定义并形成文件；应移去或禁用所有不必要的基于软件的实用工具和系统软件；当要求责任分割时，禁止访问系统中应用程序的用户使用系统实用工具；应记录系统实用工具的所有使用。

大多数计算机安装有一个或多个可能超越系统和应用控制措施的系统实用工具。

5. 会话超时

在一个设定的休止期后，不活动会话必须关闭。

在一个设定的休止期后，超时设施要清空会话屏幕，并且也可在超时更长时，关闭应用和网络会话。超时延迟要反映该范围的安全风险、被处理的信息和被使用的应用程序的类别，以及与设备用户相关的风险。

有些系统可以提供一种受限制的超时设施形式，即清空屏幕并防止未授权访问，但不关闭应用或网络会话。

这种控制在高风险位置特别重要，包括那些在组织机构安全管理之外的公共或外部区域。会话要关闭以防止未授权人员访问和拒绝服务攻击。

6. 联机时间的限定

通过联机时间的限制，为高风险应用程序提供额外的安全保护。

对敏感的计算机应用程序，特别是安装在高风险位置（如超出组织机构安全管理的公共或外部区域）的应用程序，要考虑使用联机时间的控制措施。

这种联机时间限制，应使用预先定义的时隙，如对批文件传输或定期的短期交互会话。如果没有超时或延时操作的要求，则将连机时间限于正常办公时间。还有，应考虑定时进行重新鉴别。

限制与计算机服务连接的允许时间，减少了未授权访问机会。限制活动会话的持续时间，可以防范用户保持会话打开而阻碍重新鉴别。

六、应用和信息访问控制

应用和信息访问控制的目标是防止对应用系统中信息的未授权访问。

根据组织机构信息安全方针，安全设施用于限制对应用系统的访问和应用系统内的访问。

对应用软件和信息的逻辑访问宜只限于授权的用户。应用系统要按照已确定的访问控制策略，控制用户访问信息和应用系统功能；要提供防范能够超越或绕过系统和应用控制措施的任何实用工具、操作系统软件和恶意软件的未授权访问；要不损害与之共享信息资源的其他系统的安全。

1. 信息访问限制

用户和支持人员对信息和应用系统功能的访问，必须依照已确定的访问控制策略进行限制。

对信息访问的限制，应基于每个用户和支持人员的角色。访问控制策略还应与组织机构的访问策略保持一致。

2. 敏感系统隔离

敏感系统应有专用的、隔离的运算环境。

系统的责任人要明确识别系统的敏感程度，并形成文件。同时，责任人要识别并接受与其共享资产源的应用系统及相关风险。

敏感系统的隔离可通过使用物理或逻辑手段实现。

七、移动计算和远程工作

移动计算和远程工作的目标是使用移动计算和远程工作设施时确保信息系统的信息安全。

要求的保护措施应与这些特定工作方式引起的风险相称。

当使用移动计算时，要考虑在不受保护的环境中的工作风险，并采取合适的保护措施。在远程工作的情况下，组织机构要在远程工作地点采用保护措施，并确保对这种工作方式有合适的安排。

1. 移动计算和通信

为了防范使用移动计算和通信设施时所造成的风险，必须有正式策略并且采用适当的安全措施。

使用移动计算和通信设施，要特别小心，确保业务信息不会损害，同时也要考虑在不受保护的环境下使用移动计算设备工作的风险。

2. 远程工作

应为远程工作活动开发和实施策略、操作计划和规程。

组织机构应仅在有合适的安全部署和控制措施到位并且这些符合组织机构安全方针的情况下，才授权远程工作活动。

第八节　信息获取、开发与维护

信息获取、开发与维护需要考虑信息系统安全要求、应用中的正确处理、密码控制、系统文件安全、开发和支持过程中的安全、技术脆弱性管理等。

一、信息系统安全要求

信息系统安全要求的目标是确保安全是信息系统的一个有机组成部分。

信息系统包括操作系统、基础设施、业务应用、非定制产品、服务和用户开发的应用。支持业务过程的信息系统的设计和实施对安全来说可能是关键的，在信息系统开发或实施之前，应识别并商定安全要求。

在项目需求阶段应识别所有安全要求，并证明这次安全要求的合理性，对这些安全要求加以商定，并且将这些安全要求形成文件作为信息系统整体业务情况的一部分。

在新的信息系统或增强已有信息系统的业务要求陈述中，应规定对安全控制措施的要求。

控制措施要求的说明应考虑将自动控制措施并入信息系统中，以支持人工控制措施的需要。当评价业务应用的软件包时，已开发或采购的，应进行类似的考虑。

安全要求和控制措施要反映出所涉及的信息资产的业务价值和可能由于安全故障或安全措施不足引起潜在的业务损害。

信息安全的系统要求与实施安全的过程要在信息系统项目的早期阶段集成。在设计阶段引入控制措施要比在实现期间或实现后引入控制措施的实施和维护的费用低得多。

若购买产品，则需要遵循一个正式的测试和获取过程。与供货商签订的合同要给出已确定的安全要求。如果推荐的产品的安全功能不能满足安全要求，那么在购买产品之前要重新考虑引入的风险和相应的控制措施。如果产品提供的附加功能引起了安全风险，那么要禁用该功能，或者要评审所推荐的控制结构，以判定是否可以利用该增强功能。

二、应用中的正确处理

应用中的正确处理的目标是防止在应用中的信息的差错、遗失、未授权的修改或误用。

应用系统，包括用户开发的应用系统，应设计合适的控制措施以确保正确处理。这些控制措施要包括对输入数据确认、内部处理控制、消息完整性和输出数据的确认。

针对处理敏感的、有价值的或关键的信息的系统或对这些信息有影响的系统，可以要求额外的控制措施，这些控制措施要在安全要求和风险评估的基础上加以确定。

1. 输入数据确认

对输入应用系统的数据应进行确认，确保数据是正确且恰当的。

对用于业务交易、常备数据和参数表的输入应进行检查。

如适用，为了减少出错的风险和预防包括缓冲区溢出和代码注入等常见的攻击，可以考虑对输入数据进行自动检查和确认。

2. 内部处理控制

确认核查应合并到应用中，以检验由于处理的差错或故意的行为造成的信息的任何讹误。

应用的设计与实施，应确保导致完整性损坏的处理故障的风险减至最小。

正确输入的数据可能被硬件错误、处理出错或通过故意的行为所破坏。所需的确认核查取决于应用的性质和毁坏数据对业务的影响。

3. 消息完整性

确保消息真实性和保护消息完整性的要求，在应用中应进行识别，以及识别并实施适当的控制措施。

通过安全风险的评估，可判定是否需要消息完整性，并确定最合适的实施方法。

密码技术可作为一种合适的实现消息鉴别的手段。

4. 输出数据确认

来自应用系统输出的数据应进行确认，以确保对所存储信息的处理是正确的且适于这些环境的。

输出确认通常包括合理性检查、调节控制计数、为后续处理系统提供足够的信息、响应输出确认测试的规程、定义数据输出过程中人员的职责、创建过程中活动的日志等。

三、密码控制

密码控制的目标是通过密码方法保护信息的保密性、真实性或完整性。

密码控制，应开发使用密码控制的策略，应有密钥管理以支持使用密码技术。

1. 使用密码控制的策略

使用密码控制措施应开发和实施，以保护信息的策略。

制定密码策略时，应考虑组织机构使用密码控制的管理方法、基于风险评估确定所需的保护级别、密钥管理方法等。

2. 密钥管理

应有密钥管理以支持组织机构使用密码技术。

所有的密钥应保护，免遭修改、丢失和毁坏。此外，秘密密钥和私有密钥要防范非授权的泄露。用于生成、存储和归档密钥的设备应进行物理保护。

密钥管理系统应基于已商定的标准、规程和安全方法。

此外，安全管理秘密密钥和私有密钥，还需考虑公开密钥的真实性。

四、系统文件安全

系统文件安全的目标是确保系统文件的安全。

对系统文件和程序源代码的访问应进行控制。要以安全的方式管理信息系统项目和支持活动。在测试环境中要小心谨慎以避免泄露敏感数据。

1. 运行软件的控制

在运行的信息系统上安装软件应有规程来控制，使信息系统被破坏的风险减到最小。

在运行的信息系统中所使用的由厂商供应的软件要在供应商支持的级别上进行维护。经过一段时间后，软件供应商将停止支持旧版本的软件。因此，组织机构要考虑依赖于这种不再支持的软件的风险。

升级到新版的任何决策要考虑变更的业务要求和新版本的安全，即引入的新安全功能或影响该版本安全问题的数量和严重程度。当软件补丁有助于消除或减少安全弱点时，要使用软件补丁。

必要时在管理层批准的情况下，仅为了技术支持的目的，才授予供应商物理或逻辑访问权，并对供应商的活动进行监督。

计算机软件可能依赖于外部提供的软件和模块，要对这些产品进行监视和控制，以避免可能引入安全弱点的非授权的变更。

操作系统应仅在需要升级的时候才进行升级，如在操作系统的当前版本不再支持业务要求的时候。只有在具有了可用的新版本的操作系统后才能进行升级。

2. 系统测试数据的保护

信息系统测试数据应认真地进行选择、保护和控制。

要避免使用包含个人信息或其他敏感信息的运行数据库用于测试。如果测试使用个人或其他敏感信息，那么在使用之前要删除或修改所有的敏感细节和内容。

3. 对程序源代码的访问控制

对程序源代码访问必须限制。

对程序源代码和相关事项（如设计、说明书、验证计划和确认计划）的访问应严格控制，以防引入非授权功能和避免无意识的变更。对于程序源代码的保存，可以通过这种代码的中央存储控制来实现，最好是放在源程序库中。

维护和复制源程序库，要遵守严格变更控制规程。

五、开发和支持过程中的安全

项目和支持环境应严格控制。负责应用系统的管理人员，也应负责项目或环境的安全。他们要确保评审所有推荐的系统变更，以核查这些变更不会损害系统或操作系统的安全。

1. 变更控制规程

变更的实施应使用正式的变更控制规程来进行控制。

为了对信息系统的损坏减到最小，应将正式的变更控制规程文件化，并强制实施。引入新系统和对已有系统进行大的变更要按照从文件、规范、测试、质量控制到实施管理这个正式的过程进行。

这个过程需要包括风险评估、变更影响分析和所需的安全控制措施规范，还需要确保不损害现有的安全和控制规程，确保支持程序员仅能访问系统中其工作那些必要的部分，确保任何变更要获得正式商定和批准。

2. 操作系统变更后应用的技术评审

当操作系统发生变更时，包括升级、更新和打补丁，信息系统的应用需要进行评审和测试，以确保组织机构的运行和安全没有负面影响。

3. 软件包变更的限制

软件包的修改应进行劝阻，只限于必要的变更，且对所有的变更加以严格控制。

若可能且可行，应直接使用厂商提供的软件包，而且不能修改。

若变更是必要的，则原始软件应保留，并将变更应用于已明显确定的复制软件包。

4. 信息泄露

必须防止信息泄露的可能性。

限制信息泄露的风险，要考虑扫描隐藏信息的对外介质和通信；要考虑掩盖和调整系统及通信的行为，以减少第三方从这些行为中推断信息的可能性要考虑使用被认为具有高完整性的系统和软件，如使用经过评价的产品；要考虑在现有法律或法规允许的情况下，定期监视个人和系统的活动；要考虑监视计算机系统的资源。

5. 外包软件开发

外包软件的开发应由组织机构管理和监视。

在外包软件开发时，应考虑许可证安排、代码所有权和知识产权应考虑工作的质量和认证；应考虑第三方出现故障的契约安排，审核工作质量和访问权，在安装前检测恶意代码等。

六、技术脆弱性管理

技术脆弱性管理的目标是降低利用公布的技术脆弱性导致的风险。

技术脆弱性管理应以一种有效的、系统的、可重复的方式实施，并经测量证实其有效性。这些考虑事项应包括使用中的操作系统和任何其他在用的应用程序。

信息系统技术脆弱性的信息应及时获得，以评价组织机构对这些脆弱性的暴露程度，并采取适当的措施来处理相关的风险。

有效技术脆弱性管理的先决条件是当前完整的资产清单。支持技术脆弱性管理所需的特定信息包括软件供应商、版本号、部署的当前状态（如在什么系统上安装什么软件），以及组织机构内负责软件的人员。

第九节　信息安全事件管理

信息安全事件管理需要考虑报告信息安全事态和弱点、信息安全事件和改进管理等。

一、报告信息安全事态和弱点

报告信息安全事态和弱点的目标是确保与信息系统有关的信息安全事态和弱点能够以某种方式传达，以便及时采取纠正措施。

正式的事态报告和上报规程应当具备。所有员工、承包方人员和第三方人员都要对这些规程进行培训，以便报告可能对组织机构的资产安全造成影响的不同类型的事态和弱点，并要求他们尽可能快地将信息安全事态和弱点报告给指定的联系点。组织机构应有相应的规程，以识别成功的和不成功的信息安全违规。

1. 报告信息安全事态

信息系统信息安全事态必须尽快地通过适当的管理渠道进行报告。

正式的信息安全事态报告规程和事件响应及上报规程应建立，在收到信息安全事态报告时着手采取措施。为了报告信息安全事态，要建立联系点，并确保整个组织机构都知道该联系点，该联系点一直保持可用并能提供充分且及时的响应。

所有员工、承包方人员和第三方人员都应经培训并知道他们有责任尽快地报告任何信息安全事态。他们还应知道报告信息安全事态的规程和联系点。识别事件的细节应形成文件，以记录本次事件、响应、吸取的教训，以及采取的行动。

2. 报告信息安全弱点

信息系统和服务的所有员工、承包方人员和第三方人员应要求记录并报告他们观察到的或怀疑的任何系统或服务的安全弱点。

为了预防信息安全事件，所有员工、承包方人员和第三方人员应尽快地将这些事情报告给他们的管理层，或者直接报告给服务提供者。报告机制应尽可能容易、可访问和可利用。在任何情况下，他们应告知不要试图去证明被怀疑的弱点。

员工、承包方人员和第三方人员建议不要试图去证明被怀疑的安全弱点。因为测试弱点可能被看作是潜在的系统误用，可能导致信息系统或服务的损害，并导致测试人员的法律责任。

二、信息安全事件和改进管理

信息安全事件和改进管理的目标是确保采用一致和有效的方法对信息安全事件进行管理。

组织机构应实施事件响应计划，以识别负责的人员及其采取的行动。同时，应有职责和规程，一旦信息安全事态和弱点报告上来，就能有效地处理这些事件。此外，应使用一个连续的改进过程对信息安全事件进行响应、监视、评价和整体管理。

如果需要证据的话，则收集证据，并确保符合相关法律要求。

1. 职责和规程

管理职责和规程应建立，确保按照已建立的规程快速、有效和有序地响应信息安全事件。

除了对信息安全事态和弱点进行报告外，还要利用对系统、报警和脆弱性的监视来检测信息安全事件。

2. 对信息安全事件的总结

对信息安全事件的总结，要有一套机制能够景化和监视信息安全事件的类型、数量和代价。

信息安全事件评价中获取的信息，应用于识别再发生的事件或高影响的事件。

3. 证据的收集

若一个信息安全事件涉及民事的或刑事的诉讼，需要进一步对个人或组织机构进行起诉时，应收集、保留和呈递证据，以使其符合相关管辖区域对证据的要求。

在组织机构内进行纪律处理措施而收集和提交证据时，应制定和遵循内部规程。

第十节 业务连续性管理

业务连续性管理主要考虑业务连续性管理信息安全方面。

业务连续性管理信息安全方面的目标是防止业务活动中断，保护关键业务过程免受信息系统重大失误或灾难的影响，并确保及时恢复。

业务连续性管理过程，通过使用预防和恢复控制措施，将对组织机构的影响减小到最低，并从信息资产的损失（如自然灾害、意外事件、设备故障和故意行为的结果）中恢复到可接受的程度，实施业务连续性管理过程。这个过程要确定关键的业务过程。并且将业务连续性的信息安全管理要求同其他的连续性要求如运行、员工、材料、运输和设施等结合起来。

由灾难、安全失效、服务丢失和服务可用性引起的后果应经受业务影响分析。应制定和实施业务连续性计划，确保重要的运行能及时恢复。信息安全是整体业务连续性过程和组织机构内其他管理过程的一个有机组成部分。

业务连续性管理，除了一般的风险评估过程之外，还应包括识别和减小风险的控制措施，以限制破坏性事件的后果，并确保业务过程需要的信息方便使用。

1. 在业务连续性管理过程中包含信息安全

为贯穿于组织机构的业务连续性，必须开发和保持一个管理过程，解决组织机构的业务连续性所需的信息安全要求。

这个过程包含业务连续性管理的关键要素及时理解组织机构所面临的风险，识别关键业务过程中涉及的所有资产。

由信息安全事件引起的中断可能对业务产生影响，重要的是找到处理产生较小影响的事件和可能威胁组织机构生存的严重事件的解决方案，并建立信息系统设施的业务目标。

2. 业务连续性和风险评估

事态能引起业务过程中断，因此，应当识别这些事态，连同这种中断发生的概率和影响，以及它们对信息安全所造成的后果。

业务连续性的信息安全方面要基于识别可能导致信息系统中断的事态或事态顺序，如设备故障、人为差错、盗窃、火灾、自然灾害和恐怖行为。然后是风险评估，根据时间、损坏程度和恢复周期，确定中断发生的概率和影响。

业务连续性风险评估应有业务资源和过程责任人的全面参与执行。这种评估考虑所有业务过程，并不局限于信息系统设施，也要包括信息安全特有的结果。重要的是要将不同方面的风险连接起来，以获得一幅完整的组织机构业务连续性要求的构图。评估要按照组织机构的相关准则和目标，包括关键资源、中断影响、允许中断时间和恢复的优先级，来识别、量化并列出风险的优先顺序。

3. 制定和实施包含信息安全的连续性计划

业务连续性计划必须制定、实施、测试和更新，以保持或恢复运行，并在关键业务过程中断或失败后能够在要求的水平和时间内确保信息系统的可用性。

4. 业务连续性计划框架

业务连续性计划的单一框架必须保持，确保所有计划是一致的，能够协调地解决信息安全要求，并为测试和维护确定优先级。

每个业务连续性计划应说明实现连续性的方法，如确保信息或信息系统可用性和安全的方法。每个计划还要规定上报计划和激活该计划的条件，以及负责执行该计划每一部分的人员。当确定新的要求时，现有的应急规程，如撤离计划或退回安排，应做出相应的修正。这些规程应包括在组织机构的变更管理程序中，以确保业务连续性事宜总能够得到适当的解决。

每个计划要有一个特定的责任人。应急规程、人工退回计划，以及重新使用计划要属于相应业务资源或所涉及过程的责任人的职责范围。可替换技术服务的退回安排，如信息系统和通信设施，通常应是服务提供者的职责。

5. 测试、维护和再评估业务连续性计划

应定期测试和更新业务连续性计划，以确保其及时性和有效性。

业务连续性计划的测试要确保恢复小组中的所有成员和其他有关人员了解该计划和他们对于业务连续性和信息安全的职责，并知道在计划启动后他们的角色。

业务连续性计划的测试计划安排要指出如何和何时测试该计划的每个要素。计划中的每个要素建议经常测试。

第十一节 符　合　性

符合性需要考虑符合性法律要求、符合安全策略和标准及技术符合性、信息系统审计考虑等。

一、符合性法律要求

符合性法律要求的目标是避免违反任何法律、法令、法规或合同义务及任何安全要求。

信息系统的设计、运行、使用和管理都要受法令、法规，以及合同安全要求的限制。

特定的法律要求建议应从组织机构的法律顾问或者合格的法律从业人员处获得。法律要求因国家而异，而且对于一个国家所产生的信息发送到另一国家（即越境的数据流）的法律要求也不同。

1. 可用法律的识别

对信息系统和组织机构而言，所有相关的法令、法规和合同要求，以及为满足这些要求组织机构所采用的方法，必须明确地定义、形成文件并保持更新。

为了满足这些要求，特定控制措施和人员的职责应类似定义并形成文件。

2. 知识产权（IPR）

为了确保在使用具有知识产权的材料和具有所有权的软件产品时符合法律、法规和合同的要求，应实施适当的规程。

3. 保护组织机构的记录

重要的记录应防止遗失、毁坏和伪造，以满足法令、法规、合同和业务的要求。

信息系统记录或分类信息应分为记录类型（如账号记录、数据库记录、事务日志、审计日志等）和运行规程。每个记录都带有详细的保存周期和存储介质的类型，如纸质、缩微胶片、磁介质、光介质等。此外，要保存与已加密的归档文件或数字签名相关的任何有关密钥材料，以使得记录在保存期内能够解密。

4. 数据保护和个人信息的隐私

按照相关的法律、法规和合同条款的要求，应确保数据保护和隐私。

应制定和实施组织机构的数据保护和隐私策略。该策略通知到涉及私人信息处理的所有人员。

符合该策略和所有相关的数据保护法律法规需要合适的管理结构和控制措施。通常，这一点最好通过任命一个负责人来实现，如数据保护官员，该数据保护官员宜向管理人员、用户和服务提供商提供他们各自的职责，以及宜遵守的特定规程的指南。处理个人信息和确保了解数据保护原则的职责宜根据相关法律法规来确定。应实施适当的技术和组织机构措施以保护个人信息。

目前，许多国家已经具有控制个人数据收集、处理和传输的法律。根据不同的国家法律，这种控制措施可以使那些收集、处理和传播个人信息的人承担责任，而且可以限制将该数据转移到其他国家。

5. 防止滥用信息系统

用户使用信息系统用于未授权的目的应禁止。

管理层应批准信息系统的使用。在没有管理层批准的情况下，任何出于非业务或未授权目的使用这些设施，均宜看作不正确的使用设施。如果通过监视或其他手段确定了任何非授权的活动，该活动引起相关管理人员的注意，以考虑合适的惩罚和/或法律行为。

在实施监视规程之前，应征求法律建议。

所有用户宜知道允许其访问的准确范围和采取监视手段检测非授权使用的准确范围。这一点可以通过一定的方式实现，给用户一份书面授权，该授权的副本宜由用户签字，并由组织机构加以安全地保存。应建议组织机构的员工、承包方人员和第三方人员，除所授权的访问外，不允许任何访问。

6. 密码控制措施的规则

使用密码控制措施应遵从相关的协议、法律和法规。

为符合相关的协议、法律和法规，要考虑限制执行密码功能的计算机硬件和软件的入口和/或出口；要考虑限制被设计用以增加密码功能的计算机硬件和软件的入口和/或出口；要考虑限制密码的使用；还要考虑利用国家对硬件或软件加密的信息的授权的强制或任意的访问方法提供内容的保密性。

通过征求法律建议，确保符合国家法律法规。在将加密信息或密码控制措施转移到其他国家之前，也要获得法律建议。

二、符合安全策略和标准及技术符合性

符合安全策略和标准及技术符合性的目标是确保系统符合组织机构的信息安全策略及标准。

信息系统的信息安全应进行定期评审。

这种评审按照适当的安全策略进行，应审核技术平台和信息系统，看其是否符合适用的信息安全实施标准和文件的安全控制措施。

1. 符合安全策略和标准

管理人员应确保在其职责范围内的所有安全规程被正确地执行，以实现符合安全策略及标准。

管理人员要对自己职责范围内的信息系统是否符合合适的安全策略、标准和任何其他安全要求应进行定期评审。

如果评审结果发现任何不符合，管理人员应确定不符合的原因，评价确保不符合不再发生的措施需要，确定并实施适当的纠正措施，评审所采取的纠正措施。

评审结果和管理人员采取的纠正措施应记录，且这些记录应维护。当在管理人员的职责范围内进行独立评审时，管理人员宜将结果报告给执行独立评审的人员。

2. 技术符合性核查

信息系统应定期核查是否符合信息安全实施标准。

技术符合性核查建议应由有经验的系统工程师手动方式或在自动化工具辅助下实施，以产生供技术专业人士进行后续解释的技术报告。

若使用渗透测试或脆弱性评估工具，则要格外小心，因为这些活动可能会导致系统全的损害。这样的测试应预先计划，形成文件，且可重复执行。

三、信息系统审计考虑

信息系统审计考虑的目标是将信息系统审计过程中的有效性最大化，干扰最小化。

在信息系统审计期间，应有控制措施防护运行系统和审计工具。

为防护审计工具的完整性和防止滥用审计工具，也要求有保护措施。

1. 信息系统审计控制措施

涉及对运行信息系统核查的审计要求活动，需要谨慎地加以规划并取得批准，以便最小化造成业务过程中断的风险。

信息系统审计控制措施，应与相应的管理层商定审计要求，商定和控制审查范围。审查限于软件和数据的只读访问，非只读的访问仅限子系统文件的复制，审计完成时按审计要求及时删除或保留这些复制。识别和提供审查所需资源，识别和商定特定的处理要求，监视和记录所有访问。此外，执行审计的人员要独立于被审计的活动。

2. 信息系统审计工具的保护

对于信息系统审计工具的访问应加以保护，以防止任何可能的滥用或损害。

信息系统审计工具，如软件或数据文件，要与开发和运行系统分开，并且不能保存在磁带或用户区域内，除非给予合适级别的附加保护。

如果审计涉及第三方，则可能存在审计工具被第三方滥用，以及信息被第三方组织机构访问的风险。因此，应有解决这种风险和后果的控制措施，并采取相应行动。

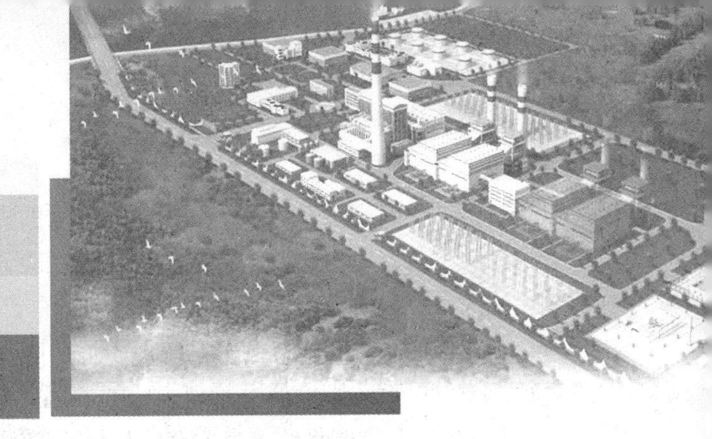

第六章

发电厂控制与管理系统信息安全风险评估

发电厂是能源领域的重点行业，其安全、正常运作关系国计民生，所以发电系统的安全事关重大。本章主要介绍发电厂系统信息安全风险评估的目的及依据，阐述当前工业控制系统信息安全现状及国家发布的有关风险评估的相关标准。

第一节　信息安全风险评估的目的与依据

一、评估的目的

工业控制系统广泛应用于能源、电力、制造业、水利、核工业等行业，其中超过80%涉及国计民生的关键基础设施依靠工业控制系统。长期以来，针对工业控制系统功能安全和物理安全的研究一直是重点，而信息安全则处于不被重视甚至被忽视的状态。2010年发生的“震网病毒”事件使人们意识到针对传统IT行业的信息安全威胁已经蔓延到了工业控制系统。

作为能源领域重心的发电企业，其工业控制系统信息安全随着信息化建设的推进变得越来越重要。当前，各种类型的DCS、PLC在电厂控制系统中广泛使用，为了提高企业信息化水平，控制系统与企业管理等信息系统的联系越来越紧密。为了降低成本，提高系统的开放性，采用各种通用的信息技术和产品，以太网技术及Windows操作系统在控制领域的应用也不断普及。此外，电厂控制系统与电力调度自动化系统的互联，也导致电厂控制系统的信息安全风险越来越大，严重威胁电厂的安全运行。

工业控制系统的运行状态会直接影响真实物理世界，因此应加强信息安全的风险评估。目前，制定电厂工业控制系统信息安全威胁对策的依据，主要集中在对安全威胁的定性分析；在信息安全领域已有大量的关于风险评估量化方法的研究，例如层次分析法以及基于神经网络、灰色系统等较新理论上的评估方法。2010年发布的IEC 62443《工业控制网络与系统信息安全标准》制定了风险评估的规范，因此非常有必要结合工业控制系统的特点来研究相应的风险评估方法。

工业控制系统与传统 IT 系统最本质的区别在于工业控制系统包含实际的生产运行过程，而 IT 系统则以信息管理为中心，因此造成了在信息安全目标方面的不同。IEC 62443 指出工业控制系统信息安全的目标应遵循 AIC 原则（可用性、完整性、机密性）。电厂生产运行系统中的 DCS、SCADA 系统、PLC 等是典型的工业控制系统，其安全目标遵循上述原则，但具体内容有所不同。

电厂工业控制系统的可用性目标是确保合法用户能够随时访问系统并进行操作，需要保证控制系统始终处于正常的运行状态。可用性的破坏后果非常严重，可能导致发电过程失控，不仅会引发重大安全事故，甚至可造成大范围停电。完整性目标是防止未授权用户对系统或信息的修改，主要是指对工业控制系统中的控制命令、PLC 控制程序、监测值以及各子系统间信息交换的安全保护。机密性目标是防止电厂工业控制系统中机密信息的泄露，例如发电计划、电力设备性能数据等重要信息的泄露。

2010 年发布的 IEC 62443 将控制系统信息安全的威胁种类分为非法设备的物理接入、访问权限非法获取、控制信息被篡改、未授权的网络连接、数据包重放攻击、拒绝提供服务、病毒感染、被植入木马、控制信息非法获取等。

就电厂而言，安全管理信息系统的设计首先要考虑的是用户，信息是为生产服务的，信息安全系统又是为信息服务的，电厂信息化不能影响生产力，同样信息安全系统也不能对信息系统产生影响。信息安全系统的设计同时要注意业务功能完善，这是实现系统实用化的关键。其中最重要的是要参照国家有关规定，切实实现功能的实用性和可用性。信息安全系统的设计要充分注意电厂设备运行的特点，电厂应该充分考虑自身的特点和性能，使体系结构和特点完美无缺地得到结合，从而提高对设备运行情况的准确监控，实现安全生产之目的。安全信息系统要注意多种系统之间的结合，单一的系统无论再复杂，也无法解决所有的安全问题，所以在设计的时候，要注意多种方案的结合。由于电力公司对信息技术依赖程度极高，从长远的效应来看，对信息技术合理应用、对信息技术的深度开发和利用将极大地影响整个公司的市场竞争能力以及在行业的地位。为此，安全系统应当是先进的、在一定时间之内保持领先性的、成熟的、实用的技术。

风险评估是实现工控系统信息安全纵深防御的基础，风险评估能够准确地评估工控系统存在的主要信息安全问题和潜在的风险，风险评估的结果是工控系统安全防护与监控策略建立的基础。工控系统与办公系统不同，工控系统中使用智能设备、嵌入式操作系统和各种专用协议，尤其是智能设备具有集成度高、行业性强、内核不对外开放、数据交互接口无法进行技术管控等特点。因此，工控系统的安全风险评估，是基于 IT 风险评估原理，同时结合工业控制系统的特点而开展的。同时，工业控制系统作为关键基础设施，应该注重整个生命周期的风险评估，而不同的生命周期，其风险评估重点也有所不同。工控系统的风险评估，应该从设备的采购、设备的运行、设备的维护、设备的报废等几个阶段分别进行。

二、评估的依据

由于针对工业控制系统风险评估的相关标准和文件较为缺乏，具体可以参考 GB/T 32919—2016《信息安全技术工业控制系统安全控制应用指南》和 GB/T 20984—2007《信息安全技术信息安全风险评估规范》这两个标准。两个标准较详细及专业的对工业控制系统的风险评估进行了描述，因此，依据这两个标准能够较好把握风险评估的过程及方法，对工业控制系统进行全面的评估。

从概念上来说，工业控制系统的安全与其他领域的安全是一样的，如图 6.1 所示。

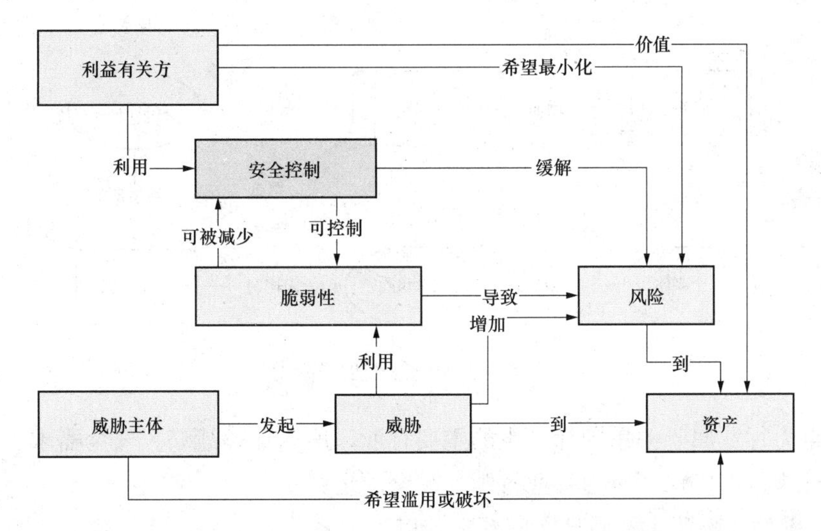

图 6.1　安全及其相关概念

图 6.1 表明了安全及其相关概念间的关系，其中的安全控制是指：应用于工业控制系统中管理、运行和技术上的保护措施和对策，以保护工业控制系统及其信息的保密性、完整性和可用性等。应用这些控制的目的是减少脆弱性或影响，抵御工业控制系统所面临的安全威胁，从而缓解工业控制系统的安全风险，以满足利益相关者的安全需要。

GB/T 32919—2016 给出管理类、运行类和技术类三大安全控制类，电厂方面通过安全控制措施控制并减少发电系统中软硬件的脆弱性，进而降低发电系统受到破坏的风险以保护发电设备的完整性和可用性。

GB/T 20984—2007 针对传统信息安全技术，提出了风险评估的基本概念、要素关系、分析原理、实施流程和评估方法，以及风险评估在信息系统生命周期不同阶段的实施要点和工作形式。该评估规范可为工控系统评估过程的制定以及评估方法的选择提供重要的借鉴。风险评估框架如图 6.2 所示。

图 6.2 中方框部分的内容为风险评估的基本要素，椭圆部分的内容是与这些要素相关的属性。风险评估围绕着资产、威胁、脆弱性和安全措施这些基本要素展开，在对基

本要素的评估过程中，需要充分考虑业务战略、资产价值、安全需求、安全事件、残余风险等与这些基本要素相关的各类属性。

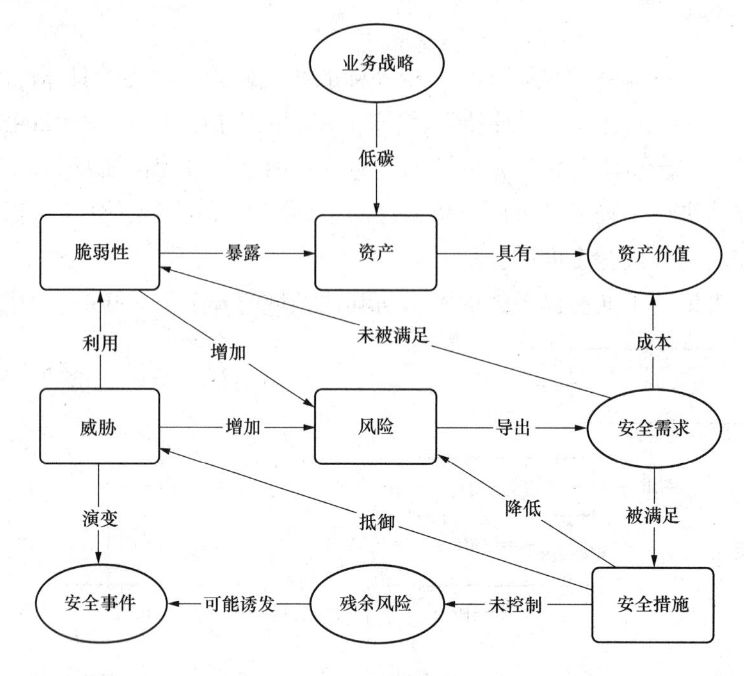

图 6.2　风险评估框架

由于电力行业属于关系国计民生的重要行业，所以业务战略、安全需求等应该按照高等级进行规范，以保证电力行业持续、安全的运行。

图 6.2 中的风险要素及属性之间存在着以下关系：

（1）业务战略的实现对资产具有依赖性，依赖程度越高，要求其风险越小。

（2）资产是有价值的，组织的业务战略对资产的依赖程度越高，资产价值就越大。

（3）风险是由威胁引发的，资产面临的威胁越多则风险越大，并可能演变成为安全事件。

（4）资产的脆弱性可能暴露资产的价值，资产具有的弱点越多则风险越大。

（5）脆弱性是未被满足的安全需求，威胁利用脆弱性危害资产。

（6）风险的存在及对风险的认识导出安全需求。

（7）安全需求可通过安全措施得以满足，需要结合资产价值考虑实施成本。

（8）安全措施可抵御威胁，降低风险。

（9）残余风险有些是安全措施不当或无效，需要加强才可控制的风险；而有些则是在综合考虑了安全成本与效益后不去控制的风险。

（10）残余风险应受到密切监视，它可能会在将来诱发新的安全事件。

风险分析中要涉及资产、威胁、脆弱性三个基本要素。每个要素有各自的属性，资产的属性是资产价值；威胁的属性可以是威胁主体、影响对象、出现频率、动机等；脆弱性的属性是资产弱点的严重程度。风险分析的主要内容为：

（1）对资产进行识别，并对资产的价值进行赋值。

（2）对威胁进行识别，描述威胁的属性，并对威胁出现的频率赋值。

（3）对脆弱性进行识别，并对具体资产的脆弱性的严重程度赋值。

（4）根据威胁及威胁利用脆弱性的难易程度判断安全事件发生的可能性。

（5）根据脆弱性的严重程度及安全事件所作用的资产的价值计算安全事件的损失。

（6）根据安全事件发生的可能性以及安全事件出现后的损失，计算安全事件一旦发生对组织的影响，即风险值。

图 6.3 所示为风险分析原理。

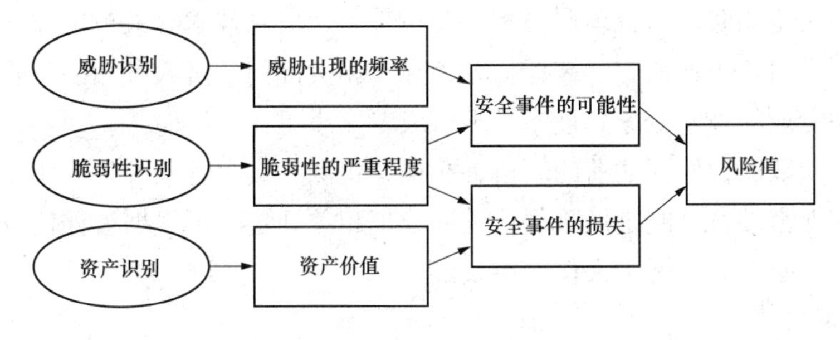

图 6.3　风险分析原理

第二节　信息安全风险评估过程

发电厂作为国家重要的能源单位，针对电厂工业控制系统易遭受攻击的特点，结合电力行业实际情况，依据相关标准规范和政策文件，可制定适合电厂实际情况的信息安全风险评估过程，主要包括项目启动、现场评估、报告整理、安全加固、项目验收等阶段。

一、风险评估准备

1. 概述

风险评估的准备是整个风险评估过程有效性的保证。电厂实施风险评估是一种战略性的考虑，其结果将受到组织业务战略、业务流程、安全需求、系统规模和结构等方面的影响。作为评估工作的基础，万全的准备工作可以使得评估工作顺利快速的进行。因此，在风险评估实施前，应：

（1）确定风险评估的目标；

（2）确定风险评估的范围；

（3）组建适当的评估管理与实施团队；

（4）进行系统调研；

（5）确定评估依据和方法；

（6）获得最高管理者对风险评估工作的支持。

2. 确定目标

根据满足电厂业务持续发展在安全方面的需要、法律法规的规定等内容，识别现有信息系统及管理上的不足，以及可能造成的风险大小，基于风险大小对其进行分类，按照优先级由高到低进行资产的安全加固。

3. 确定范围

风险评估范围可能是全部的信息及与信息处理相关的各类资产、管理机构，也可能是某个独立的信息系统、关键业务流程、与客户知识产权相关的系统或部门等。

4. 组建团队

风险评估实施团队，由管理层、相关业务骨干、信息技术等人员组成的风险评估小组。必要时，可组建由评估方、被评估方领导和相关部门负责人参加的风险评估领导小组，聘请相关专业的技术专家和技术骨干组成专家小组。

评估实施团队应做好评估前的表格、文档、检测工具等各项准备工作，进行风险评估技术培训和保密教育，制定风险评估过程管理相关规定。可根据被评估方要求，双方签署保密合同，必要时签署个人保密协议。

5. 系统调研

系统调研是确定被评估对象的过程，风险评估小组应进行充分的系统调研，为风险评估依据和方法的选择、评估内容的实施奠定基础。系统调研主要是为了了解被评估对象的业务流程，系统架构等信息，基于这些信息可以更有针对性的制定评估计划。调研内容至少应包括：

（1）业务战略及管理制度；

（2）主要的业务功能和要求；

（3）网络结构与网络环境，包括内部连接和外部连接；

（4）系统边界；

（5）主要的硬件、软件；

（6）数据和信息；

（7）系统和数据的敏感性；

（8）支持和使用系统的人员；

（9）其他。

系统调研可以采取问卷调查、现场面谈相结合的方式进行。调查问卷是提供一套关于管理或操作控制的问题表格，供系统技术或管理人员填写；现场面谈则是由评估人员到现场观察并收集系统在物理、环境和操作方面的信息。

6. 确定依据

根据系统调研结果，确定评估依据和评估方法。评估依据包括（但不限于）：

（1）现行国际标准、国家标准、行业标准；

（2）行业主管机关的业务系统的要求和制度；

（3）系统安全保护等级要求；

（4）系统互联单位的安全要求；

（5）系统本身的实时性或性能要求等。

根据评估依据，应考虑评估的目的、范围、时间、效果、人员素质等因素来选择具体的风险计算方法，并依据业务实施对系统安全运行的需求，确定相关的判断依据，使之能够与组织环境和安全要求相适应。

7. 制定方案

风险评估方案的目的是为后面的风险评估实施活动提供一个总体计划，用于指导实施方开展后续工作。风险评估方案的内容一般包括（但不限于）：

（1）团队组织。包括评估团队成员、组织结构、角色、责任等内容。

（2）工作计划。风险评估各阶段的工作计划，包括工作内容、工作形式、工作成果等内容。

（3）时间进度安排。项目实施的时间进度安排。

制定方案时应考虑被评估对象的自身特点，如电厂这种流程性的生产特点，制定方案时应考虑所采取的评估方法或手段是否会影响其正常的生产过程；可能产生的风险应进行相应的评估，经允许后才能进行相应的操作。

8. 获得支持

上述所有内容确定后，应形成较为完整的风险评估实施方案，得到组织最高管理者的支持、批准；对管理层和技术人员进行传达，在组织范围就风险评估相关内容进行培训，以明确有关人员在风险评估中的任务。

二、资产识别

针对资产的风险评估作为整个风险评估的主要部分，所以进行评估之前需要对资产的类型、已有安全措施等现有情况进行相应的了解，才能针对不足之处对症下药，才能得出有针对性的安全整改建议。

1. 资产分类

评价资产的三个安全属性包括机密性、完整性和可用性三部分。工控系统信息安全属性排序与传统信息系统安全属性略有差别，工业生产的高度实时性和生产业务的连续性要求工控系统优先考虑可用性，其次是完整性，最后才是机密性，故工控系统资产价值应依据其特点做出相应调整。风险评估中资产的价值是由资产在这三个安全属性上的达成程度或者其安全属性未达成时所造成的影响程度来决定的。资产的价值由安全属性的程度决定，而资产面临的威胁、存在的脆弱性，以及已采用的安全措施都将对资产安全属性的达成程度产生影响。因此，对系统的资产识别十分有必要。

在一个系统中，资产的表现形式多种多样，相同的资产也可能因为隶属不同的信息系统使其重要性具有差异，这时首先需要将信息系统和相关资产进行合适的分类，以此作为下一步风险评估的基础。在实际工作中，具体的资产分类方法可以根据具体评估对象和要求，由评估者灵活把握。根据资产的表现形式，可将资产分为数据、软件、硬件、服务、人员等类型。表 6.1 列出了一种资产分类方法。

表 6.1　一种基于表现形式的资产分类方法

分类	示　　例
数据	保存在信息媒介上的各种数据资料，包括源代码、数据库数据、系统文档、运行管理规程、计划、报告、用户手册、各类纸质的文档等
软件	系统软件：操作系统、数据库管理系统、语句包、开发系统等。 应用软件：办公软件、数据库软件、各类工具软件等。 源程序：各种共享源代码、自行或合作开发的各种代码等
硬件	网络设备：路由器、网关、交换机等。 计算机设备：大型机、小型机、服务器、工作站、台式计算机、便携计算机等。 存储设备：磁带机、磁盘阵列、磁带、光盘、软盘、移动硬盘等。 传输线路：光纤、双绞线等。 保障设备：UPS、变电设备等、空调、保险柜、文件柜、门禁、消防设施等。 安全保障设备：防火墙、入侵检测系统、身份鉴别等。 其他：打印机、复印机、扫描仪、传真机等
服务	信息服务：对外依赖该系统开展的各类服务。 网络服务：各种网络设备、设施提供的网络连接服务。 办公服务：为提高效率而开发的管理信息系统，包括各种内部配置管理、文件流转管理等服务
人员	掌握重要信息和核心业务的人员，如主机维护主管、网络维护主管及应用项目经理等
其他	企业形象、客户关系等

2. 资产赋值

（1）保密性赋值。根据资产在保密性上的不同要求，将其分为 5 个不同的等级，分别对应资产在保密性上应达成的不同程度或者保密性缺失时对整个组织的影响。表 6.2 提供了一种保密性赋值的参考。

表 6.2　资产保密性赋值表

等级	标识	定　　义
5	很高	包含组织最重要的秘密，关系未来发展的前途命运，对组织根本利益有着决定性的影响，如果泄露会造成灾难性的损害
4	高	包含组织的重要秘密，其泄露会使组织的安全和利益遭受严重损害
3	中	组织的一般性秘密，其泄露会使组织的安全和利益受到损害
2	低	仅能在组织内部或在组织某一部门内部公开的信息，向外扩散有可能对组织的利益造成轻微损害
1	很低	可对社会公开的信息，公用的信息处理设备和系统资源等

（2）完整性赋值。根据资产在完整性上的不同要求，将其分为 5 个不同的等级，分别对应资产在完整性上缺失时对整个组织的影响。表 6.3 提供了一种完整性赋值的参考。

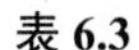

表 6.3　　资产完整性赋值表

等级	标识	定　　义
5	很高	完整性价值非常关键，未经授权的修改或破坏会对组织造成重大的或无法接受的影响，对业务冲击重大，并可能造成严重的业务中断，难以弥补
4	高	完整性价值较高，未经授权的修改或破坏会对组织造成重大影响，对业务冲击严重，较难弥补
3	中	完整性价值中等，未经授权的修改或破坏会对组织造成影响，对业务冲击明显，但可以弥补
2	低	完整性价值较低，未经授权的修改或破坏会对组织造成轻微影响，对业务冲击轻微，容易弥补
1	很低	完整性价值非常低，未经授权的修改或破坏对组织造成的影响可以忽略，对业务冲击可以忽略

（3）可用性赋值。结合资产在可用性的不同要求，可将其分为 5 个不同的等级，具体要求应根据流程行业和离散型行业分别制定，同时依据工业企业工业生产业务的开展具体分析得到。资产价值是一个综合评定的结果，应参考工控系统在机密性、完整性和可用性上的赋值等级。进行综合评定结合系统自身特点有多种方法，可以选择对资产机密性、完整性和可用性最为重要的一个属性的赋值等级作为资产的最终赋值结果；也可以加权计算资产机密性、完整性和可用性的不同等级得到资产的最终赋值结果。最终加权方法可根据业务特点确定。表 6.4 提供了一种可用性赋值的参考。

表 6.4　　可 用 性 赋 值 表

等级	标识	定　　义
5	很高	可用性价值非常高，合法使用者对信息及信息系统的可用度达到年度 99.9%以上
4	高	可用性价值较高，合法使用者对信息及信息系统的可用度达到每天 90%以上
3	中	可用性价值中等，合法使用者对信息及信息系统的可用度在正常工作时间达到 70%以上
2	低	可用性价值较低，合法使用者对信息及信息系统的可用度在正常工作时间达到 25%以上
1	很低	可用性价值可以忽略，合法使用者对信息及信息系统的可用度在正常工作时间低于 25%

（4）资产重要性等级。资产价值应依据资产在机密性、完整性和可用性上的赋值等级，经过综合评定得出。综合评定方法可以根据自身的特点，选择对资产机密性、完整性和可用性最为重要的一个属性的赋值等级作为资产的最终赋值结果；也可以根据资产机密性、完整性和可用性的不同等级对其赋值进行加权计算得到资产的最终赋值结果。加权方法可根据组织的业务特点确定。

为与上述安全属性的赋值相对应，根据最终赋值将资产划分为 5 个不同的等级，级别越高表示资产越重要，也可以根据组织的实际情况确定资产识别中的赋值依据和等级。表 6.5 中的资产等级划分表明了不同等级的重要性的综合描述。评估者可根据资产赋值结果，确定重要资产的范围，并主要围绕重要资产进行下一步的风险评估。

表 6.5 资产等级及含义描述

等级	标识	定　　义
5	很高	非常重要，其安全属性破坏后可能对组织造成非常严重的损失
4	高	重要，其安全属性破坏后可能对组织造成比较严重的损失
3	中	比较重要，其安全属性破坏后可能对组织造成中等程度的损失
2	低	不太重要，其安全属性破坏后可能对组织造成较低的损失
1	很低	不重要，其安全属性破坏后对组织造成很小的损失，甚至忽略不计

三、威胁识别

工业控制系统已经广泛应用于各行业和领域，其中不乏国家关键行业。但是由于行业及其重要性的不同，其面临的安全威胁存在一定的差别。所以，威胁识别是非常重要及必要的，只有针对自身特点进行威胁识别，才能对潜在的威胁进行有效的防范和规避。

1. 威胁分类

威胁可以通过多种途径进行描述，比如威胁主体、资源、动机、途径等。造成威胁的因素可分为人为因素和环境因素。基于威胁的动机，人为因素又可分为恶意和非恶意两种。自然界不可抗的因素和其他物理因素属于环境因素。威胁作用形式包括对信息系统直接或间接的攻击，损害系统的机密性、完整性或可用性等方面或者是偶发的、或者是蓄意的事件。当前广泛应用于电力、石化、轨道交通等国家关键工业行业的工控系统，其面临的威胁源具有较强技术实力和大量资源，攻击手段更为多样，应针对此特点重点考虑。具体可参考 GB/T 32919—2016 附录 A。在对威胁进行分类前，应考虑威胁的来源。表 6.6 提供了一种威胁来源的分类方法。

表 6.6 威胁来源列表

来　源		描　　述
环境因素		断电、静电、灰尘、潮湿、温度、鼠蚁虫害、电磁干扰、洪灾、火灾、地震、意外事故等环境危害或自然灾害，以及软件、硬件、数据、通信线路等方面的故障
人为因素	恶意人员	不满的或有预谋的内部人员对信息系统进行恶意破坏；采用自主或内外勾结的方式盗窃机密信息或进行篡改，获取利益。外部人员利用信息系统的脆弱性，对网络或系统的机密性、完整性和可用性进行破坏，以获取利益或炫耀能力
	非恶意人员	内部人员由于缺乏责任心。或者由于不关心和不专注，或者没有遵循规章制度和操作流程而导致故障或信息损坏；内部人员由于缺乏培训、专业技能不足、不具备岗位技能要求而导致信息系统故障或被攻击

对威胁进行分类的方式有多种，针对表 6.6 的威胁来源，可以根据其表现形式将威胁分为几类，表 6.7 提供了一种基于表现形式的威胁分类方法。

表 6.7　　一种基于表现形式的威胁分类表

种类	描　述	威胁子类
软硬件故障	对业务实施或系统运行产生影响的设备硬件故障、通信链路中断、系统本身或软件缺陷等问题	设备硬件故障、传输设备故障、存储媒体故障、系统软件故障、应用软件故障、数据库软件故障、开发环境故障
物理环境影响	对信息系统正常运行造成影响的物理环境问题和自然灾害	断电、静电、灰尘、潮湿、温度、鼠蚁虫害、电磁干扰、洪灾、火灾、地震等
无作为或操作失误	应该执行而没有执行相应的操作，或无意地执行了错误的操作	维护错误、操作失误等
管理不到位	安全管理无法落实或不到位，从而破坏信息系统正常有序运行	管理制度和策略不完善、管理规程缺失、职责不明确、监督控管机制不健全等
恶意代码	故意在计算机系统上执行恶意任务的程序代码	病毒、特洛伊木马、蠕虫、陷门、间谍软件、窃听软件等
越权或滥用	通过采用一些措施，超越自己的权限访问了本来无权访问的资源，或者滥用自己的职权，做出破坏信息系统的行为	非授权访问网络资源、非授权访问系统资源、滥用权限非正常修改系统配置或数据、滥用权限泄露秘密信息等
网络攻击	利用工具和技术通过网络对信息系统进行攻击和入侵	网络探测和信息采集、漏洞探测、嗅探（账户、口令、权限等）、用户身份伪造和欺骗、用户或业务数据的窃取和破坏、系统运行的控制和破坏等
物理攻击	通过物理的接触造成对软件、硬件、数据的破坏	物理接触、物理破坏、盗窃等
泄密	信息泄露给不应了解的他人	内部信息泄露、外部信息泄露等
篡改	非法修改信息，破坏信息的完整性使系统的安全性降低或信息不可用	篡改网络配置信息、篡改系统配置信息、篡改安全配置信息、篡改用户身份信息或业务数据信息等
抵赖	不承认收到的信息和所做的操作和交易	原发抵赖、接收抵赖、第三方抵赖等

2. 威胁赋值

判断威胁出现的频率是威胁赋值的重要内容，评估者应根据经验和（或）有关的统计数据来进行判断。在评估中，需要综合考虑以下三个方面，以形成在某种评估环境中各种威胁出现的频率：

（1）以往安全事件报告中出现过的威胁及其频率的统计；

（2）实际环境中通过检测工具以及各种日志发现的威胁及其频率的统计；

（3）近一两年来国际组织发布的对于整个社会或特定行业的威胁及其频率统计，以及发布的威胁预警。

可以对威胁出现的频率进行等级化处理，不同等级分别代表威胁出现的频率的高低。等级数值越大，威胁出现的频率越高。

表 6.8 提供了威胁出现频率的一种赋值方法。在实际的评估中，威胁频率的判断依据应在评估准备阶段根据历史统计或行业判断予以确定，并得到被评估方的认可。

表 6.8　　威胁赋值表

等级	标识	定　　义
5	很高	出现的频率很高（或≥1 次/周）；或在大多数情况下几乎不可避免；或可以证实经常发生
4	高	出现的频率较高（或≥1 次/月）；或在大多数情况下很有可能会发生；或可以证实多次发生
3	中	出现的频率中等（或> 1 次/半年）；或在某种情况下可能会发生；或被证实曾经发生
2	低	出现的频率较小；或一般不太可能发生；或没有被证实发生
1	很低	威胁几乎不可能发生，仅可能在非常罕见和例外的情况下发生

四、脆弱性识别

俗话说知己知彼，了解外部威胁之后，还需要对自身的缺陷进行特定的分析和处理，才能更有效地减少威胁可能带来的损失。脆弱性识别就是针对系统自身的不足进行分析及加固的步骤。

1. 脆弱性识别内容

脆弱性是由于自身设计缺陷或其他因素而本身存在的，脆弱性本身对资产无害除非被相应的威胁利用。在一个健壮的系统中，严重的威胁也不会导致安全事件发生，并造成损失。总而言之，造成危害的前提包括资产的脆弱性和相应的威胁，二者缺一不可。

由于资产脆弱性具有隐蔽性这一特点，所以只有在特定环境和条件下才能表现出来，这也是对资产脆弱性识别的困难之处。同时，脆弱性也包括错误的或者没有正常实施的安全措施。

风险评估最重要的一部分就是脆弱性识别。资产的脆弱性识别，可以以资产作为识别的核心，对需要进行保护的每项资产，识别其可能被威胁利用的弱点，然后针对这些弱点的严重程度进行评估；也可以从不同层次进行脆弱性识别，比如从物理、网络、系统、应用等方面，然后把这些弱点和资产、威胁结合起来进行评估。国际或国家安全标准、行业标准、全国性学会或行业团体标准等，都可以作为脆弱性识别的依据。脆弱性的严重程度依赖于资产的弱点所处的环境，所以风险评估需要从安全策略方面对脆弱性及其严重程度进行判断。当然风险评估须将信息系统使用的通信协议、应用流程及与其他网路的互联程度考虑在内。

进行脆弱性识别的数据必须真实可靠以保证风险评估的有效性，所以所使用的数据需来自资产所有者、使用者或者相关业务领域的专业权威人员。脆弱性识别可以采取多种方法，如问卷调查、工具检测、人工核查、文档查阅、渗透性测试等。

技术和管理是进行脆弱性识别的两个主要方面，技术脆弱性包括物理层、网络层、系统层、应用层等各个层面的安全问题。管理脆弱性又可分为技术管理脆弱性和组织管理脆弱性两方面，前者与具体技术活动相关，后者与管理环境相关。表 6.9 提供了一种脆弱性识别内容的参考。

表 6.9　　　　脆弱性识别内容表

类型	识别对象	识别内容
技术脆弱性	物理环境	从机房场地、机房防火、机房供配电、机房防静电、机房接地与防雷、电磁防护、通信线路的保护、机房区域防护、机房设备管理等方面进行识别
	网络结构	从网络结构设计、边界保护、外部访问控制策略、内部访问控制策略、网络设备安全配置等方面进行识别
	系统软件	从补丁安装、物理保护、用户账号、口令策略、资源共享、事件审计、访问控制、新系统配置、注册表加固、网络安全、系统管理等方面进行识别
	应用中间件	从协议安全、交易完整性、数据完整性等方面进行识别
	应用系统	从审计机制、审计存储、访问控制策略、数据完整性、通信、鉴别机制、密码保护等方面进行识别
管理脆弱性	技术管理	从物理和环境安全、通信与操作管理、访问控制、系统开发与维护、业务连续性等方面进行识别
	组织管理	从安全策略、组织安全、资产分类与控制、人员安全、符合性等方面进行识别

2. 脆弱性赋值

可以根据对资产的损害程度、技术实现的难易程度、弱点的流行程度，采用等级方式，对已识别的脆弱性的严重程度进行赋值。由于很多弱点反映的是同一方面的问题，或可能造成相似的后果，赋值时应综合考虑这些弱点，以确定这一方面脆弱性的严重程度。

对某个资产，其技术脆弱性的严重程度还受到组织管理脆弱性的影响。因此，资产的脆弱性赋值还应参考技术管理和组织管理脆弱性的严重程度。

脆弱性严重程度可以进行等级化处理，不同的等级分别代表资产脆弱性严重程度的高低。等级数值越大，脆弱性严重程度越高。表 6.10 提供了脆弱性严重程度的一种赋值方法。

表 6.10　　　　脆弱性严重程度赋值表

等级	标识	定义
5	很高	如果被威胁利用，将对资产造成完全损害
4	高	如果被威胁利用，将对资产造成重大损害
3	中	如果被威胁利用，将对资产造成一般损害
2	低	如果被威胁利用，将对资产造成较小损害
1	很低	如果被威胁利用，将对资产造成的损害可以忽略

3. 已有安全措施确认

在识别脆弱性的同时，评估人员应对已采取的安全措施的有效性进行确认。安全措施的确认应评估其有效性，即是否真正地降低了系统的脆弱性且抵御了威胁。对有效的安全措施继续保持，以避免不必要的工作和费用，防止安全措施的重复实施；对确认为不适当的安全措施应核实是否应被取消或对其进行修正，或用更合适的安全措施替代。

安全措施可以分为预防性安全措施和保护性安全措施两种。预防性安全措施可以降低威胁利用脆弱性导致安全事件发生的可能性，如入侵检测系统；保护性安全措施可以减少因安全事件发生后对组织或系统造成的影响。

已有安全措施确认与脆弱性识别存在一定的联系。一般来说，安全措施的使用将减少系统技术或管理上的脆弱性，但安全措施确认并不需要像脆弱性识别过程那样具体到每个资产、组件的脆弱性，而是一类具体措施的集合，为风险处理计划的制订提供依据和参考。

五、风险分析

风险分析作为风险评估中的重中之重，其中包括了风险计算原理、风险结果判定、风险处理计划及残余风险评估四部分。风险分析是基于前期工作所得数据，运用一定的算法并结合一定的经验对发现的风险进行分级，并给出处置方法及建议。

1. 风险计算原理

在完成了资产识别、威胁识别、脆弱性识别以及对已有安全措施确认后，将采用适当的方法与工具，确定威胁利用脆弱性导致安全事件发生的可能性。然后综合安全事件所作用的资产价值及脆弱性的严重程度，判断安全事件造成的损失对组织的影响，即安全风险。风险计算原理，以下面的范式形式化加以说明：

$$风险值=R(A, T, V)=R[L(T, V), F(Ia, Va)]$$

式中：R 表示安全风险计算函数；A 表示资产；T 表示威胁；V 表示脆弱性；Ia 表示安全事件所作用的资产价值；Va 表示脆弱性严重程度；L 表示威胁利用资产的脆弱性导致安全事件发生的可能性；F 表示安全事件发生后产生的损失。

有以下三个关键计算环节：

（1）计算安全事件发生的可能性。根据威胁出现频率及弱点的状况，计算威胁利用脆弱性导致安全事件发生的可能性，即

$$安全事件发生的可能性=L(威胁出现频率，脆弱性)=L(T, V)$$

在具体评估中，应综合攻击者技术能力（专业技术程度、攻击设备等）、脆弱性被利用的难易程度（可访问时间、设计和操作知识公开程度等）、资产吸引力等因素来判断安全事件发生的可能性。

（2）计算安全事件发生后的损失。根据资产价值及脆弱性严重程度，计算安全事件一旦发生后的损失，即

$$安全事件的损失=F(资产价值，脆弱性严重程度)=F(Ia, Va)$$

部分安全事件的发生造成的损失不仅仅是针对该资产本身，还可能影响业务的连续性；不同安全事件的发生对组织造成的影响也不一样。在计算某个安全事件的损失时，应将对组织的影响也考虑在内。

部分安全事件损失的判断还应参照安全事件发生可能性的结果，对发生可能性极小的安全事件（如处于非地震带的地震威胁、在采取完备供电措施状况下的电力故障威胁等）可以不计算其损失。

（3）计算风险值。根据计算出的安全事件发生的可能性以及安全事件的损失，计算风险值，即

$$\begin{aligned}风险值 &= R（安全事件发生的可能性，安全事件造成的损失）\\ &= R\left[L（T,\ V）,\ F（Ia,\ Va）\right]\end{aligned}$$

评估者可根据自身情况选择相应的风险计算方法计算风险值，如矩阵法或相乘法。矩阵法通过构造一个二维矩阵，形成安全事件发生的可能性与安全事件造成的损失之间的二维关系；相乘法通过构造经验函数，将安全事件发生的可能性与安全事件造成的损失，通过运算得到风险值。

2. 风险结果判定

为实现对风险的工业控制，应对风险进行等级化处理。可以将风险划分为 5 个等级，等级越高，风险越高。

对风险评估结果等级化处理，可以实现对风险的工业控制。风险评估结果也可划分为 5 个等级，风险越高其对应的等级越高。

在计算资产的风险值时，需要评估者结合资产的特点选取合适的风险计算方法，并根据风险值的分布情况，给每个等级设定风险值的范围，然后对所有风险计算结果进行等级处理。不同等级对应相应的风险严重程度。表 6.11 提供了一种风险等级划分方法。

表 6.11　　风险等级划分方法

等级	标识	定　　义
5	很高	一旦发生将产生非常严重的经济或社会影响，如组织信誉严重破坏、严重影响组织的正常经营，经济损失重大、社会影响恶劣
4	高	一旦发生将产生较大的经济或社会影响，在一定范围内给组织的经营和组织信誉造成损害
3	中	一旦发生会造成一定的经济、社会或生产经营影响，但影响面和影响程度不大
2	低	一旦发生造成的影响程度较低，一般仅限于组织内部，通过一定手段很快能解决
1	很低	一旦发生造成的影响几乎不存在，通过简单的措施就能弥补

3. 风险处理计划

对不可接受的风险，应根据导致该风险的脆弱性制定风险处理计划。风险处理计划中明确应采取的弥补弱点的安全措施、预期效果、实施条件、进度安排、责任部门等。安全措施的选择才实施，应从管理与技术两个方面考虑（安全措施的选择与实施应参照信息安全的相关标准进行）。

4. 残余风险评估

对于不可接受的风险，选择适当安全措施后，为确保安全措施的有效性，可进行再评估，以判断实施安全措施后的残余风险是否已经降低到可接受的水平。残余风险的评估，可以依据相应标准提出的风险评估流程实施，也可做适当裁减。一般来说，安全措施的实施是以减少脆弱性或降低安全事件发生可能性为目标，因此，残余风险的评估可以从脆弱性评估开始，在对照安全措施实施前后的脆弱性状况后，再次计算风险值的大小。

某些风险可能在选择了适当的安全措施后，残余风险的结果仍处于不可接受的风险范围内，应考虑是否接受此风险或进一步增加相应的安全措施。

六、风险评估文档记录

记录风险评估过程的相关文档，应符合（但不限于）以下要求：

（1）确保文档发布前已得到批准；

（2）确保文档的更改和现行修订状态是可识别的；

（3）确保文档的分发得到适当的控制，并确保在使用时可获得有关版本的适用文档；

（4）防止作废文档的非预期使用（如若因任何目的需保留作废文档时，应对这些文档进行适当的标识）。

对于风险评估过程中形成的相关文档，还应规定其标识、储存、保护、检索、保存期限以及处置所需的控制。相关文档是否需要以及详略程度由组织的管理者来决定。

风险评估文档是指在整个风险评估过程中产生的评估过程文档和评估结果文档，包括（但不限于）：

（1）风险评估方案。阐述风险评估的目标、范围、人员、评估方法、评估结果的形式和实施进度等。

（2）风险评估程序。明确评估的目的、职责、过程、相关的文档要求，以及实施本次评估所需要的各种资产、威胁、脆弱性识别和判断依据。

（3）资产识别清单。根据风险评估程序文件中，所确定的资产分类方法进行资产识别，形成资产识别清单，明确资产的责任人/部门。

（4）重要资产清单。根据资产识别和赋值的结果，形成重要资产列表，包括重要资产名称、描述、类型、重要程度、责任人/部门等。

（5）威胁列表。根据威胁识别和赋值的结果，形成威胁列表，包括威胁名称、种类、来源、动机及出现的频率等。

（6）脆弱性列表。根据脆弱性识别和赋值的结果，形成脆弱性列表，包括具体弱点的名称、描述、类型及严重程度等。

（7）已有安全措施确认表。根据对已采取的安全措施确认的结果，形成已有安全措施确认表，包括已有安全措施名称、类型、功能描述及实施效果等。

（8）风险评估报告。对整个风险评估过程和结果进行总结，详细说明被评估对象、风险评估方法、资产、威胁、脆弱性的识别结果、风险分析、风险统计和结论等内容。

（9）风险处理计划。对评估结果中不可接受的风险制定风险处理计划，选择适当的控制目标及安全措施，明确责任、进度、资源，并通过对残余风险的评价以确定所选择安全措施的有效性。

（10）风险评估记录。根据风险评估程序，要求风险评估过程中的各种现场记录可复现评估过程，并作为产生歧义后解决问题的依据。

第三节 信息安全风险评估的方法

在对电厂信息风险评估过程中，可以采用多种操作方法，包括经验分析、定性分析和定量分析。无论何种方法，共同的目标都是找出组织信息资产面临的风险及影响，以及目前安全水平与组织安全需求之间的差距。在工控风险分析的过程中，需要采用风险评估工具进行风险评估，以提高风险评估效率，及时发现工控系统面临的风险。

1. 经验分析法

基于知识的分析方法来找出目前的安全状况和基线安全标准之间的差距。通过多种途径采集相关信息，识别风险所在和当前已采取的安全措施，与特定的标准或最佳惯例进行比较，从中找出不符合的地方，并按照标准或最佳惯例的推荐选择或优化安全措施，最终达到消减和控制风险的目的。

为了明确当前资产的安全状况与基线安全标准之间的差距，适合经验较少的操作者应用的方法是经验分析法。这种方法的具体操作步骤，是通过多渠道收集相关信息，确定资产的风险类型及级别，然后与特定的标准或者惯例进行比较，以发现不符合之处，并按照标准或者惯例选择合适的安全措施，来减少或者控制风险。经验分析法是由经验较为丰富的操作者根据国家相关标准制定安全基线，经验较少的操作者以此为基础进行风险评估。经验分析法所得结果的准确与否取决于评估信息的收集，所以这些信息必须有相关权威或者专业人员提供。信息采集方法有以下几种：会议讨论、对当前的信息安全策略和相关文档进行复查、制作问卷进行调查、对相关人员进行访谈、进行实地考察等。

具体安全基线，可参考 GB/T 32919—2016 附录 C。依据不同等级的工控系统安全需求，开展风险评估活动，从而形成适合企业自身实际情况的安全防护策略。

2. 定量分析法

定量分析法的主要内容，是对可能形成风险的相关要素和潜在损失水平进行数值或者货币金额上的赋值。为了量化风险评估的整个过程和结果，需要对度量风险的所有要素进行赋值，其中包括（资产价值、威胁频率、弱点利用程度、安全措施的效率和成本等）。定量分析法是基于数值针对安全风险进行评估的一种方法，其中最为关键的指标是事件发生的可能性，以及威胁事件可能造成的损失。在参考的数据指标准确的基础上，定量分析法进行的安全风险等级划分是准确的，但是现实中由于定量分析所依据的数据的完整性和可靠性难以保证，加之这些数据缺少长期性的统计，而且由于疏忽导致计算过程也极易出错，所以很难进行分析的细化。因此，当前信息安全风险分析所使用的方法中，很少采用定量分析或者单纯地使用定量分析法。

3. 定性分析法

定性分析方法是目前采用最为广泛的一种方法，它具有很强的主观性，往往需要凭借分析者的经验和直觉，或者业界的标准和惯例，为风险管理诸要素（资产价值、威胁的可能性、弱点被利用的容易度、现有控制措施的效力等）的大小或高低程度定性分级（如分为高、中、低三级）。定性分析的操作方法可以多种多样，包括小组讨论、检查列表、问卷、人员访谈、调查等。定性分析操作起来相对容易，但也可能因为操作者经验和直觉的偏差而使分析结果失准。与定量分析相比较，定性分析的准确性稍好但精确性不够，定量分析则相反；定性分析没有定量分析那样繁多的计算负担，却要求分析者具备一定的经验和能力；定量分析依赖大量的统计数据，而定性分析没有这方面的要求；定性分析较为主观，定量分析基于客观；此外，定量分析的结果很直观，容易理解，而定性分析的结果则很难有统一的解释。

总之，不管是经验分析法，还是定性、定量分析法，其核心思想都是依据威胁出现的频率、脆弱性的严重程度来确认安全事件发生的可能性，依据资产价值和脆弱性的严重程度来确认安全事件会造成的损失，最终从安全事件发生的可能性和造成的损失来判断风险值。在定性分析过程中，还应考虑工控系统可用性、完整性的要求，充分考虑工业生产业务流程的特点，开展风险评估工作，获得评估结果。

第四节　信息安全风险评估的工具

风险评估工具是风险评估的辅助手段，是保证风险评估结果可信度的一个重要因素。风险评估工具的使用不但在一定程度上解决了手动评估的局限性，最主要的是它能够将专家知识进行集中，使专家的经验知识被广泛应用。

根据在风险评估过程中的主要任务和作用原理的不同，风险评估的工具可以分成风险评估与管理工具、系统基础平台风险评估工具、风险评估辅助工具三类。

（1）风险评估与管理工具是一套集成了风险评估各类知识和判据的管理信息系统，以规范风险评估的过程和操作方法；或者是用于收集评估所需要的数据和资料，基于专家经验，对输入输出进行模型分析。

（2）系统基础平台风险评估工具主要用于对信息系统的主要部件（如操作系统、数据库系统、网络设备等）的弱点进行分析，或实施基于弱点的攻击。

（3）风险评估辅助工具则实现对数据的采集、现状分析和趋势分析等单项功能，为风险评估各要素的赋值、定级提供依据。

一、风险评估与管理工具

风险评估与管理工具，大部分是基于某种标准方法或某组织自行开发的评估方法，可以有效地通过输入数据来分析风险，给出对风险的评价并推荐控制风险的安全措施。

风险评估与管理工具通常建立在一定的模型或算法之上，风险由重要资产、所面临的威胁以及威胁所利用的弱点三者来确定；也有的通过建立专家系统，利用专家经验进行分析，给出专家结论。这种评估工具需要不断进行知识库的扩充。

此类工具实现了对风险评估全过程的实施和管理，包括被评估信息系统基本信息获取、资产信息获取、脆弱性识别与管理、威胁识别、风险计算、评估过程与评估结果管理等功能。评估的方式可以通过问卷的方式，也可以通过结构化的推理过程，建立模型、输入相关信息，得出评估结论。通常这类工具在对风险进行评估后都会有针对性地提出风险控制措施。

根据实现方法的不同，风险评估与管理工具可以分为三类：

（1）基于信息安全标准的风险评估与管理工具。目前，国际上存在多种不同的风险分析标准或指南，不同的风险分析方法侧重点不同，如NIST SP 800-30 、BS7799、ISO/IEC 13335 等。以这些标准或指南的内容为基础，分别开发相应的评估工具，完成遵循标准或指南的风险评估过程。

（2）基于知识的风险评估与管理工具。基于知识的风险评估与管理工具并不仅仅遵循某个单一的标准或指南，而是将各种风险分析方法进行综合，并结合实践经验，形成风险评估知识库，以此为基础完成综合评估。它还涉及来自类似组织（包括规模、商务目标和市场等）的最佳实践，主要通过多种途径采集相关信息，识别组织的风险和当前的安全措施；与特定的标准或最佳实践进行比较，从中找出不符合的地方；按照标准或最佳实践的推荐选择安全措施以控制风险。

（3）基于模型的风险评估与管理工具。基于标准或基于知识的风险评估与管理工具，都使用了定性分析方法或定量分析方法，或者将定性与定量相结合。定性分析方法是目前广泛采用的方法，需要凭借评估者的知识、经验和直觉，或者业界的标准和实践，为风险的各个要素定级。定性分析法操作相对容易，但也可能因为评估者经验和直觉的偏差而使分析结果失准。定量分析则对构成风险的各个要素和潜在损失水平赋予数值或货币金额，通过对度量风险的所有要素进行赋值，建立综合评价的数学模型，从而完成风险的量化计算。定量分析方法准确，但前期建立系统风险模型较困难。定性与定量结合分析方法就是将风险要素的赋值和计算，根据需要分别采取定性和定量的方法完成。

基于模型的风险评估与管理工具。是对系统各组成部分、安全要素充分研究的基础上，对典型系统的资产、威胁、脆弱性建立量化或半量化的模型，根据采集信息的输入，得到评价的结果。

二、系统基础平台风险评估工具

系统基础平台风险评估工具，包括脆弱性扫描工具和渗透性测试工具：

脆弱性扫描工具又称为安全扫描器、漏洞扫描仪等，主要用于识别网络、操作系统、数据库系统的脆弱性。通常情况下，这些工具能够发现软件和硬件中已知的弱点，以决定系统是否易受已知攻击的影响。

脆弱性扫描工具是目前应用最广泛的风险评估工具，主要完成操作系统、数据库系统、网络协议、网络服务等的安全脆弱性检测功能，目前常见的脆弱性扫描工具有以下几种类型：

（1）基于网络的扫描器。在网络中运行，能够检测如防火墙错误配置或连接到网络上的易受攻击的网络服务器的关键漏洞。

（2）基于主机的扫描器。发现主机的操作系统、特殊服务和配置的细节，发现潜在的用户行为风险，如密码强度不够，也可实施对文件系统的检查。

（3）分布式网络扫描器。由远程扫描代理、对这些代理的即插即用更新机制、中心管理点三部分构成，用于企业级网络的脆弱性评估，分布和位于不同的位置、城市甚至不同的国家。

（4）数据库脆弱性扫描器。对数据库的授权、认证和完整性进行详细的分析，也可以识别数据库系统中潜在的弱点。

渗透性测试工具是根据脆弱性扫描工具扫描的结果进行模拟攻击测试，判断被非法访问者利用的可能性。这类工具通常包括黑客工具、脚本文件。渗透性测试的目的是检测已发现的脆弱性是否真正会给系统或网络带来影响。通常渗透性工具与脆弱性扫描工具一起使用，并可能会对被评估系统的运行带来一定影响。

三、风险评估辅助工具

科学的风险评估需要大量的实践和经验数据支持，这些数据的积累是风险评估科学性的基础。风险评估过程中，可以利用一些辅助性的工具和方法来采集数据，帮助完成现状分析和趋势判断，如：

（1）检查列表。检查列表是基于特定标准或基线建立，对特定系统进行审查的项目条款。通过检查列表，操作者可以快速定位系统目前的安全状况与基线要求之间的差距。

（2）入侵监测系统。入侵监测系统通过部署检测引擎，收集、处理整个网络中的通信信息，以获取可能对网络或主机造成危害的入侵攻击事件；帮助检测各种攻击试探和误操作；同时也可以作为一个警报器，提醒管理员发生的安全状况。

（3）安全审计工具。用于记录网络行为，分析系统或网络安全现状；它的审计记录可以作为风险评估中的安全现状数据，并可用于判断被评估对象威胁信息的来源。

（4）拓扑发现工具。通过接入点接入被评估网络，完成被评估网络中的资产发现功能，并提供网络资产的相关信息，包括操作系统版本、型号等。拓扑发现工具主要是自动完成网络硬件设备的识别、发现功能。

（5）资产信息收集系统。通过提供调查表形式，完成被评估信息系统数据、管理、人员等资产信息的收集功能，了解到组织的主要业务、重要资产、威胁、管理上的缺陷、采用的控制措施和安全策略的执行情况。此类系统主要采取电子调查表形式，需要被评估系统管理人员参与填写，并自动完成资产信息获取。

（6）其他。如用于评估过程参考的评估指标库、知识库、漏洞库、算法库、模型库等。

第七章

发电厂控制与管理系统信息安全人才培养体系

随着信息技术的迅猛发展，信息化和经济全球化相互促进，互联网已经融入社会生活方方面面，深刻改变了人们的生产和生活方式。但是古往今来，很多技术都是“双刃剑”，一方面可以造福社会、造福人民，另一方面也可以被一些人用来损害社会公共利益和民众利益。在信息技术带给了人们无与伦比的方便、高效、智能的用户体验的同时，越来越多的安全威胁让企业应对乏力。

从世界范围看，信息安全威胁和风险日益突出，并日益向政治、经济、文化、社会、生态、国防等领域传导渗透。电力行业关系国家能源安全和国民经济命脉，承担着保障更安全、更经济、更清洁、可持续的电力供应的基本使命。目前信息技术已经渗透到了智能化电厂的方方面面，企业正常运转高度依赖控制与管理系统。如果这些系统遭到破坏，不仅对电力企业的生产管理以及经济效益等造成不可估量的损失，还可能对社会秩序、公共利益造成严重损害。所以，智能化电厂控制与管理系统所承载的信息和服务的安全性就越发显得重要。

我国信息安全行业发展起步相对较晚，但随着全世界对于信息安全的重视程度不断提升，企业逐步加大了信息安全建设投入，特别是中央网络安全和信息化领导小组建立后，金融、能源、电力、通信、交通等领域的关键信息基础设施安全防护被提升到新的高度。习近平总书记在 2016 年网络安全和信息化工作座谈会上的讲话中指出“建设网络强国，没有一支优秀的人才队伍，没有人才创造力迸发、活力涌流，是难以成功的”。《关于加强网络安全学科建设和人才培养的意见》（中网办发文〔2016〕4 号）中提出“人才是网络安全第一资源。”强调了各地方、各部门要认识到网络安全学科建设和人才培养的极端重要性，增强责任感使命感，将网络安全人才培养工作提到重要议事日程。加快网络安全人才培养，为实施网络强国战略、维护国家网络安全提供强大的人才保障。

总之，随着经济与社会的不断发展，信息安全在全社会的地位不断提升，对于信息安全人才的要求也不断提高，企业也越来越重视信息安全人才培养工作。但对于如何开展高效率、持续性的信息安全人才培养工作，如何发展改进信息安全培训工作，如何建立起信息安全人才培养体系是企业必须思考与重视的一项重要工作。

第一节　信息安全防护人员培训的现状分析

一、信息安全防护人员培训发展现状

信息技术广泛应用和网络空间兴起发展，极大促进了经济社会繁荣进步，同时也带来了新的安全风险和挑战。为保护网络空间安全和发展，各国竞相将其纳入国家战略考虑。纵观各国网络安全战略，广泛开展全民网络安全意识教育，着重培养网络安全专业人才已经成为不可或缺的一部分。

美国早在 2003 年由国土安全部发布的《保护网络安全国家战略》中就提出国家网络安全意识普及和培训计划，2012 年美国专门针对网络安全人才队伍建设，发布了“NICE 战略计划”，明确提出了对普通公众、在校学生、网络安全专业人员三类群体进行教育和培训，以提高全民网络安全的风险意识、扩充网络安全人才储备、培养具有全球竞争力的网络安全专业队伍。英国在其 2016 年发布的《英国 2016~2021 年国家网络安全战略》中指出，将利用政府的权力和影响力，面向学校和整个社会，投资人才发展计划，解决英国网络安全技术短缺的问题；欧盟、日本、德国等国家和地区也采取多种措施鼓励人才培养。

我国在 2016 年发布的《国家网络空间安全战略》中也提到了“实施网络安全人才工程”“办好网络安全宣传周活动”“大力开展全民网络安全宣传教育”等具体内容。

目前，我国按照专业教育和全民普及相结合的方式，建立了多层次、覆盖广的信息安全教育体系。一方面依托高校，开展学历教育；另一方面通过社会办学机构和科研院所开设不同层次的信息安全培训课程，将职业教育作为学历教育的补充；同时积极推动信息安全意识全民普及宣传教育。信息安全培训大体可以分为两个类别：一种是基于厂商具体产品开展的培训，主要包括软硬件产品的工作原理、使用方法、故障诊断、配置调优等方面的内容；另一种是通用的知识型和技能型的培训，包括信息安全技术、信息安全管理、信息安全工程、信息安全标准法规、信息安全保障等内容。

同国外信息安全人才培养的情况相比，我国信息安全培训工作起步较晚，虽然经历了快速的发展，但还不能满足网络大国向网络强国转变的需求。信息安全人才培养是一项长期而艰巨的任务，除了提高信息安全专业人员知识和技能外，更重要的是提高普通用户的安全意识宣传工作，这些都是任重而道远的。

二、信息安全防护人员培训面临问题

我国信息安全培训发展已经历了较长一段时间，虽然内容、形式发展日趋多样化，各方面的投入也不断加大，但还是无法满足当前经济与社会发展的需求，仍然存在着一些问题：

（1）传统培训重技术轻管理。传统的信息安全培训的内容多是针对信息安全技术类，

并且把重点放在了信息安全技术的应用方面。培训中较少涉及信息安全法律法规、标准、信息安全工程管理、信息安全开发等内容。而信息安全是个系统工程，包括技术、管理多方面内容，传统培训知识体系有待进一步完善。

（2）传统培训与实践脱节。传统的信息安全培训内容结构不尽合理。培训内容偏向基本理论知识，并且培训内容与实际生产工作脱节，通过培训难以解决企业实际生产工作中遇到的各类信息安全问题；同时内容往往相对滞后，不能体现信息安全技术的发展新趋势、新动向，对于新的信息安全预警、漏洞也较少涉及。

（3）传统培训形式单调。传统的培训方式比较枯燥，主要以知识性内容的教授为主，形式上主要以 PPT 课件、板书等为主，缺少实际操作练习，对各类安全问题的培训仅停留在理论知识层面。而信息安全是个强调实操的领域，这种方式显然很难培养出技术过硬的安全人才。

（4）传统培训成本较大。传统信息安全培训成本较高，企业要承担较高的培训成本，包括场地费用、聘请讲师的费用、差旅费等。另外，传统的培训通常要到固定地点去培训，培训时间较长，企业还要承担由培训导致的延误生产的间接损失。

（5）培训效果难以评估。传统的信息安全培训结束后，培训效果难以进行科学的评估，比如，培训人员的实操能力如何，解决问题的综合能力如何，能力提升情况如何等一系列问题都很难得出结论。

虽然企业纷纷提高对信息安全人才培养的重视程度，不断加大人才培养的投入，但是由于以上制约因素，目前信息安全专业人才仍然存在巨大的缺口，尤其是缺乏高素质的掌握核心技术的信息安全技术与管理人员，这需要企业积极探索，发展出适合自身实际情况的人才培养体系。

三、信息安全防护人员培训发展趋势

随着信息安全技术的发展，不断出现的新型信息安全威胁使得企业对信息安全专业人才的要求越来越高，传统的信息安全人才培养体系已经不能适应新的信息安全形势，电力行业也在寻求适应企业发展需求的信息安全人才培养机制和手段，并逐渐呈现出以下发展趋势：

（1）重视信息安全意识培训。“人”已经成为企业信息安全风险管理中最为脆弱的环节，安全意识薄弱正在成为企业面临的最大信息安全风险。通过提升企业全员的信息安全意识，让员工建立起保护企业的责任感，是企业面对安全威胁的最佳方式。网络安全意识与企业每一个员工都息息相关，只有每一个人的意识提高了，才能够整体提高企业的信息安全水平。

（2）重视信息安全管理培训。通常用“三分技术七分管理”来形容管理对信息安全的重要性，这样形容一点也不为过。信息安全保障体系是一种将管理、技术和人员三者有机结合的信息安全保障体系。面向未来的信息安全人才培养要强调人、技术、管理三者的有机结合，建立一套合理和有效的信息安全人才培养体系。企业必须不断加强和改进信息安全保障机制，加强信息安全管理工作，才能实现信息安全工作责任落实到人，技术操作可以量化考核。

（3）重视理论结合实践。信息安全培训要做到理论与实践相结合，培训内容要多与实际生产工作相结合，实现以理论知识指导实践，以实践来促进理论知识的理解与掌握。为保证培训能够贴近实际业务环境，且不会对生产系统产生影响，企业可以加大投入，建设生产系统仿真环境。在仿真环境中模拟信息安全攻击与防护，能够使培训人员融入真实的企业生产场景中，培养员工对企业各种信息安全问题的综合处理能力。

（4）重视信息安全攻防演练。随着信息技术的不断发展，不少企业逐步引入了攻防对抗演练这种新的信息安全人才培养模式。在这种信息安全攻防对抗过程中，攻击方模拟黑客的入侵思维和和手段，而防护方通过分析攻击的规律及轨迹，不断调整防护手段与攻击方相抗衡。通过信息安全攻防演练，企业能够做到知己知彼，可以发现信息系统的潜在脆弱性，提前构建有针对性的防护措施，消除潜在的安全隐患。同时还能充分提高信息安全专业人员的实战技术水平，不断提升企业信息安全保障的水平。

只有做好上述几个方面的工作，才能培养更多的不同层次、不同领域的信息安全专业人才，才能不断提高企业的信息安全水平，从而不断改善企业信息安全保障水平，特别是提升电力领域关键信息基础设施安全防护保障水平，最终为推动社会经济发展与人民生活稳定做出不可或缺的贡献。

第二节　信息安全防护人员培训的发展对策

在新的安全形势下，企业对信息安全专业人才的需求会越来越大。而目前人才培养体系中存在的培训知识与工作实际需求不符，专业理论知识无法与实践紧密结合等制约因素，都要求企业拿出新的信息安全人才培养发展对策。

企业在信息安全人才培养体系建设中要做好以下几个方面工作：重视信息安全意识培训，形成良好的企业文化氛围；在培训工作中要重视理论结果实践，以解决生产工作中遇到的实际问题为目的，注重动手能力和综合运用知识的能力培养；要综合考虑人、技术、管理有机结合；企业要创新用人机制，实现吸引人才、留住人才。

企业要营造能够吸引并留住高端专业人才的环境，为培养信息安全专业人才、队伍建设提供良好的资源。首先，必须建立稳定持续的资金保障机制，加大对人才培养工作的投入：

一是重视高端专业人才，从财、物、人力上提供支持，各路英才自然会投奔而来。

二是提供培训机会及新技术体验，确保员工能及时掌握最新安全动态、获取最新的专业知识，才能不断提升自身技术水平。

三是要努力营造能吸引人才、留住人才的企业文化，一种乐观的、积极的、富有包容性的企业文化，不但能对内部员工产生强大的凝聚力，同时对外部优秀人才也具备强大的吸引力。

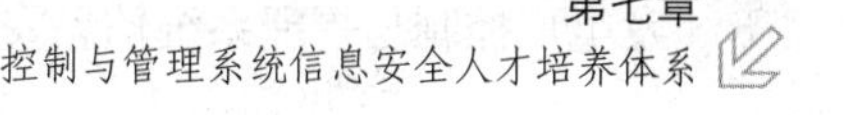

最后要根据企业实际情况，建立相应管理制度和工作流程，确保信息安全专业人才培养工作的规范化。

一、树立员工控制与管理系统信息安全意识

近年来，信息安全的重要性已经不容置疑，企业也在不断增加信息安全经费，购买最新的网络安全设备和软件。但尽管这样，信息安全事件仍然层出不穷，从不断发生的知名企业商业敏感数据泄露事件，到乌克兰多个区域电网遭遇黑客攻击，发生大规模停电事故，到席卷全世界的勒索病毒事件。很多企业已经意识到，信息安全问题不是通过单纯增加设备、软件就可以解决的。无论企业装备了多先进的设备和软件，如果管理者和使用者缺少信息安全意识，黑客很可能只需花费较低的成本，就能轻易突破或者绕过企业花重金打造的防线。因此，提高企业员工的信息安全意识水平工作已经刻不容缓。

虽然提高员工信息安全意识已经上升到企业制度要求，然而实际工作中还是会出现各种违反信息安全规定的情况，有的是员工确实不知道可能会导致什么后果，"无知者无畏"；有的是员工明知道后果，但存在侥幸心理。这都说明在信息安全的所有相关因素中，"人"是最关键的因素之一，提升全员信息安全意识工作要围绕这个中心。

企业应通过多种形式的信息安全意识教育、培训及宣传，使得信息安全意识融入每一个员工心中，变成一种常态化的工作。

首先要提高企业全体员工的信息安全知识水平，可以针对企业领导层、信息安全专业人员、普通员工等不同群体，开展不同知识层次的信息安全知识普及工作，如定期开展基础信息安全基础知识讲座，通过信息安全技能竞赛等形式，促进信息安全专业人员的理论知识水平与实战技能水平的提高。

其次需要结合企业文化建设，采用生动、形象的宣传方式。实现从企业的管理者到基层员工，全体共建企业信息安全文化。例如，编制信息安全意识手册，将公司信息安全相关规定、工作中常见的信息安全问题等以图文并茂的形式，通俗易懂地进行讲解；通过海报、屏保等宣传让员工在工作之余受到信息安全文化的熏陶；通过完善信息安全网络宣传载体，建设信息安全知识专栏。或者实现信息安全重要预警或通知的实时推送。

最后要建立健全信息安全管理制度和工作流程，再配以相应的检测手段，不断规范员工行为，让企业员工循序渐进地认识到信息安全是企业每一个员工的责任。

二、培训工作的实效性

目前，有些信息安全培训过于强调知识体系的完整性，培训内容偏向概念、基础原理等理论知识，忽视了这些理论知识在实际中应用，造成理论与实践脱节。这样容易造成培训人员动手能力不强，综合运用知识的能力不足，难以解决在生产工作中遇到的实际问题。

信息安全专业是一门强调动手与实践能力的学科，一个合格的信息安全专业人员应

同时具备基本理论知识和实践动手能力。信息安全培训工作也要做到理论与实践相结合，以理论为指导，以工作实际为出发点。

信息安全培训内容要和企业实际生产工作相结合，培训教材选取要适合行业和企业的实际情况，把企业生产内容融入培训课程中，建立基于解决问题的实用型培训内容体系，即培训内容针对具体生产过程中遇到的问题，这样可以有效地激发被培训人员的学习兴趣，培训人员在解决问题的同时学习相关理论原理，可以在较短的时间内掌握相关企业岗位必需的知识体系。

企业开展信息安全培训的目的就是为了提高员工的工作技能，除开展理论知识培训外，还应在模拟环境下开展实操训练。实操培训，就是将理论转化为实际操作技能的培训方式；在实操培训中，可以采用由简入深的方式开展信息安全实战的训练，培训人员由易到难完成一个个的任务，在解决具体问题的同时分析原因、掌握工具利用方法和防护手段。通过实操培训，培训人员可以迅速巩固所学知识，将关键的知识点串接起来，与理论知识培训形成互补。除此之外，实操培训中的相互配合还能够提升培训人员的团队合作精神和沟通能力。

三、人、技术、管理相结合

近年来，企业对信息安全的重要性有了普遍的认识，但是大规模用户信息泄露事件仍然层出不穷，企业花重金打造的安全防线在黑客面前好像透明的一般。而事后分析往往发现，有的用户信息泄露事件中，黑客并没有采用高深的技术和先进的装备。有的原因仅仅是因为管理员图省事，密码采用自己姓名、生日、电话等信息进行简单组合而成，甚至在互联网网站上使用相同的账号密码，黑客使用社会工程学工具很轻松地就获取管理员密码，取得企业关键系统的管理员权限；有的原因是企业内部员工为了个人利益，将企业数据出售给黑客组织。这反映出有些企业在信息安全工作中不够重视人的因素，存在工作人员安全意识不强的问题，而安全意识的薄弱正在成为企业面临的最大风险。

有些企业重视信息安全体现在硬件设备投资上，把市面上最流行的安全产品和安全技术，如防火墙、入侵监测、入侵防御、VPN 技术、加密技术等全都用上，然后就认为已经做好了信息安全防护工作；有些企业认为自己的网络实现了物理隔离，是内部专网，不存在安全防护的问题。而事实上，类似企业被黑客组织成功入侵的例子层出不穷。有些是因为系统维护技术人员未及时更新相关软件漏洞补丁，黑客利用对应的漏洞利用工具，轻松获取企业关键业务系统管理员权限；有些是黑客通过 U 盘实施“摆渡”攻击，轻易绕过物理隔离防护措施。这反映出部分企业只重视信息安全技术投入，而忽视相应的安全管理投入。信息安全是一个动态的工作，应该在风险评估基础上采取持续改进的管理方法，不断发现问题、解决问题，不断改进。信息安全业界有种说法，信息安全“三分技术七分管理”，足以见得管理是信息安全的重中之重，是信息技术有效实施的关键。

信息系统是在信息技术的基础上，综合考虑了人员、管理等系统综合运行环境的一个整体。信息保障体系是在信息系统所处的运行环境里，以风险和策略为出发点，在信息系统的生命周期中，从技术、管理、工程和人员等方面提出安全保障的要求，目的是保障信息和信息系统资产，确保信息的保密性、完整性和可用性，保障组织机构使命的执行，是一种将管理、技术和人员三者有机结合的信息安全保障体系。

面向未来的信息安全人才培养也要从这三个方面出发，强调人、技术、管理三者的有机结合，建立一套合理和有效的信息安全人才培养体系。

四、人才队伍建设不拘一格

近年来，随着企业对信息技术重视程度逐步提高，企业信息化建设得到了长足的发展。但伴随着信息技术发展的同时，企业面临的风险隐患也越来越大，企业对信息安全人才，特别是高端专业人才的需求也越来越大。而良好的人才体制机制是企业信息安全队伍建设的前提和保障，企业要营造出能够吸引高端专业人才，有利于人才发展的环境，创新用人机制，实现人尽其才、才尽其用。

企业可以依托高校师资强、技术力量雄厚的优势，建立产学研一体化的人才培养体系，联合高校一起培养企业急需的信息安全管理人才和实用技术人才。一方面，高校可以整合各种优秀教育资源，准确把握企业需求，为企业“量身定做”培训内容，在培训时做到有的放矢；另一方面，企业可以把高校的理论教学和企业生产有机结合，提升人才的实用能力。这种一体化的人才培养方式，能够充分发挥校企各自优势，提升企业整体的竞争力，满足企业战略发展需要，为企业长远发展提供可靠的人才保障。

企业还可以加强与科研机构、高等院校的合作，采用“借脑”的方式，吸引高端专业人才来企业担任特聘专家和技术顾问，这些专家在发挥自身作用的同时，还可以带动企业本地人才的成长，为企业信息安全队伍建设建设奠定基础。

在信息安全人才培养体系中，信息安全专业认证已经逐步成为各行各业的对信息安全人才认定的方式，信息安全人员持证上岗已经成为大势所趋。由我国专门从事信息技术安全测试和风险评估的权威职能机构，根据我国信息安全保障工作的需求，开展的全面、系统的信息安全保障、技术、法律法规、管理和工程领域的知识培训，能够为企业培养知识全面的高端信息安全人才。

信息安全领域存在着一些怪才、奇才，按照学历、资历、论文等传统的评价指标去评定他们算不上优秀，甚至达不到企业进人的门槛要求。但在信息安全某个细微分支领域中，他们实际上具备了专家级的技术能力。企业在用人机制方面必须有所突破，要做到不拘一格用人才。

信息安全人才队伍建设是一项复杂的系统工程，企业要认真研究信息安全人才结构和人才的需求，重点引进紧缺的信息安全高端专业人才。只有将其上升到企业战略的高度，建立起具有竞争力的人才培养制度体系，实现“吸引人才、培养人才、留住人才”，才能推动企业信息化建设健康发展，保障企业安全生产运行。

第三节　信息安全防护人才培养体系建设

网络空间的竞争，归根结底是人才竞争。与发达国家相比，我国信息网络安全普及教育和人才培养相对滞后，信息安全培训存在深度不够、系统性不强、实用性不强，导致企业存在工作人员网络安全意识较差，信息安全专业人员知识和技能难以应对当前信息安全形势等问题，这些问题制约了企业信息化发展。企业迫切需要既掌握系统的理论知识，又具备丰富的实际操作经验，同时还能快速应对各种突发信息安全事件的专业人才，这要求企业建立起科学的信息网络安全人才培养体系。

企业信息安全人才培养体系，是指在企业内部建立一个系统的、与企业的发展以及人力资源管理相配套的培训管理体系、培训内容体系、培训保障体系及培训激励体系。培训管理体系包括组织机构建设、培训制度制定、培训工作流程建立、培训费用管理等一系列与培训相关的制度体系建设。培训内容体系包括企业培训文化建设、专业知识及实操技能等培训内容建设工作。培训保障体系主要为保障培训实施与管理取得预期效果，可以分为软件系统和硬件系统两个部分，软件部分包括培训质量监督和评估制度方法，而硬件部分是指培训的设施、设备、培训管理系统等。培训激励体系包括能够有效调动员工参与培训积极性的激励机制。

企业必须不断创新安全人才培养机制和模式，树立新的信息安全人才观念，不断完善信息安全人才培养体系，推进全员信息安全知识普及，进一步提升信息安全人才的专业技术能力，实现企业信息化长远发展目标。而如何培养、选拔合格的信息安全人才，如何搭建科学的培训体系，已经被越来越多的企业所关注。

一、培训管理体系建设

建立科学的信息安全人才培养体系，首先要认识到建设人才培养管理体系的重要性。培训活动涉及领导层、人力资源部门、业务部门等众多环节，要建立起科学的培训体系，需要企业从上到下都能认识到培训的重要性，在企业领导层支持的同时，企业内部对信息安全培训的价值要有充分的认同，可以通过会议宣贯、媒体宣传等多种方式，逐步形成建设信息安全人才培训体系的良好氛围。

其次，在完善企业培训组织机构的同时，同时明确培训中的分工和职责，制订计划，培训组织，质量管理等职责落实到位。在企业领导层面，负责从宏观上把握和调控，明确企业发展战略和愿景，并将其准确地传达到各部门；人力资源部门具体负责制订培训目标、培训计划和培训制度，还负责企业培训具体管理工作，如培训前的准备工作，包括安排培训的课程、时间、场所、参加人员以及培训内容等，培训过程中的协调工作以及培训后的评估工作，包括培训效果的评估，培训方水平的评估等。在业务部门层面，把公司的战略目标分解映射到本部门具体职责，根据部门岗位胜任力要求，结合人员技能分析，制定本部门的培训计划。在员工层面，根据公司战略及个人发展规划，提供个人培训需求，按要求参加培训，并可以作为内部讲师，参与新员工内部培训。

当前，组建信息安全红队是国内外通用的做法，企业需要建立一支队伍，能够站在黑客和攻击者的角度，对企业网络安全防护水平进行评估。信息安全红队可以针对智能化电厂控制与管理系统开展渗透攻击，发现漏洞并提出相应的防护建议，并配合系统运维人员共同完善企业网络安全防护体系。企业可以挑选一些具备一定漏洞挖掘、远程渗透、逆向分析能力的员工，并通过专业人才引进、加强专业技能培训、增加对装备采购及研究环境建设的支持，逐步完成企业信息安全红队队伍建设。

最后，制定管理制度和工作流程，培训管理制度包含了企业开展培训整个过程的方方面面、培训各流程中大大小小的各项具体事务，包括相关培训管理办法、培训评估办法、培训考核办法、培训工作流程及相关的表单等内容。在制定培训管理办法时应注意：要与部门的关键业绩考核指标及员工绩效考核相结合；要与员工薪酬福利相结合，激励员工积极参加培训，并努力达到培训目标；要与员工的职业发展相结合，为其提供成长的机会。可以建立培训档案资料库系统，将培训规章制度、培训教材、培训计划、培训考核结果等相关资料录入，以便后续统计分析及培训评估。只有制定合理的培训管理制度，才能实现对员工进行有组织、有计划的培训，实现企业与员工共同发展的目的。

二、培训内容体系建设

企业应合理利用有限的培训资源，实现投入最小化、收益最大化。一方面要根据企业的战略目标，紧紧围绕企业的核心业务，重心向管理人员及核心业务部门人员倾斜；另一方面，可以基于胜任特征分析，根据岗位的核心胜任技能，对目前在岗员工的知识和技能进行对比分析，找出不足，从而可以更加针对性地建立培训计划，取得更好的培训效果。

培训内容体系可以按人员管理流程分为入职培训、在职培训等，同时又可以根据不同业务部门建设相应的培训内容，下面简要列出智能化电厂控制与管理系统的信息安全涉及的部分知识体系内容：

（1）信息安全培训常规内容主要包括信息安全基本概念、法律法规、密码学基础及应用、系统安全、网络安全、应用安全、安全审计、信息安全工程及等级保护等方面基础知识。而具体针对智能化电厂控制与管理系统的信息安全培训，在培训内容中除了要包括以上信息安全基础知识外，还应结合电力行业的特点，增加工业控制系统信息安全防护等内容。主要包括：工业控制系统安全防护要点、网络区域隔离、用户访问操作、网络监控审计等工控系统安全防护基础知识；常见工业控制系统（SCADA、DCS、PLC）的架构以及特点；常见工控协议；工控系统攻击和评估，如常见威胁和漏洞以及如何确定；工控系统安全标准及防护方案；工控系统建设和运维过程中的常见问题。

（2）信息安全培训实操内容可以以典型的网络攻击过程为主线，通过实战演练的形式，学习黑客常用的攻击手段，包括目标系统信息收集、漏洞扫描、常见漏洞利用、上传后门软件、清除入侵痕迹等，以及针对这些攻击手段的防护措施。实操内容应根据电力企业特点，结合信息安全技术的发展及信息安全态势的变化，保持不断更新。

1. 建企业文化培训于无形

培训是指一种有组织的知识传递、技能传递、标准传递、信息传递、信念传递、管理训诫行为，包括有形培训和无形培训两种形式。有形的培训是指有固定的地点、时间和讲师的培训，也即是通常讲的培训。无形培训是指部门领导、专业的骨干员工在平时工作中对下属和同事的指导、培养、技能的传授。无形培训可以深入到平时工作中的点点滴滴从某种意义上讲不但可以直接影响组织的人才培养，而且也有利于优化梯队建设，涉及我们中间的每个人。

做好无形培训要形成一种开放的、知识共享的企业文化。要健全企业文化，必须依赖制度的配合，通过改进企业组织机构和管理制度，建立知识共享激励机制，最终在企业内部形成知识共享的文化氛围，这将有利于员工相互交流和沟通，有利于增强企业的团队合作精神，有利于企业知识更新。企业还应该建立内部知识管理的平台，促进知识的保存、分享和传播。

通过无形培训，既可以节约企业的成本，又有助于企业建立知识共享的新型企业文化。知识经济下企业的竞争，不仅仅是产品、技术的竞争，更是人才的竞争，实质上是学习能力的竞争。知识是企业最重要的资源，只有建设知识共享的学习型组织，提高企业核心竞争力，才能适应当前激烈的竞争。

2. 在线培训理论结合实践

随着信息化的快速发展，网络安全问题更加突出，各企事业单位已认识到信息安全人才培养的重要性。但传统的培训方式存在形式呆板、内容滞后、理论与实践脱节及培训评估较难等问题。而通过在线培训的方式，可以很好地解决以上传统培训存在的问题，同时降低企业人才培养的资金和时间成本。

在线培训可以提供更加丰富的培训内容，在传统的教学课件外，还能提供更加直观的教学视频，在线培训可以很方便地实现信息推送，可以把最新信息安全技术，最新漏洞等知识主动推送给培训人员，这是传统培训无法实现的。

在线培训可以提高培训人员动手操作能力。传统的培训方式比较枯燥，主要以讲解PPT课件的方式为主，很容易让培训人员对各类安全问题的认识和理解仅仅停留在理论知识层面。而在线培训通常提供在线实验平台，每节课都会有一个完全贴近实际环境的实验环境，培训人员可以在实验环境中实际操作来，进一步强化培训培训人员的动手能力，做到理论和实践相结合。

在线培训的形式在培训成果评估方面也存在一定优势，培训人员的考核排名和学习进度可以实时得到。一方面，企业也可以及时掌握培训人员的学习情况，为人员选拔提供了支撑数据；另一方面可以给培训人员带来一定的压力，从而产生积极向上的学习氛围。

从成本控制的角度看，在线培训的优势更加明显。传统的安全培训通常培训地点固定，培训时间较长，而在线培训可以实现随时随地学习，减少了培训场地、培训人员差旅、讲师聘请等费用，培训人员甚至可以利用业余时间，在线学习信息安全相关知识和技能。

随着信息技术发展，企业人才培养会更加依赖在线培训的方式，在线学习将会成为信息安全人才培养的主流模式。

3. *以攻防演练促学以致用*

网络安全的本质是人和人之间的攻防对抗。通过在企业内部安全培训中开展“攻防实战”，结合最新信息安全形势，设计训练实战内容，可以达到学以致用的培训效果，提高信息安全管理人员的攻防能力，增强培训人员对网络知识的兴趣，激励培训人员学习网络攻防技术的积极性，培养培训人员的分析问题解决问题的能力、创新能力和协作精神，并借此培养培训人员的实践能力，提网络安全保障能力。

攻防演练组织方式上一般包括攻击演练组（红队）和防御演练组（蓝队），蓝队主要任务是严格防御由红队对智能化电厂控制与管理系统及相关边界开展的实战攻击，依据安全防护有关文件、标准和方案做好安全防护工作。并根据攻防相关结果，对系统进行安全加固和防御。通过这种竞技性和实用性很高的网络安全对抗，有利于企业全面排查信息系统安全隐患，准确调查信息安全事件，检验企业关键信息系统应对网络安全攻防的能力，及时消除信息安全威胁，促进企业信息安全的防御工作，进一步提升了信息安全人员的工作技能水平及整体安全防护水平。

攻防演练一般采用在线解题、夺旗竞速、攻防兼备等模式对培训人员的单项攻防技术、综合渗透能力、防御能力进行全面考核及锻炼。

（1）在线解题。在线解题模式，以信息安全知识和专项网络攻防技术为考点，培训人员以答题的形式进行比赛。系统可根据题目难度设置分值，培训人员以解答题目的分值和完成时间来排名。这种模式可以考察培训人员理论知识和专项攻防技术的掌握程度。在线解题模式一般包含两种考题，一种为传统理论答题，题目形式为选择题或填空题。另一种为在线 CTF 答题，培训人员通过直接访问靶机或者下载相关题目文件进行解题。在线解题的题目内容主要涉及 Web，密码学，软件加密解密、溢出、编程、逆向、信息隐藏等。

（2）夺旗竞速。夺旗竞速模式，给培训人员提供真实网络环境的网站或环境，所有培训人员同时对此环境进行渗透，只有经过层层渗透，破解多个技术难题后，才能拿到最终答案（flag）。此模式主要考察培训人员的综合网络攻防能力。夺旗竞速场景难度一般分为初级、中级、高级三个级别。夺旗竞速题目内容涉及社工、弱口令、信息收集、Linux/数据库提权、ipc 破解、Hash 抓取、SQL 注入、缓冲区溢出等。夺旗赛如图 7.1 所示。

信息安全所涵盖的知识面非常庞大，通常情况下，很少有个人可以熟练地掌握每一个信息安全知识点。所以，通过组织夺旗竞速的比赛形式，通过不同知识领域的分类，可以非常方便地选拔出哪些选手在哪些领域具有非常高的造诣，或具有一定的发展空间。夺旗竞速模式是当前信息安全人才选拔的基础，也是对于知识学习成果的一种考核手段。

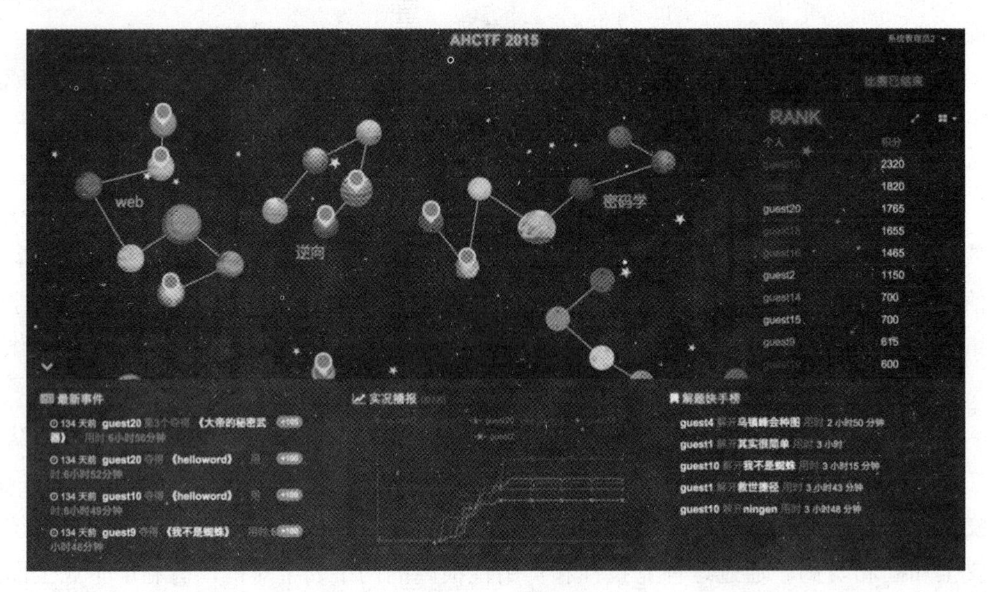

图 7.1　夺旗赛

（3）闯关赛。结合我国各类安全竞赛形式，目前已形成一种富有中国特色的竞赛形式——闯关赛。与 CTF 夺旗赛不同的是，闯关赛在目标靶机中提供了覆盖操作系统、数据库系统、Web 应用系统、中间件系统五大类型的题目。每个类型作为一道关卡，参赛队伍在解题过程中，需要层层突破，从第一道关卡渗透到第五道关卡，最终率先顺利解完第五道关卡的参赛队伍获得最好的成绩。通过此类竞赛形式，可以实际考验参赛队伍对于网络安全不同层面知识的理解以及实战水平的高低。闯关赛如图 7.2 所示。

图 7.2　闯关赛

因为闯关赛需要各种信息安全知识配合完成，所以现在常见的比赛都是以团队形式进行，不同人员之间配合完成题目的解答，才有可能闯完所有的关卡。通过组织这样的比赛，可以磨合团队内部人员的配合程度，提高团队的实战水平。

（4）攻防对抗。与传统网络安全培训的人机攻防不同，该模式下培训人员互为攻击方和防守方，实现真正的网络攻防对抗。培训人员在攻防兼备模式下既要防守自己服务器，也要攻击其他的服务器。此模式全面考察培训人员攻击和防御水平。攻防兼备题目内容涉及越权访问、网站渗透、缓冲区溢出、代码审计、弱口令、逆向、插件漏洞等。

攻防演练的培训方式可以提供生动形象的展示界面，将演练过程中的所有攻防行为以可视化的方式展示，将无形的攻防操作行为以有形、趣味的方式展示。通过可视化界面展示，使所有参与攻防演练的人员能够感受到攻防演练的激烈程度以及各参演队伍的攻防进度。

三、培训保障体系建设

培训保障体系是企业保障培训实施与管理所涉及的其他环节或内容，可以把它分为软件系统和硬件系统两个部分，软件系统是指培训管理的流程、政策以及制度等，而硬件系统是指培训的设施、设备、培训管理系统等。培训保障体系能够保证培训工作有效组织和落实、并通过跟踪和评估，实现不断改进，体现培训价值。很大程度上决定着信息安全人才培养能否达到预期效果。

1. 软件系统

培训制度主要包括培训质量监督和评估制度等。培训工作要想取得好的效果，就必须得到全体员工的支持，获得支持除了宣传推广外，应建立一系列的制度，用制度的力量去约束员工。要使得员工认识到培训不仅是一种权利，也是一种责任。

培训质量监督主要包括对人才培养制度制定和落实的监督、对培训考核情况的监督、对培训计划实施情况的监督及对培训档案管理情况的监督等。培训质量评估，就是在公正公平的原则指导下，结合相关制度标准和法规，合理制定质量评估标准。信息安全人才培养教学的质量评估，是一种对培训效果的综合性评估，可通过直接评估、间接评估和现场评估等形式，对参训人员的行为态度、学习效果、实际改进等方面展开动态评估。

培训评估主要包括课程评估和培训效果。课程评估又可以分为课程内容评估和授课效果评估。课程内容评估主要是评估课程内容是否与培训目标相吻合，是否体现了培训的目标。授课效果评估主要是评估讲师的授课技巧和演绎方式是否能被培训人员所接受，可以采用问卷调查的方式进行评估。

做好培训效果的评估是非常重要的，通过对培训效果进行评估，可以对培训体系、培训计划等提出相应的改进意见，通过总结和分析，发现问题所在，从而完善培训体系及培训计划。通过不断计划、实施、评估、改进的良性循环，可以有效保障企业培训体系健康发展。

2. 硬件系统

硬件保障体系主要包括完成智能化电厂控制与管理系统信息安全培训所需的培训场地、工控信息安全靶场所需的软硬件设备等。

建设工控信息安全靶场，一方面，根据智能化电厂控制与管理系统信息安全防护要求，构建与电力生产相一致的信息安全防护体系，为智能化电厂控制与管理系统攻防对抗演练及安全漏洞挖掘等工作提供完善的实验条件；另一方面，根据智能化电厂控制与管理系统攻击行为特点，建立网络攻击行为分析模型，实现攻击行为监测分析，形成对于电力工控系统特定攻击行为的监测预警能力。通过智能化电厂控制与管理系统信息安全靶场建设，可以为智能化电厂攻防对抗培训、重大信息安全隐患发现、安全加固等工作提供硬件环境。

工控信息安全靶场可以采用虚拟现实、沙盘和实物等实现方式。

虚拟展示主要技术有虚拟现实、增强现实、混合现实，形式比较新颖，但对内容展示的效果目前还不理想。作为攻防展示，可以对提前规划好的攻防案例进行 3D 建模，将发现的工控漏洞及危害同现实环境进行虚拟融合，将攻防成果在虚拟现实中重现。但随着工控安全漏洞的暴露以及攻防案例的更新，虚拟建模需要专业人员进行内容维护，其建模工作量较大，展示内容的更新难度较高。

沙盘展示可以将电力工控相关系统及设备按比例缩小，集中布置，可保持业务流程完整性，有较高的可视性。但其对攻防展示的效果在形式上比较呆板，可通过增加语音解说和视频增加其展示的效果。

真型设备实物展示直观、真实，用来展示信息安全攻防效果，可获得比较震撼的展示效果。但这种展示方式，在场地和投资方面要求都比较高，而且当技术进步和更新换代时设备要不断更新。

从以上情况来看，工控信息安全靶场宜采用模拟环境和真型设备相结合的原则来设计展示环节。例如电力生产的各环节其二次系统，尽可能采用真型设备，而作为控制对象的电力一次设备，则可以考虑采用类似沙盘的技术进行展示。待虚拟现实、全息影像等技术更加成熟、更加便于应用时，再将其增加为实验室的展示手段，可提高展示的先进性。

四、培训激励体系建设

企业应建立有效的培训激励机制，通过激励机制有效调动员工参与培训的积极性，对参加培训并取得较好成绩的员工应给予适当奖励，激励的形式可以表现为物质激励和精神激励。但同时，对参加培训但成绩不合格的员工也要有相应的考核处理。

物质激励是指运用物质的手段使受激励者得到物质上的实惠（如资金、奖品等），感受到努力得到认可，从而进一步调动其积极性、主动性和创造性。

精神激励即内在激励，是指精神方面的无形激励，包括向员工授权，对员工工作绩

效的认可，公平、公开的晋升制度，提供学习和发展，进一步提升自己的机会，实行灵活多样的弹性工作时间制度以及制定适合每个人特点的职业生涯发展道路等。精神激励是一项深入细致、复杂多变、应用广泛，影响深远的工作，它是管理者用思想教育的手段倡导企业精神，是调动员工积极性、主动性和创造性的有效方式。

第八章

发电厂控制与管理系统信息安全防护实践

电力是我国重要的基础产业，电力系统主要是由发电、输电、变电、配电、用电和调度六大部分组成，其中发电企业是整个电力系统中最重要的部分之一。但近年来，如 Stuxnet（震网）、Duqu（毒区）、Flame（火焰）、Night-dragon（夜龙）等通过主机和网络，利用协议篡改和控制设备漏洞攻击工控系统的安全事件越来越多，导致设备受损、生产瘫痪。这些针对工控设备的攻击破坏力之大，影响范围之广使得工控系统的信息安全开始受到重视。在此形势下，工业和信息化部电子工业标准化研究院组织了 GB/T 32919—2016《信息安全技术 工业控制系统安全控制应用指南》等工业控制系统与信息安全系列国家标准的制定，并基于这些国家标准研制工作基础上，为做好工业控制系统信息安全保障体系建设工作，工业和信息化部电子工业标准化研究院信息安全研究中心通过与中国自动化学会发电自动化专业委员会协调，在发电厂进行"工业控制与信息系统安全标准体系与防护建设"试点，选择了两家单位开展了国家标准应用、标准符合性评估和工控系统信息安全防护试点工作。通过实施前的评估、充分分析两家电厂中控制系统面临信息安全的威胁后，提出了适用于两家电厂工控系统信息安全的防护方案，从网络防护、协议安全性、设备防护等角度出发，进行了针对电厂的工控系统信息安全防护体系的研发和建设实践。以全面提升发电企业漏洞发现、隐患防范、风险评估能力，形成发电行业的示范效应。

第一节　控制与管理系统信息安全现状评估

电厂 1 一期工程为 2×1000MW 超超临界机组，其 DCS 采用爱默生公司的 OVATION 系统，全厂辅控系统 PLC 采用施耐德昆腾系统，SIS 采用 PI 实时历史数据库。

电厂 2 三期工程为 2×660MW 超超临界机组，全厂 DCS 采用爱默生公司的 OVATION 系统，部分辅控系统 PLC 采用施耐德昆腾系统，SIS 系统采用 PI 实时历史数据库。

试点发电厂基本实现了发电控制网络化、数字化、信息化，其安全防护体系的建设

和其他电厂一样，遵循了经典的十六字方针，即“安全分区、网络专用、横向隔离、纵向认证”。各控制系统主要是针对专有的封闭环境而设计，只用于控制各个生产过程，保证了各自系统的独立。这样的建设方案主要为了满足电厂工控系统的可靠性要求，在物理环境上的实现独立和隔离，但还不满足国家关于工控系统信息安全防护的要求措施的需要。

为充分了解试点发电厂工控网络与信息安全现状，对试点发电厂进行了评估。

一、评估概述

1. 符合性评估范围

符合性评估的范围为全厂系统，包括分散控制系统、厂级监控系统、网络监控系统、MIS 系统。

（1）分散控制系统。包括 2 号单元机组 DCS、全厂化学水处理、除尘、脱硫控制系统、燃料处理控制系统等，用于集中控制全厂发电设备的运行。

（2）厂级监控系统。包括采集所有控制系统的实时数据、建立高效压缩长期存储实时历史数据库，并以此为基础，实现厂级生产过程监视和管理、机组负荷优化分配、厂级性能计算和分析等基本功能，以及主机和主要辅机故障诊断、设备寿命计算和分析、主要设备状态（泄漏、磨损等）检测和计算分析等功能，并向电厂管理信息系统提供过程数据和计算、分析结果，自动产生各类报表以满足电厂对于生产过程的管理要求，确保机组安全、高效运行。

（3）网络监控系统。包括对电力网络电气设备的安全监控；满足电网调度自动化要求，完成遥测、遥信、遥调、遥控等全部的远动功能；电气参数的实时监测，也可根据需要实现其他电气设备的监控操作；AGC、AVC 功能等。

（4）MIS 系统（略）。

2. 符合性评估工作目标

为落实国家主管部门关于加强工业控制系统信息安全（简称工控安全）保障能力建设的相关要求，前期工信部电子四院积极组织专业技术力量，联合国家信息技术安全研究中心等单位，开展了工业控制系统信息安全方面的系列国家标准研制工作，有些已发布（如 GB/T 32919—2016《工业控制系统安全控制应用指南》）、有些在制定进行中（如《工业控制系统安全管理基本要求》《工业控制系统安全分级规范》等，已完成征求意见稿），正在逐步健全工业控制系统信息安全标准体系。

根据国家政策、电力行业政策和 GB/T 32919—2016《信息安全技术 工业控制系统安全控制应用指南》，开展标准符合性评估工作。通过认真研究和讨论工控系统信息安全国家标准，结合试点发电厂信息安全防护工作经验，健全符合企业自身安全需求的工业控制系统信息安全保障体系（包括管理、技术、运维、标准），再对发电厂的工控与信息系统整体的运行情况进行符合性评估，去发现可能存在的隐含漏洞，共同研究信息安全策略和解决方案，以提高电厂运行可行性，对可能出现的网络攻击切实起到随时防止作用，杜绝或有效降低信息安全事故发生概率。

在上述工作基础上，制定发电厂工控与信息系统安全防护体系评估细则，为发电厂全面开展本项工作提供指导。

二、符合性评估工作内容

电子标准院和试点发电厂根据 GB/T 32919—2016 相关要求，对标准符合性评估工作统一安排，结合工作实际，制定工作流程。

工作流程分为 5 个阶段，包括规划阶段、评估阶段、设计阶段、实施阶段、验收阶段。具体流程如图 8.1 所示。

（一）规划阶段

（1）成立工作组。包括领导小组、工作小组、专家组，见表 8.1。

表 8.1　　职责分工表

序号	参与单位	任务分工	备注
1	领导小组	（1）协调公司相关资源为项目提供支持； （2）审核项目文件； （3）审批体系文件	
2	工作小组	（1）负责项目的策划及实施方案的制定； （2）组织协调项目相关部门开展工作； （3）组织评估和整改（PDCA）； （4）组织制定和制度化的工业控制系统信息安全管理文件，构建符合自身安全需求的工业控制系统信息安全管理体系； （5）组织 ICS 信息安全培训	
3	专家组	（1）专家组协调相关专家，提供项目相关技术支撑和指导； （2）组织项目方案评审，提出最佳方案； （3）实施标准符合性评估，项目实施效果检查	

（2）标准和评估系统宣贯培训。组织工作组成员接受国家标准 GB/T 32919—2016 和标准符合性评估系统的宣贯、培训、学习，支撑该发电厂工控安全保障工作需要。

（3）标准符合性评估方案研制。明确标准符合性评估对象，从工业控制系统信息安全管理、安全技术和安全运维等角度制定全面的标准符合性评估方案。

1）安全管理。包括企业制度建立及落实、责任明确及落实、人员安全管理、资产安全管理、供应链安全管理、外包服务管理、业务连续性管理、宣传教育培训和安全经费保障等方面。

2）安全技术。包括物理环境安全防护、信息安全防护、网络设备安全防护、安全设备安全防护、服务器安全防护、终端计算机安全防护、存储介质安全防护、重要数据安全防护等方面。

3）安全运维。包括业务连续性管理制度、信息安全事件应急预案、信息安全事件应急技术支撑队伍及物资保障、灾难备份恢复、重大信息安全事件处置等方面。

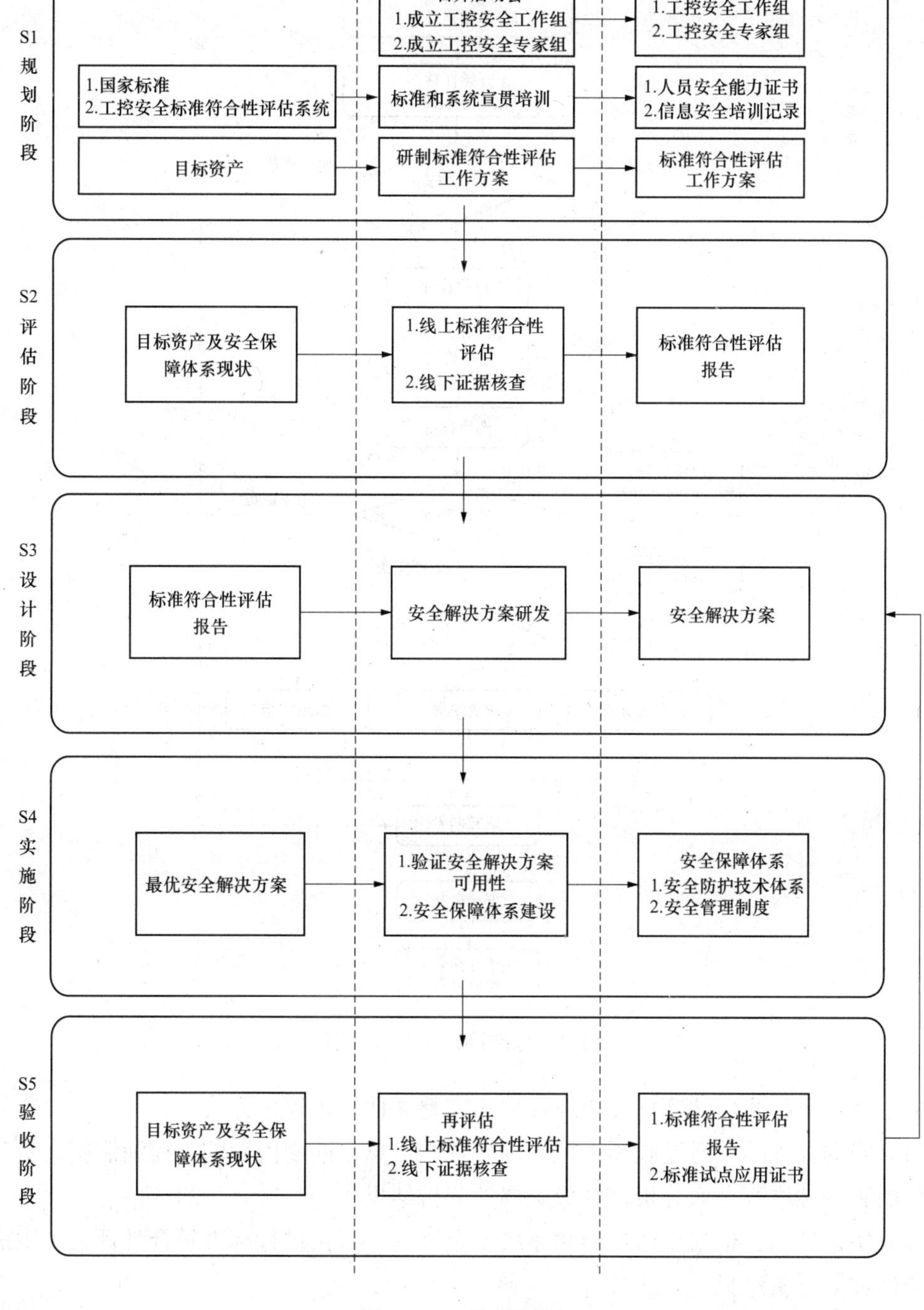

图 8.1　评估工作流程

（二）评估阶段

1. 在线评估

结合试点发电厂的实际情况，利用工业控制系统标准符合性评估系统，对该发电厂做出标准符合性评估，具体评估流程如图 8.2 所示。

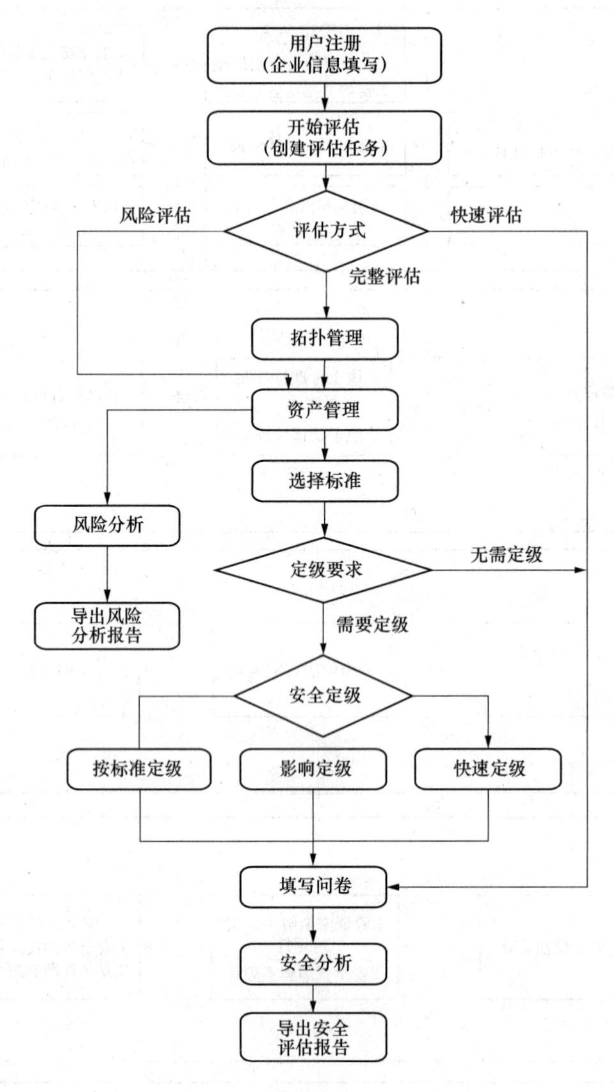

图 8.2　标准符合性评估流程

评估系统包括脆弱性评估、快速评估和完整评估三种评估方式。

（1）脆弱性评估。通过收集工控软硬件资产信息，匹配内置的工控漏洞库，对工控软硬件的脆弱性进行全面分析，生成脆弱性分析结果。

（2）快速评估。依据默认标准和系统安全级别，直接进行标准符合性评估，生成标准符合性评估分析结果。

（3）完整评估依据拓扑管理、资产管理、系统安全定级结果，进行标准符合性评估，生成标准符合性评估分析结果。

2. 证据核查

证据核查须结合线上证据填报进行现场审核，核查人员须收集安全管理、安全技术和安全运维等方面的证据信息，判断企业现场证据和线上证据的一致性。

核查内容至少应包括：

（1）系统基本情况检查。

1）基本信息梳理。查阅信息系统规划设计方案、安全防护规划设计方案、网络拓扑图等相关文档，访谈信息系统管理人员与工作人员，了解掌握系统基本信息并记录结果，包括：

a．主要功能、部署位置、网络拓扑结构、服务对象、用户规模、业务周期、运行高峰期等。

b．业务主管部门、运维机构、系统开发商和集成商、上线运行及系统升级日期等。

c．定级情况、数据集中情况、灾备情况等。

2）系统特征分析。查看系统规划设计方案、安全防护规划设计方案、网络拓扑图等，核实系统的实时性、服务对象、连接互联网情况、数据集中情况、灾备情况等基本情况，记录检查结果。

3）系统构成情况梳理。

a．主要硬件构成：重点梳理主要硬件设备类型、数量、生产厂商（品牌）情况，记录结果。硬件设备类型主要有服务器、路由器、交换机、防火墙、终端计算机、磁盘阵列、磁带库及其他主要安全设备。

b．主要软件构成：重点梳理主要软件类型、套数、生产厂商（品牌）情况，记录结果。软件类型主要有操作系统、数据库、公文处理软件及主要业务应用系统。

（2）网络安全管理情况检查。安全管理工作情况检查包括制度建立及落实、责任明确及落实、人员安全管理、资产安全管理、供应链安全管理、外包服务管理、业务连续性管理、宣传教育培训和安全经费保障九个方面情况的检查。

1）制度建立及落实情况。

a．网络安全管理制度建立：访谈安全主管，了解信息安全管理制度建立情况，检查网络安全管理制度体系是否健全；查阅网络安全相关管理制度文档，检查是否涵盖了网络安全相关人员的职责及人员履职管理、资产管理、介质管理、供应链管理、外包服务管理、业务连续性管理、宣传教育培训管理等方面。

b．网络安全管理制度发布：检查网络安全管理制度是否以正式文件等形式发布；检查发布前是否按照发布管理程序进行评审和审批。

c．网络安全管理制度落实：查阅相关管理制度的执行记录，检查管理制度落实情况。

2）责任明确及落实情况。

a．网络安全主管领导：访谈主管领导，查阅领导分工或委任、授权等文件，检查是否明确了网络安全主管领导；查阅相关工作批示、会议记录等，检查是否明确了网络安全主管领导的职责；查阅网络安全相关工作批示、会议记录等，检查网络安全主管领导的履职情况。

b．网络安全管理机构：访谈网络安全主管，查阅本单位各内设机构职责分工等文件，检查是否指定了网络安全管理机构（如工业和信息化部指定办公厅为网络安全管理机构），是否下设专职处室，是否明确了机构的网络安全管理职责；查阅相关文件、工作批示、会议记录等，检查是否明确了管理机构的网络安全管理职责；查阅相关工作计划、工作方案、规章制度、监督检查记录、宣传教育培训记录等文档，检查网络安全管理机构的履职情况。

c. 网络安全人员配备：查阅网络安全员列表，检查是否每个内设机构都指定了专职或兼职网络安全员；查阅岗位责任等文档，检查是否明确了网络安全员的职责；访谈网络安全员，检查其网络安全意识和网络安全知识、技能掌握情况；查阅相关工作计划、报告、记录等文档，检查网络安全员日常工作开展情况。

3）员工安全管理情况。

a. 员工岗位责任制度建立及落实：访谈安全主管，了解是否建立了岗位网络安全责任制度；查阅岗位网络安全责任制度文件，检查系统管理员、网络管理员、网络安全员、一般工作人员等不同岗位的网络安全责任是否明确；查阅网络安全事件处理记录及责任查处等文档，检查是否发生过因违反制度规定造成的网络安全事件，是否对事件进行查处，是否对相关责任人进行处置。

b. 人员上岗、离岗管理：访谈安全主管，了解是否建立了人员上岗、离岗管理制度文件；访谈部分重点岗位人员，检查其对网络安全责任的了解程度，上岗前是否进行相关教育和培训、考核；检查重点岗位人员网络安全与保密协议签订情况；检查是否有终止离岗人员系统访问权限，收回其软硬件设备、身份证件、门禁卡和UKey等的记录；检查离岗人员安全保密承诺书签署情况；查阅信息系统账户，检查离岗离职人员账户访问权限是否已被终止。

c. 外来人员管理：查阅外部人员访问机房等重要区域的审批制度文件，检查是否有访问审批、人员陪同、活动记录等要求；查阅访问审批记录、访问活动记录，检查记录是否清晰、完整。

4）资产安全管理情况。

a. 资产管理制度建立及落实:查阅资产管理制度文档，检查是否建立了资产管理制度；查阅相关管理制度文档，检查是否有设备维修维护和报废管理规定；查阅相关记录，检查设备维修维护和报废管理规定落实情况。

b. 资产管理人员：查阅机构岗位设置相关文档，检查是否明确专人负责资产管理；访谈资产管理，检查其对资产管理制度和日常工作职责的了解情况。

c. 资产台账（清单）：查阅资产台账（清单），检查资产台账（清单）是否完整，内容是否包括：设备名称、设备编号、设备类型、设备重要程度/密级、设备状态、责任部门、责任人等；查阅资产领用记录，检查资产是否按规定发放和归还；随机抽取资产台账（清单）中的部分设备登记信息，查阅是否有对应的实物，实物上是否有名称、编号、类型、重要程度/密级、责任部门、责任人等信息；随机抽取一定数量的实物，查阅其是否纳入资产台账（清单），确认账物是否相符。

5）供应链安全管理情况。

a. 供应链安全管理制度：查阅供应链安全管理制度，检查内容是否包含供应厂商选择，供应链控制管理，网络安全产品、服务采购管理等规定。

b. 供应厂商选择：查阅网络安全产品、服务供应商列表，了解供应厂商情况；检查是否与供应厂商签订服务合同、安全责任合同书或保密协议等。

c. 网络安全产品获取：查阅网络安全产品清单，随机抽取网络安全产品，检查其是否有国家统一认证的证明材料，如中国信息安全认证中心颁发的信息安全产品认证证书；对比资产台账及采购清单，检查台账中是否有捐赠的网络安全产品；检查使用中的受赠网络安全产品，是否有安全测评报告以及与捐赠方签订的信息安全与保密协议。

d. 网络安全服务获取：查阅开发、集成、运维、测评等网络安全服务合同，检查是否有非国内企业提供网络安全服务的情况。

6）外包服务管理情况。

a. 外包服务安全管理制度：查阅相关制度文档，检查是否有网络技术外包服务安全管理制度。

b. 外包服务安全管理：查阅网络技术外包服务合同及网络安全与保密协议，检查网络安全责任是否清晰；查阅外包人员现场服务记录，检查记录是否完整（包括：服务时间、服务人员、陪同人员、工作内容、完成情况等信息）；访谈系统管理员和工作人员，查阅安全测评报告，检查外包开发的系统、软件上线前是否进行过网络安全测评，采取的方式；查阅外包服务合同及技术方案等文档，检查是否采用远程在线方式进行运维服务；如采用远程在线运维服务方式，检查是否对安全风险进行了充分评估并采取了书面审批、访问控制、在线监测、日志审计等安全防护措施进行安全风险控制。

c. 外包服务机构：访谈系统管理员，了解本单位是否采用外包服务；查阅相关文档、记录，了解外包服务机构的情况。

7）安全经费保障情况。

a. 网络安全经费预算：会同本单位财物部门人员，查阅上一年度和本年度预算文件，检查年度预算中是否有网络安全相关费用。

b. 网络安全经费投入：查阅相关财务文档和经费使用账目，检查上一年度网络安全经费实际投入情况、网络安全经费是否专款专用。

（3）技术防护情况检查。

1）物理环境安全防护情况。

a. 机房安全防护：查阅机房设计、改造、施工等相关文档，检查机房防盗、防雷、防火、防水、防潮、防静电、电磁防护等措施，并进行现场核查；现场检查机房备用电源、温湿度控制、电磁防护等安全防护设施的运行情况。现场检查机房的物理访问控制措施，确认配备门禁系统或有专人值守。

b. 办公环境安全防护：现场抽查办公环境重要区域物理访问控制措施，确认配备门禁系统且有效运行；现场抽查办公环境人员行为，检查是否存在不规范的情况，如：

在办公区接待来访人员，工作人员离开座位时未退出终端计算机登录状态、桌面上遗留包含敏感信息的纸档文件等。

2）网络安全防护情况。

a．技术防护体系架构：查阅网络设计/验收等文档，现场核查交换机 VLAN 划分和网段 IP 配置情况等，检查是否根据承载业务的重要性对网络进行分区分域管理；查阅网络拓扑结构，检查是否将重要网段部署在了网络边界处；查阅网络拓扑图，现场核查是否采取必要的技术措施对不同安全域之间实施访问控制；查阅网络拓扑图，现场核查网络安全设备部署位置、设备类型、功能等情况，检查网络安全设备部署是否合理。

b．边界安全防护：查阅网络拓扑图，检查重要设备连接情况，现场核查内部办公系统等非涉密系统的交换机、路由器等网络设备，确认以上设备的光纤、网线等物理线路没有与互联网及其他公共信息网络直接连接，有相应的安全隔离措施；查阅网络拓扑图，检查接入互联网情况，统计网络外联的出口个数，检查每个出口是否均有相应的安全防护措施（互联网接入口指内部网络与公共互联网边界处的接口，如联通、电信等提供的互联网接口，不包括内部网络与其他非公共网络连接的接口）；查阅网络拓扑图，检查是否在网络边界部署了访问控制、入侵检测、安全审计、非法外联检测、恶意代码防护等必要的安全设备。

c．网络安全监控、审计及问题处理：查阅网络安全监控日志（重点是互联网访问日志）及其审计分析报告，检查日志分析周期、日志保存方式和保存时限等；查阅网络安全监控及其审计分析、问题处理报告，检查是否对发现的风险或问题进行及时处理，处理原则是什么。

3）网络设备安全防护情况。

a．身份鉴别和访问控制：访谈安全主管，抽查网络设备，检查是否实施了权限分离和最小权限策略；尝试网络设备管理员账号登录，查看是否采取登录失败处理措施，如结束会话、限制失败登录次数、当登录连接超时自动退出等；查阅网络设备配置文件，检查网络设备是否采用安全的方式进行远程管理；尝试通过 Telnet、Web 等方式登录网络设备，检查是否存在不安全的远程管理途径。

b．安全策略配置：检查网络设备口令策略配置情况，包括口令强度和更新频率，检查是否存在可用的调试账号；检查网络设备配置文件，检查是否实现了开放端口最小化以及最小服务配置；查阅相关文档、记录等，检查是否具对配置文件进行定期离线备份。

c．系统更新升级：核查网络设备系统版本，检查其是否及时对网络设备进行系统升级和打补丁；查阅相关文档、记录等，检查升级前是否对重要文件（如账户数据、设备配置等文件）进行备份。

d．安全监控、审计及问题处理：检查网络设备是否启用审计功能；查阅网络设备日志及其审计分析报告，检查日志分析周期、日志保存方式和保存时限等；查阅网络设备日志及其审计分析、问题处理报告，检查是否对发现的风险或问题进行及时处理，处

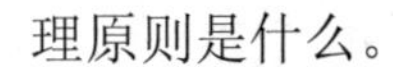

理原则是什么。

e. 脆弱性检测：查阅网络设备漏洞扫描报告，查看其内容是否包含网络设备存在的漏洞、严重级别、影响、处置方式和处理结果等内容，报告的时间间隔是多长；利用相关工具对网络设备实施扫描，检测是否存在安全漏洞。

4）安全设备安全防护情况。

a. 身份鉴别和访问控制：访谈网络安全主管，抽查安全设备，检查是否实施了权限分离和最小权限策略；尝试安全设备管理员账号登录，查看是否采取登录失败处理措施，如结束会话、限制失败登录次数、当登录连接超时自动退出等；查阅安全设备配置文件，检查安全设备是否采用安全的方式进行远程管理；尝试通过 Telnet、Web 等方式登录安全设备，检查是否存在不安全的远程管理途径、权限分离、最小权限。

b. 安全策略配置：检查安全设备口令策略配置情况，包括口令强度和更新频率，检查是否存在可用的调试账号；检查安全设备配置文件，检查是否实现了开放端口最小化以及最小服务配置；查阅相关文档、记录等，检查是否具对配置文件进行定期离线备份。

c. 更新升级：核查安全设备系统、恶意代码库、补丁版本等，检查其是否及时对安全设备进行系统、恶意代码库和补丁更新升级；查阅相关文档、记录等，检查升级前是否对重要文件（如账户数据、设备配置等文件）进行备份。

d. 安全监控、审计及问题处理：检查安全设备是否启用审计功能；查阅安全设备日志及其审计分析报告，检查日志分析周期、日志保存方式和保存时限等；查阅安全设备日志及其审计分析、问题处理报告，检查是否对发现的风险或问题进行及时处理，处理原则是什么。

e. 恶意代码和脆弱性检测：查阅安全设备恶意代码检测报告，查看其内容是否覆盖了详细的恶意代码情况，其中包括存在的恶意代码、类型、影响、处置方式和处理结果等内容，报告的时间间隔是多长；查阅安全设备漏洞扫描报告，查看其内容是否包含安全设备存在的漏洞、严重级别、影响、处置方式和处理结果等内容，报告的时间间隔是多长；利用相关工具对安全设备实施恶意代码扫描，检测存在的恶意代码；利用相关工具对安全设备实施漏洞扫描，检测存在的安全漏洞。

5）服务器安全防护情况。

a. 身份鉴别和访问控制：访谈网络安全主管，抽查服务器，检查是否实施了权限分离和最小权限策略；尝试服务器管理员账号登录，查看是否采取登录失败处理措施，如结束会话、限制失败登录次数、当登录连接超时自动退出等；查阅服务器配置文件，检查服务器是否采用安全的方式进行远程管理；尝试通过 Telnet、Web 等方式登录服务器，检查是否存在不安全的远程管理途径。

b. 安全策略配置：检查服务器口令策略配置情况，包括口令强度和更新频率，检查是否存在可用的调试账号；检查服务器配置文件，检查是否实现了开放端口最小化以及最小服务配置；查阅相关文档、记录等，检查是否具对配置文件进行定期离线备份。

c．恶意代码防护：检查安装恶意代码防护工具的情况；核查恶意代码库版本，检查其是否及时对恶意代码库进行更新升级。

d．系统更新升级：核查服务器系统和补丁版本等，检查其是否及时对服务器进行系统和补丁进行更新升级；查阅相关文档、记录等，检查升级前是否对重要文件（如账户数据、设备配置等文件）进行备份。

e．安全监控、审计及问题处理：检查服务器设备是否启用审计功能，审计策略覆盖是否全面；查阅服务器日志及其审计分析报告，检查日志分析周期、日志保存方式和保存时限等；查阅服务器日志及其审计分析、问题处理报告，检查是否对发现的风险或问题进行及时处理，处理原则是什么。

f．恶意代码和脆弱性检测：查阅服务器恶意代码检测报告，查看其内容是否覆盖了详细的恶意代码情况，其中包括存在的恶意代码、类型、影响、处置方式和处理结果等内容，报告的时间间隔是多长；查阅服务器漏洞扫描报告，查看其内容是否包含服务器存在的漏洞、严重级别、影响、处置方式和处理结果等内容，报告的时间间隔是多少；利用相关工具对服务器实施恶意代码扫描，检测存在的恶意代码；利用相关工具对服务器实施漏洞扫描，检测存在的安全漏洞。

6）终端计算机安全防护情况。

a．安全管理方式：访谈网络安全主管，了解终端计算机安全管理方式；查看集中管理服务器，抽查终端计算机，检查是否部署了终端管理系统或采用了其他集中统一管理方式对终端计算机进行集中统一管理，包括软硬件安装、系统升级、补丁升级、恶意代码工具安装和库升级、安全审计、移动存储介质接入实施控制等。

b．互联网接入安全控制：访谈网络管理员和工作人员，检查是否采取了实名接入认证、IP 地址与 MAC 地址绑定等措施对接入本单位网络的终端计算机进行控制；将未经授权的终端计算机接入网络，测试是否能够访问互联网，验证控制措施的有效性。

c．单机抽查：抽查终端计算机，检查是否擅自更改软硬件配置，是否擅自安装软件；使用终端检查工具或采用人工方式，抽查终端计算机是否配置了口令策略，口令具有一定的强度，并定期更换；抽查终端计算机，检查是否开放了不必要的端口，启用了不必要的服务；抽查终端计算机，检查是否安装了恶意代码防护工具，是否及时对恶意代码库进行更新升级；抽查终端计算机，检查是否及时对终端计算机进行系统和补丁进行更新升级；抽查终端计算机，检查是否有单台设备跨网使用的情况。

d．安全审计及问题处理：查阅审计记录，检查是否对终端计算机进行安全审计，是否及时对发现的问题进行处置。

e．恶意代码和脆弱性检测：利用相关工具抽样对终端计算机实施恶意代码扫描，检测存在的恶意代码；利用相关工具抽样对终端计算机实施漏洞扫描，检测存在的安全漏洞。

f．非涉密计算机存储和处理国家秘密信息检测：使用计算机违规检查和取证工具，检查是否使用非涉密计算机处理涉密信息，是否在非涉密计算机上使用了涉密移动介质。

7）存储介质安全防护情况。

a．存储介质安全管理：访谈网络安全主管，查阅相关管理制度文档，检查是否建立存储介质安全管理制度；查阅相关资产台账（清单），检查是否对存储介质进行分类、分级标识；查阅相关记录，检查是否对移动存储介质进行统一管理，包括统一领用、交回、保存、维护、报废、销毁等；查阅设备台账（清单）及实物，检查是否配备了有效的电子信息清除和介质销毁设备。

b．大容量存储介质安全防护：访谈网络管理员，核查相关工作记录、设备运行日志等，检查是否存在远程维护存储阵列、磁带库等大容量存储介质的情况，对采取的远程维护方式，检查是否有相应的安全风险控制措施；查阅网络拓扑，核查光纤、网线等物理线路连接情况，检查是否存在存储阵列、磁带库等大容量存储介质无防护措施直接连接互联网及其他公共信息网络的情况，是否有对外联采取相应的安全风险控制措施。

c．移动存储介质安全防护：抽查移动存储介质，检查是否存在非涉密移动存储介质存储涉及国家秘密信息的情况；抽查非涉密计算机，检查是否存在非涉密计算机上使用涉密移动存储介质的情况；抽查服务器和办公终端计算机，检查恶意代码查杀工具是否开启了移动存储介质接入自动查杀功能。

8）重要数据安全防护情况。进行存储、传输的保密性与完整性检查：

a．登录数据存储设备、数据库管理系统，检查是否对重要数据进行了分区分域存储或加密存储；

b．检查是否对重要数据传输进行加密和完整性校验；

c．检查是否对重要数据进行异地备份；

d．访谈网络安全主管，查阅相关文档、记录，检查在采用系统设计、开发、集成、运维，数据处理、备份，灾难恢复，系统托管，安全测评等外包服务过程中，是否将重要数据提交给境外机构。

（4）应急工作情况检查。

1）业务连续性管理制度。访谈网络安全主管，查阅相关文档，检查是否制定了业务连续性管理制度。

2）网络安全事件应急预案。

a．查阅相关文档，检查是否制定了网络安全事件应急预案，应急预案是否包括工业控制系统安全方面的内容，确认企业是否明确应急处置流程和临机处置权限；

b．查阅相关文档、记录等，检查是否根据实际情况对网络安全事件应急预案进行评估和修订，间隔周期是多长；

c．查阅宣贯培训材料和记录，检查是否开展网络安全事件应急预案宣贯培训；访谈系统管理员、网络管理员和相关工作人员，检查其对应急预案的熟悉程度；

d．查阅应急演练计划、方案、记录、总结等文档，检查本年度是否开展了应急演练，应急演练结束后是否对应急预案进行评估和适用性修订，是否将演练情况报网络安全主管部门。

3）网络安全事件应急技术支撑队伍及物资保障。

a．查阅网络安全应急技术支援队伍合同及安全协议、参与应急技术演练及应急响应等工作的记录文件，确认应急技术支援队伍能够发挥有效的应急技术支撑作用；

b．查阅设备台账（清单）或采购协议，检查是否具备网络安全应急保障物资或有相应的供应渠道。

4）灾难备份、恢复。

a. 对企业进行访谈并现场查看，确认企业是否根据实际情况采取了必要的异地备份、备机备件等容灾备份措施；

b．核查备份数据和备份系统，检查是否根据业务实际需要对重要数据和业务系统进行了备份；

c. 查阅相关文档、记录，检查是否对备份数据和备份系统的有效性进行过恢复验证，验证的周期是多少。

5）重大网络安全事件处置。

a．访谈网络安全主管，查阅相关文档，检查是否建立了重大网络安全事件报告和通报机制；

b．检查发生网络安全事件后，是否及时向主管领导报告，按照预案开展处置工作；

c．检查发生重大事件后，是否及时通报网络安全主管部门。

（5）宣传教育培训情况检查。

1）宣传教育培训方案。

a．查阅宣传教育培训方案。

b．检查培训内容是否涵盖了网络安全意识宣传、教育，基本技能培训和专业技术、技能培训。

2）宣传教育培训执行及考核。

a．查阅宣传教育计划、会议通知、宣传资料，培训教材、培训记录等文档，检查网络安全意识和警示宣传教育、网络安全防护技能培训等的开展情况；

b．访谈网络安全相关工作人员，检查网络安全防护技能掌握情况；

c．查阅培训通知、培训教材、考核记录、结业证书等，检查网络安全管理和技术人员专业技能培训、考核情况。

（6）密码使用情况检查。

1）口令加密。检查企业是否对传输中的口令进行加密。

2）密码设备使用。

a．对工业控制系统进行现场查看，检查企业是否采用密码设备；

b．对工业控制系统进行现场查看，检查企业所使用的密码设备的密码类型；

c．对工业控制系统进行现场查看，检查企业是否通过CA认证来获得身份认证服务。

3）数据安全管理。

a．对工业控制系统进行现场查看，检查企业对重要数据的采集、传输、存储和利用是否采取了安全审计措施，是否对重要数据的利用采取了访问权限控制措施；

b．询问现场相关人员，并到工业控制系统现场进行查看，检查是否对存储和传输的数据进行加密；

c．检查控制系统是否在不影响正常工厂运行情况下，支持识别和定位关键文件，并有能力执行用户级和系统级备份（包含系统状态信息）；

d．验证是否采取技术措施（如加密、分区存储等）对存储的重要数据进行保护；

e．验证是否采取技术措施对传输的重要数据进行加密和校验；

f．验证是否采取技术措施对重要数据和系统进行定期备份；

g．检查数据中心、灾备中心是否设立在境内。

h．通过上述在线评估和现场审核，出具完整的标准符合性评估报告。

（三）设计阶段

根据出具的标准符合性评估报告，从安全管理、安全技术防护和安全运维三个方面形成有效的工控安全解决方案，针对企业存在的安全风险进行全面的安全加固。

（四）实施阶段

工作小组依据工控安全解决方案，组织、实施保障体系建设。建立安全管理体系，相关制度文件一般包括管理手册、企业标准、企业制度、管理工作记录等。同时，组织试点发电厂工业控制系统使用、管理、运维等相关技术人员学习该安全管理体系，明确实施该安全管理体系后企业信息安全管理工作的变化和差异。

（1）构建工控安全管理制度体系，包括人员安全管理、介质管理、访问控制管理、资产安全管理、供应链安全管理、外包服务管理、业务连续性管理、宣传教育培训等。

（2）构建工控安全技术防护体系，采用技术工具实现技术防护目的，包括物理环境安全防护、网络安全防护、网络设备安全防护、安全设备安全防护、服务器安全防护、终端计算机安全防护、存储介质安全防护、应用系统安全防护等。

（3）构建工控安全运维体系，明确各方职责，并明确各方工作要求、评价办法、考核标准，通过常态化的检查，实现常态评估与持续改进。

（五）验收阶段

依据工业控制系统标准符合性评估系统的评估结果，电子标准院针对改进后的安全保障体系进行再评估，确定其标准符合性程度，确保标准符合性程度达到90%以上。

三、发电厂控制与管理系统信息安全现状

电力是国家重要的基础设施之一，电力监控系统用于监视和控制电力生产和供应过程的工业控制系统，是电厂安全生产、稳定运行的核心支撑系统。电力监控系统安全体系的发展，已经历了十多年的发展，积累了大量的安全践经验。从2002年发布的《电网与电厂计算机监控系统及调度数据网络安全防护规定》，到2006年发布的《电力二次系统安全防护方案》，以及2015年国家能源局发布36号文，即《电力监控系统安全防护总

体方案》，依靠这些文件，电力行业加强了安全监控，提出了综合安全防护，加强对电力监控系统软硬件的国产化、应用系统数字证书的应用、网络通信的打标签，在加固方面进行了全面的实践。

现在的电力监控系统的建设形成了经典的十六字方针，即“安全分区、网络专用、横向隔离、纵向认证”，形成了生产网络与管理网物理隔离的防护形势，如图 8.3 所示。

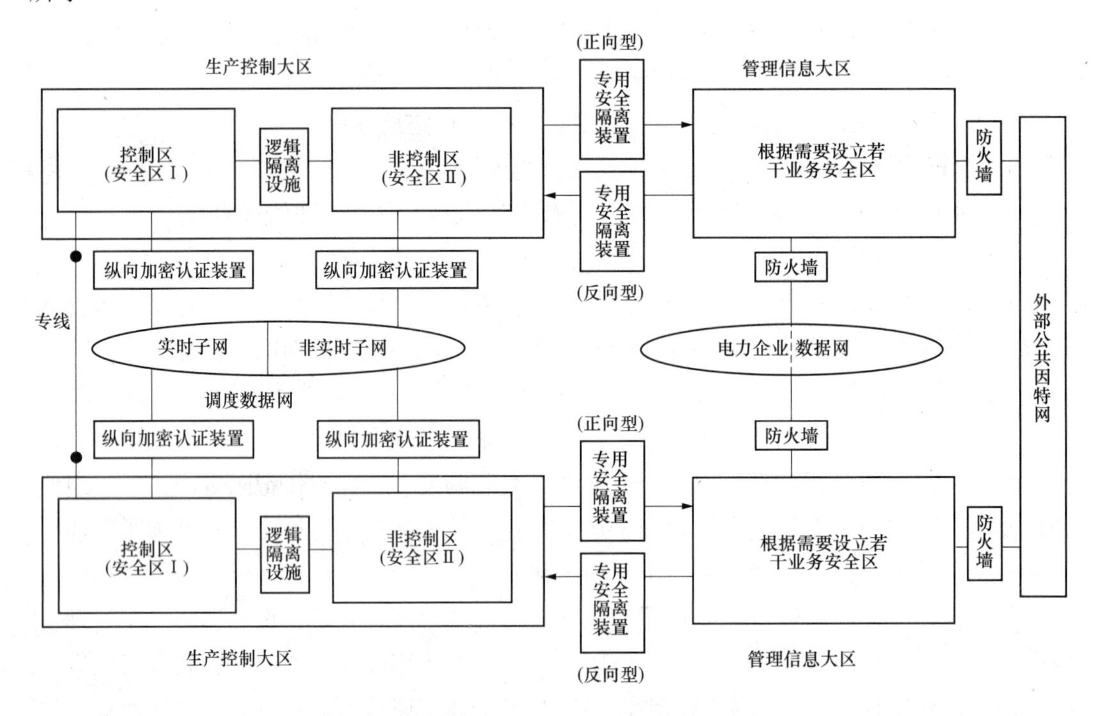

图 8.3 生产网络与管理网物理隔离的防护形势

但以近两年对发电厂深入调研结果，结合浙江两家发电厂评估实际结果，发电厂的现状，不仅是管理大区没有部署 APT 攻击预警平台、Web 应用防火墙、数据库审计设备这些有效的信息安全防护设备，而且其生产大区中普遍使用的也还是传统用防火墙做隔离，无法对特有工控协议，如 OPC 服务的识别，不能对电厂控制系统实施有效的信息安全防护。此外，通过对现场系统组态软件、工程师站、操作员站、控制器的调研，也可以发现主机安全管理问题突出，控制器固件版本升级不及时等问题。总结起来，主要的安全漏洞有：

（1）网络边界防护措施薄弱；

（2）主机应用防护薄弱；

（3）缺乏专属工业协议的检测和防护；

（4）缺乏工控行为的审计；

（5）缺乏 APT 攻击预警；

（6）缺乏 Web 应用防护；

（7）缺乏应用数据库行为审计；

（8）控制设备维护和升级不及时等。

这些安全漏洞使得电厂控制系统很难防御病毒的入侵，进而容易受到拒绝服务、数据窃取、通信篡改、恶意操作以及越权访问等手段的攻击。因此，需要在现有的防护政策指导下，结合最新的防护设备建立适合电厂的工控系统信息安全防护体系，防止来自黑客、病毒、恶意代码对电厂的网络攻击行为导致电力系统的生产瘫痪。

第二节　控制与管理系统信息安全防护平台建设

电厂评估情况表明，电厂严格执行《电力监控系统安全防护规定》，并同步开展信息系统等级保护测评定级工作。G20 期间，电厂根据各项信息安全法规对电力监控系统和管理信息系统进行完善，但也确存在一些安全隐患，在针对工控系统的安全事件频发的大背景下，建立健全的工控系统安全防护体系和实施防护工作已迫在眉睫。

为此，试点发电厂深入开展控制网络与信息安全防护研究，在评估的基础上，制定了《发电厂工控与信息系统安全智能防护及管理体系建设试点项目》方案。工信电子工业标准化研究院信息安全研究中心和中国自动化学会发电自动化专业委员会在北京召开了方案论证会，邀请各集团热控专业或信息专业主管领导、专家参加了认证会。与会人员对方案进行了深入研讨，提出了进一步研究的建议，希望尽快实施，取得经验，为各电厂树立工控安全防护与标准试点应用项目，形成行业示范效应。

一、试点发电厂控制与管理系统信息安全防护平台设计

对工控系统信息安全而言，防护对象是生产现场的工程师站、操作员站、DCS、PLC、RTU 等参与生产控制的各个控制设备，涉及计算环境、区域边界、通信网络的总体防御。与传统信息安全防护的重点有所不同，在工控系统信息安全防护中首先需要保证设备可用性，其次才是系统完整性和信息的保密性。工控系统信息安全防护优先级如图 8.4 所示。

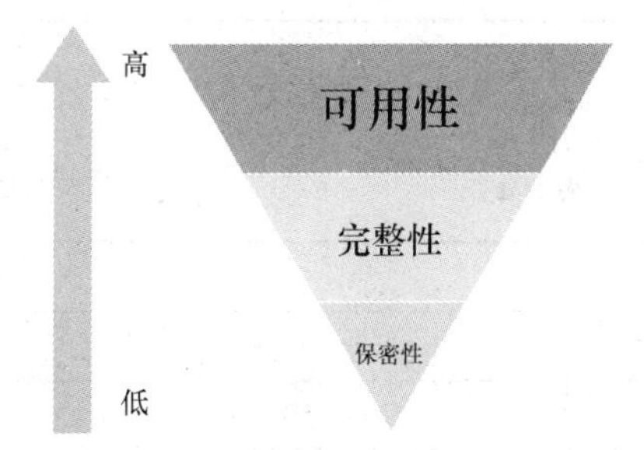

图 8.4　工控系统信息安全防护优先级

工业控制系统面临的威胁可以分为系统相关的威胁和过程相关的威胁两种。系统相关的威胁是指由于软件漏洞所造成的威胁。控制系统从广义上是一种信息系统，会受到系统相关的威胁，如协议实现漏洞、操作系统漏洞等。过程相关的威胁是指工业控制系统在生产过程遭受的攻击。这种攻击利用过程控制的特点，攻击者非法获取用户访问权限后，发布合法的工业控制系统命令，导致工业过程的故障。典型的系统相关威胁和过程相关威胁如表 8.2 所示。

表 8.2　　　　工业控制系统威胁

威胁类型	举　　例
系统相关	攻击者利用主机服务漏洞传播恶意代码，感染控制网络
过程相关	攻击者发出错误指令，导致过程控制失效

现场环境中的漏洞一旦被攻击者利用，会遭受不同类型的攻击。通过对试点发电厂进行风险分析发现，针对其他电力行业发现的八个主要安全漏洞也同样存在于试点发电厂中。在设计防护方案前，结合风险分析结果，计算各漏洞被利用导致的风险值，判断各自对电力工控系统的破坏严重性。计算公式如下

$$D=P\times F\times S$$

式中　P——概率指数，攻击中漏洞被利用的概率，按概率取值 0~10；

F——频率指数，攻击中漏洞被利用的平率，按频率取值 0~10；

S——严重程度，漏洞被利用导致的结果严重度，按严重度取值 0~10。

表 8.3 为安全漏洞风险值记录表。

表 8.3　　　　安全漏洞风险值记录表

安全漏洞	概率指数	频率指数	严重程度	风险值
网络边界防护措施薄弱	8	8	8	512
机应用防护薄弱	7	7	7	343
缺乏专属工业协议的防护	8	8	8	512
缺乏工控行为的审计	8	7	7	392
缺乏 APT 攻击预警	7	8	6	336
缺乏 Web 应用防护	7	8	6	336
缺乏应用数据库行为审计	7	8	6	336
控制设备维护和升级不及时	7	6	8	336

表 8.3 中的风险值与表 8.4 比对，得出风险指数和风险高低值。

表 8.4　　　　工控系统信息安全风险等级

风险值	风险高低	风险指数
750～1000	高	4 级
250～500	一般	2 级
低于 250	低	1 级

分析可知，在试点发电厂中，可导致一般风险事故的安全漏洞 6 个，可导致中等风险事故的安全漏洞 2 个。在两家试点发电厂工控系统信息安全的建设中，结合最新的防护技术及防护策略，设计了一套适用于电厂的纵深防御方案去整改这些安全漏洞；防护策略是以工业控制系统信息安全防护为主，加固管理信息网络信息安全防护手段：在信

息管理区加强对病毒入侵、异常行为的感知，在工业控制系统中完成计算环境、区域边界、通信网络纵深防御体系的建设；纵深防御采用分层、分区的架构，结合工业控制系统总线协议复杂多样、实时性要求强、节点计算资源有限、设备可靠性要求高、故障恢复时间短、安全机制不能影响实时性等要求，以实现可信、可控、可管的系统安全互联、区域边界安全防护和计算环境安全为目标。具体的技术方案主要特点如下：

（1）加强管理大区信息安全防护。在信息大区部署安全防护产品，采用数据库审计系统，对 Web 攻击及 APT 攻击进行过滤和预警。

（2）建立系统的物理防护边界。对电厂工控和管理环境进行功能划分，确保系统处于可控的物理环境中，在企业办公网和工业生产网之间部署安全隔离系统。

（3）实现全厂安全信息运营。在四区部署企业安全感知中心，收集部署在生产大区及管理大区安全设备提供的安全数据，其中生产区的安全数据通过单向隔离装置导出，保障生产大区的物理隔离。

（4）加强网络审计。部署旁路监测系统，利用全网审计模块实时对控制网络内的终端访问、目标行为进行解析、分析、记录、汇报，对非法接入终端、异常行为进行预警。

（5）实施全程监测。帮助事前规划预防、事中实时监视、违规行为响应、事后合规报告、事故追踪溯源，加强网络行为监管、促进控制设备内正常业务的进行。

（6）实施威胁评估。利用威胁评估模块对电网控制设备、通信规约等全面数据收集、全网攻击路径分析、结构安全性分析、流程审计和漏洞扫描，针对发电厂各层级存在的潜在的安全威胁进行提前预知。

（7）加强日常运行维护质量。工控系统建成后，需要通过日常维护、定期升级等一系列工作，使其持续发挥功效，这些工作的质量问题会影响安全风险程度。

二、试点发电厂控制与管理系统信息安全防护平台实施

根据《电力监控系统安全防护规定》《电力监控系统安全防护方案》等专项政策的要求，试点发电厂完成了生产大区与管理大区的环境建设和生产设备部署。通过分析《计算机信息系统安全保护等级划分准则》《信息安全技术：工业控制系统安全控制应用指南》《工业控制系统信息安全防护指南》针对信息安全防护的要求，结合前期针对试点发电厂工控系统信息安全风险分析的结果，实施对试点发电厂工控系统信息安全防护系统的建设，建设的防御体系结构如图 8.5 所示。

主要的信息安全措施如下：

（1）在管理大区部署数据库审计设备。根据对数据库系统的威胁与风险分析，全面监测数据库超级账户、临时账户等重要账户的数据库操作；实时监测数据库操作行为，发现非法违规操作能及时告警响应；详细记录数据库操作信息，并提供丰富的审计信息查询方式和报表，方便安全事件定位分析，事后追查取证。通过在单位网络中部署安全审计系统，可有效监控数据库访问行为，准确掌握数据库系统的安全状态，及时发现违

反数据库安全策略的事件并实时告警、记录，同时进行安全事件定位分析，事后追查取证，保障单位数据库安全。

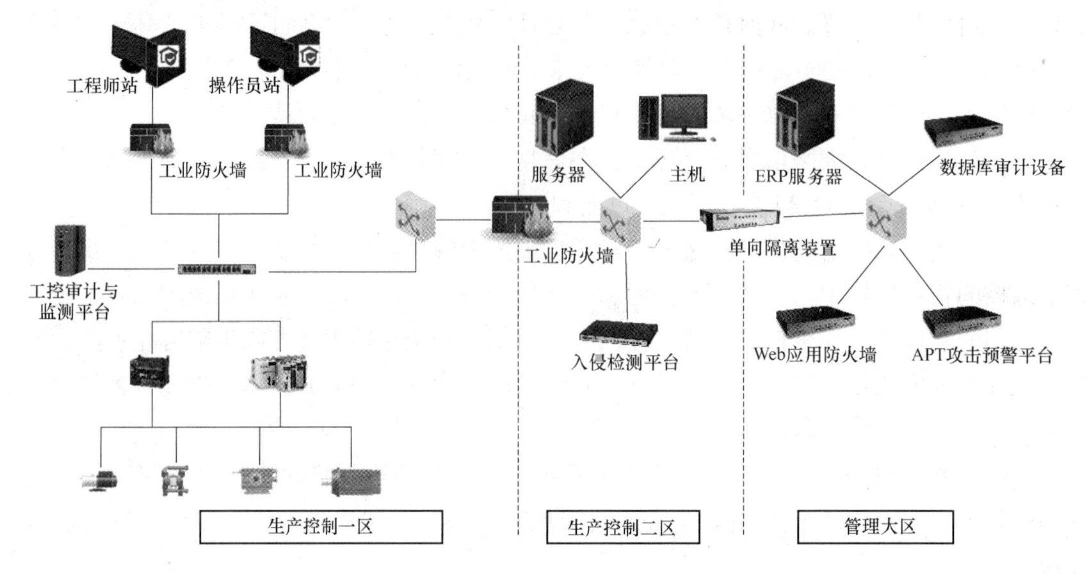

图 8.5　试点发电厂工控系统信息安全防护系统结构图

（2）在管理大区部署 Web 应用防火墙。Web 应用防火墙专注于网站及 Web 应用系统的应用层专业安全防护，实现对应用层深度防御。缓解网站及 Web 应用系统面的常见威胁；有效应对应用层 CC 攻击对业务的冲击；快速地应对恶意攻击者对 Web 业务带来的冲击；可以智能锁定攻击者并通知管理员对网站代码进行合理的加固。

（3）在管理大区部署 APT 攻击预警平台。APT 攻击预警平台使用了深度检测技术，能够深度协议解析、Web 应用攻击检测、邮件攻击检测、文件攻击检测、“0day”攻击检测、关联行为分析，判断 APT 攻击的行为和攻击路径。能检测到传统安全设备无法检测的攻击。

（4）在电力生产控制大区（安全一区和二区）部署纵向认证装置、入侵检测装置。在生产控制大区与管理区之间部署单向物理隔离装置，并根据规定按照权限最小化原则配置相应访问策略。确保系统处于可控的物理环境中，在电厂办公网和生产控制网之间部署安全隔离系统，符合“安全分区、网络专用、横向隔离、纵向认证”十六字方针的要求。

（5）在生产控制大区中部署工业防火墙。将系统按其用途、通信业务等划分为不同的安全域，在生产大区一区与二区之间部署工业防火墙，在生产大区中的过程控制层与现场控制层中部署工业防火墙。防火墙通过对工业控制协议的深度解析，运用“白名单＋智能学习”技术建立工控网络安全通信模型，阻断一切非法访问，仅保证制造商专有协议数据通过，对一切不符合标准和合法功能需求的工业协议通信进行拦截。为工控网络与外部网络互联、工控网络内部区域之间的连接提供安全保障。

（6）在生产控制大区中的部署工控审计与监测平台，审计与监测系统以旁路接入的方式部署在核心交换机旁，该平台能够支持对 OPC、Siemens S7、Modbus、IEC104、Profinet、DNP3 等数十种工控协议报文进行深度解析，帮助工业控制系统用户提供对网络行为异常、工业协议攻击、工业控制关键事件的实时检测与报警能力。同时，对工程师站组态变更、操作指令变更、PLC 下装、负载变更等操作行为进行记录和存储，便于安全事件的事后审计。

（7）生产控制大区和管理大区安装工业安全感知中心系统（一款企业全网威胁态势分析产品）。通过该感知中心系统，可获得设备详细系统信息、网络拓扑、地理分布以及分析安全隐患，对区域内各设备进行在线监控、威胁量化评级、网络安全态势分析以及预警。平台的监测界面采用大屏显示，可以接入到生产管理的集控室内，让一线管理生产的工作人员也能实时把握全信息安全的态势情报，提高安全威胁防护能力。

（8）完善安全管理制度。及时对操作员站、工程师站、服务器等电厂生产现场主机部署工控主机防护产品进行补丁升级与系统加固。对 DCS 、PLC 等控制系统，建立系统的账号管理，强化基于口令的访问控制。及时更新环境中各类主机安装的杀毒软件的病毒库。有效阻止包括震网病毒、Flame、Havex、BlackEnergy 以及 APT（高级持续性威胁）、“0Day”漏洞等在控制系统主机中执行和被利用。从而实现电厂控制系统主机从启动、加载到持续运行过程全生命周期的安全保障。

该实施方案不仅具有在线监测网络攻击行为的能力，还具有在线防护网络攻击的能力，为试点发电厂提供了比较全面的工控信系统信息安全防护体系。建设完成后，对试点发电厂进行了二次风险分析，针对之前检查发现的漏洞进行重新评估，发现其工控系统信息安全的防护能力有了显著提高。安全漏洞风险分析值如表 8.5 所示。

表 8.5　　建设后安全漏洞风险值记录表

安全漏洞	概率指数	频率指数	严重程度	风险值
网络边界防护措施薄弱	5	5	8	200
主机应用防护薄弱	5	5	7	175
缺乏专属工业协议的防护	5	5	8	200
缺乏工控行为的审计	5	5	7	175
缺乏 APT 攻击预警	5	5	6	150
缺乏 Web 应用防护	5	5	6	150
缺乏应用数据库行为审计	5	5	6	150
控制设备维护和升级不及时	5	5	8	200

防护体系中的防护设备自 2016 年 11 月在试点发电厂现场部署以来，运行安全、平稳，各防护产品运行正常，在生产大区及管理大区两个维度保障了现场环境的信息安全，未对生产环境造成影响。后续会制定适应现场环境的在线测试案例，深度验证现场的安全防护设备的功能与性能。

三、试点发电厂控制与管理系统信息安全防护平台运行情况

1. 工控审计与监测平台运行情况

工控审计与监测平台，支持对 OPC、Siemens S7、Modbus、IEC104、Profinet、DNP3 等数十种工控协议报文进行深度解析，特别是支持电力行业使用最广泛的 Ovaton 设备的私有协议。试点发电厂工控系统工控审计与监测平台，审计与监测的主要对象是 1 号机 DCS、2 号机 DCS 以及辅网 PLC 控制系统的工程师站、操作员站、DCS、PLC 等参与生产控制的各个控制设备。

平台通过对协议的深度解析，识别网络中所有通信行为，检测针对工业控制协议的网络攻击、工控协议畸形报文、用户异常操作、非法设备接入以及蠕虫、病毒等恶意软件的传播并实时报警和详实记录。同时，对工程师站组态变更、操作指令变更、PLC 下装、负载变更等操作行为进行记录和存储，便于安全事件的事后审计。平台能够建立工控系统正常运行情况下的基线模型，对于出现的偏差行为进行检测并集成网络告警信息，使用户在了解网络拓扑的同时获知网络告警分布，从而帮助用户实时掌握工业控制系统的运行情况。

目前平台运行状况良好，维护人员定期在其管理界面查看最近某时间段内当前网络内设备数量、设备间发送和接收的监控指令数量和存在风险的监控指令数量。维护人员结合平台自动建立的工控系统基线模型、流量趋势图、OSI 模型分布统计图、协议类型统计图、流量类型统计图、诊断数据汇总图等，直观且有效的监控生产大区网络及设备运行状态。

审计及管理人员借助工控审计与监测平台，分析查看任意时间段内网络及工控设备的工作状态。确认是否存在网络异常、工业协议攻击、工业控制关键事件的行为。确认工程师站组态变更、操作指令变更、PLC 下装、负载变更等操作行为是否合规操作。

2. 工业防火墙运行情况

试点发电厂工业防火墙，按其工段工艺、通信业务等划分为不同的安全域，在生产大区中与非实时控制区中，分别部署于 1 号机 DCS、2 号机 DCS 与二区 SIS 服务器间，含煤废水系统与辅网核心交换机间。目前防火墙工作正常。

其中部署于 1 号机 DCS、2 号机 DCS 与二区 SIS 服务器间的两台工业防火墙其中核心策略如图 8.6 所示。

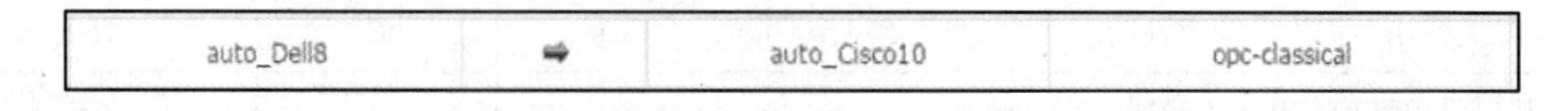

auto_Dell8	➡	auto_Cisco10	opc-classical

图 8.6　控制系统与服务器间工业防火墙核心策略

防火墙仅允许 auto_Dell8（含有 OPCServer 功能工控机）单向将数据发送给 auto_Cisco10（(PI 接口机)，且只允许 OPC 协议的数据包通过。通过安装防火墙结合合理的策略配置实现系统区域间的隔离。

其中部署于含煤废水系统与辅网核心交换机间的工业防火墙核心策略如图 8.7 所示。

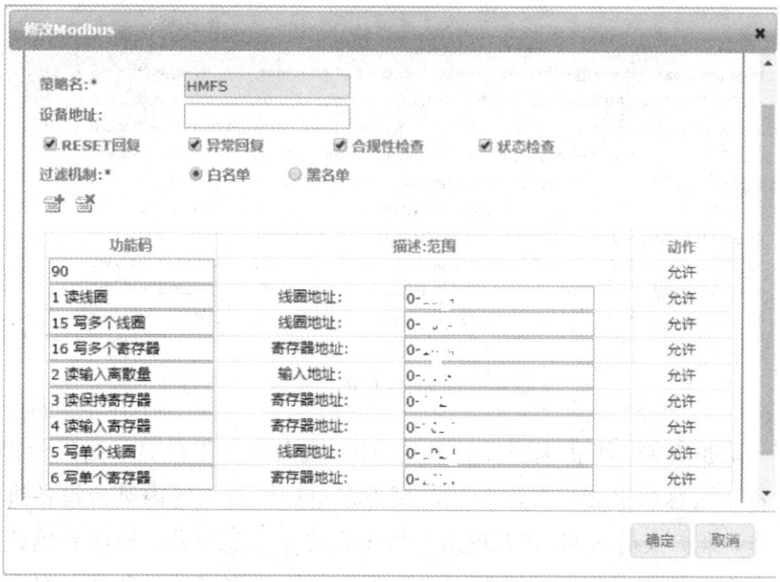

图 8.7　含煤废水系统与辅网核心交换机间的工业防火墙核心策略

防火墙通过对工业控制协议的深度解析，运用“白名单”和“自学习”等技术建立工业控制网络安全通信环境，仅允许指定的设备使用规定的功能码读写已设定区间内的地址，保证制造商专有协议数据通过，对一切异常或不合规的通信数据进行拦截。从而有效地实现对重要系统的隔离保护。为工控网络与外部网络互联、工控网络内部区域之间的连接提供安全保障。

3. 管理大区安全防护设备运行情况

试点发电厂在管理大区部署有数据库审计设备、APT 攻击预警平台、Web 应用防火墙，目前设备运行正常且防护效果明显。

维护及管理人员通过数据库审计设备（专业级的数据库协议解析设备），对进出核心数据库的访问流量进行数据报文字段级的解析查看，根据还原出的操作细节，并结合操作返回结果，实现对数据库的可知、可控，快速发现和响应安全威胁。

其中有一个防护案例：维护人员监控发现数据库审计设备进行了风险预警，管理大区内网中有一台办公计算机多次尝试非法读取数据库内数据（见图 8.8）。维护人员检查该办公计算机发现其感染有恶意程序，清除恶意程序并加固这台办公计算机后，数据库系统风险报警消失。

维护及管理人员借助 APT 攻击预警平台能分析所有进入的请求，检查这些请求是否合法或符合规定；并仅允许正确的格式或遵从 RFC 的请求通过。已知的恶意请求将被阻断，非法植入到 Header、Form 和 URL 中的脚本将被阻止，还能进行 Web 地址翻译、请求限制、URL 格式定义及 Cookie 安全检查。APT 攻击预警平台能通过与 Web 应用防火墙联动防护一系列的攻击，无论是已知的或是未知的威胁，实现阻止如跨站点脚本攻击、缓冲区溢出攻击、恶意浏览、SQL 注入等攻击行为。

报文	执行结果
delete from pub_userlock where username='系统管理员' and locktype='sheet	0 rows deleted
select groupid,groupname,modalsheetid from rep_modalgroup where modalty...	ORA-01403: no data found
SELECT DISTINCT A.ModalSheetID,A.ModalSheetName,B.SheetFraq,A.Start...	some records found
select a.period_id,a.period_name from rep_period a,rep_period_type b where ...	some records found
SELECT CorpID,CorpName,shadowinf FROM Com_Industry where shadowinf...	some records found
SELECT CorpID,CorpName,shadowinf FROM Com_Industry where shadowinf...	some records found
SELECT * FROM (SELECT DISTINCT M.modaltypeid,M.MODALTYPENAME,A....	some records found
SELECT DISTINCT A.ModalSheetID,A.ModalSheetName,B.SheetFraq,A.Start...	some records found
SELECT SheetFraqID,SheetFraq FROM Rep_SheetFraq order by SheetFraqID	some records found
select groupid,groupname,modalsheetid from rep_modalgroup where modalty...	ORA-01403: no data found
SELECT DISTINCT A.ModalSheetID,A.ModalSheetName,B.SheetFraq,A.Start...	some records found

图 8.8　非法执行的数据操作

其中有一防护案例：维护人员监控发现 APT 攻击预警平台显示高风险提示，境外某国家有台设备发送恶意报文，多次尝试对试点发电厂管理大区内某台设备进行漏洞利用的试探性操作。维护人员按照 APT 攻击预警平台提示信息操作，检测后确认管理大区内该台设备并未存在相应可利用的漏洞。修改防火墙策略将境外设备列入黑名单，并配置边界防火墙自动防护阻断类似的恶意访问，目前防火墙已有效阻断多种诸如此类来自外网的扫描、攻击或未授权的访问。

第三节　控制与管理系统信息安全防护平台实施后评估

试点发电厂于 2016 年 6 月开始《发电厂工控网络和信息安全智能防护及管理体系建设研究与应用》试点项目，在电力行业率先进行 GB/T 32919—2016 试点应用及标准符合性评估工作，开展“发电厂工业控制与信息系统安全标准体系”建设的基础上，进行发电厂工控网络和信息安全智能防护系统研究与应用，开发并实施了发电厂控制与信息系统的数据库审计与风险控制平台、APT 预警平台、Web 应用防火墙、工控网络审计与监测平台、工业防火墙等防护产品。

为掌握项目实施后运行效果，受试点发电厂委托，中国自动化学会发电自动化专业委员会于 2017 年 9 月 7 日，组织对试点发电厂开展的“发电厂工控网络和信息安全智能防护系统研究与应用”项目评估测试方案可行性和完善性，进行了专题认证。工业和信息化部电子工业标准化研究院信息安全研究中心与中国自动化学会发电自动化专业委员会，联合组织的测试评估组，于 2017 年 9 月 11～13 日对试点发电开展的“发电厂工控网络和信息安全智能防护系统研究与应用”项目研究成果进行评估测试。

一、概述

1. 后评估测试目的

（1）验证管理大区安全加固的有效性。管理大区设有外部网络的网络边界，连接到发电集团网以及外部互联网。管理大区内面临日趋复杂的信息安全问题，通过已有安全防护措施的加固，提高了 Web 应用、数据库应用以及 APT 预警的防护能力，是为了应对当下日趋隐蔽的新型渗透和攻击手段。根据防护需要，设计测试案例，分别测试管理大区中部署的四套防护设备，验证管理大区安全防护能力的有效性。

1）验证数据库审计与风险控制系统安全审计、异常操作检测等重要功能；

2）验证 Web 应用防火墙防护 CC 攻击、文件注入、命令注入等 Web 攻击的能力；

3）验证 APT 攻击预警平台对邮件攻击、文件攻击、“0day”攻击检测等的防护能力；

4）验证感知中心管理企业资产、威胁数据收集等功能的能力。

（2）验证生产大区安全防护的有效性。生产大区包含了生产信息管理、过程控制管理以及各类电力生产设备，对外仅通过隔离网闸实现生产取得物理隔离。因为缺乏有效的信息安全防护措施，生产大区不能实现对工控网络的安全预防、风险监测与主动防御，因此在本方案中着重加强了生产大区的信息安全防护。根据防护需要，设计测试案例，分别测试生产中部署的两种防护设备，验证生产大区安全防护能力的有效性：

1）验证工控网络审计与监测平台异常行为检测、关键事件检测以及全网流量审计与统计的能力；

2）验证工业防火墙、网络访问授权控制、白名单管理等防护能力。

（3）验证生产大区安全防护的可靠性。本方案的设计是在遵循“十六字”方针的前提下，开创性的在生产大区添加了工业控制系统信息安全的防护设备。在维持原有网络结构的基础上，用工业防火墙替换原有的传统防火墙，在 DCS 机组及辅网机组的核心交换机上旁路接入审计监测平台，用先进的信息安全防护手段保护生产设备的功能安全。根据防护需要，设计测试案例，分别测试生产中部署的两种防护设备，验证新增的防护措施并不会破坏原有的网络结构的完整性，也不会破坏生产控制网的可用性。

2. 测试依据及标准

（1）GB/T 20281—2015《信息安全技术　防火墙安全技术要求和测试评价方法》；

（2）GB/T 20275—2006《信息安全技术　入侵检测系统技术要求和测试评价方法》；

（3）GB/T 20945—2013《信息安全技术　信息系统安全审计产品技术要求和测试评价方法》；

（4）GB/T 28451—2012《信息安全技术　网络型入侵防御产品技术要求和测试评价方法》；

（5）GB/T 30282—2013《信息安全技术　反垃圾邮件产品技术要求和测试评价方法》；

（6）GB/T 15629.3—2008《中华人民共和国计算机信息安全保护条例》；

（7）GB/T 15532—2008《计算机软件单元测试》；

（8）DL/T 5041—2012《火力发电厂厂内通信设计技术规定》；

（9）GB/T 2423—2008《电工电子产品基本环境试验规程》。

3. 测试方法

在该电厂的防护方案中总共部署了六类不同类型的防护产品，分布在两个不同的网络环境下，测试方案面临着防护结构复杂、待测试设备种类多的问题。因此，该方案的在线测试方案将采用功能测试及关联测试相结合的方法去测试这六类不同类型的防护产品，验证该防护方案的有效性和可靠性。考虑到防护设备在提供有效防护策略的同时，还起到安全数据信息的管理，因此在功能测试中又将分为基础功能测试及核心功能测试，具体方法如下：

（1）基础功能测试。基础功能测试是测试各个防护产品的管理功能，主要包括用户管理、权限管理、用户登录认证等一些基础功能。

（2）核心功能测试。核心功能的测试是为了测试防护设备的防护功能，会根据设备实际支持的防护策略，构造异常行为，在线测试，观察防护效果。

（3）关联测试。关联测试主要是为了验证工业安全感知中心的功能而设计的，因为它在提供资产管理的同时，还需要采集环境中其他安全防护设备的安全威胁数据，因此在测试其他防护产品的核心功能的时候，采用管理测试的办法，验证安全感知中心在处理全场安全威胁数据的能力。

在该设计方案中，根据防护产品的不同，设计多个测试案例，在交代测试环境的同时，在每个测试案例中会详细叙述案例的测试目的、测试步骤及测试结果，方便专家查阅和验证。

4. 危险源及环境因素辨识及控制

（1）危险源及环境因素辨识。

1）现场工作未配备安全帽或未正确佩戴安全帽，被落物击中造成人员伤害；

2）现场工作未按规定着装或未正确穿戴，造成人员被高温烫伤或被转动设备伤害；

3）误入工作间隔，造成人员伤害和运行设备误动；

4）测试操作致错误或试验结束后忘记恢复，留下事故隐患；

5）劳保用品、包装袋瓶垃圾废弃。

（2）危险源及环境因素控制。

1）进入生产现场，必须正确佩戴安全帽和按安规要求着装；

2）工作前核对工作位置，确认试验机柜；

3）测试前稳定测试系统运行工况，确保机组在试验规定的范围内运行，同时，在设备或信号故障及发生报警时，立即停止测试。

二、评估测试与记录

（一）数据库审计与风险控制系统评估测试

1. 测试环境

本次测试设备为明御数据库审计与风险控制系统，将分为基础功能测试、高级功能及性能测试等几个方面进行，以全面考察数据库审计与风险控制系统产品的功能和可用性，并探讨两方产品提供整体解决方案的可行性。

设备的部署方式采用旁路接入的方式四区的核心交换机上，如图 8.9 所示，设备清单见表 8.6。

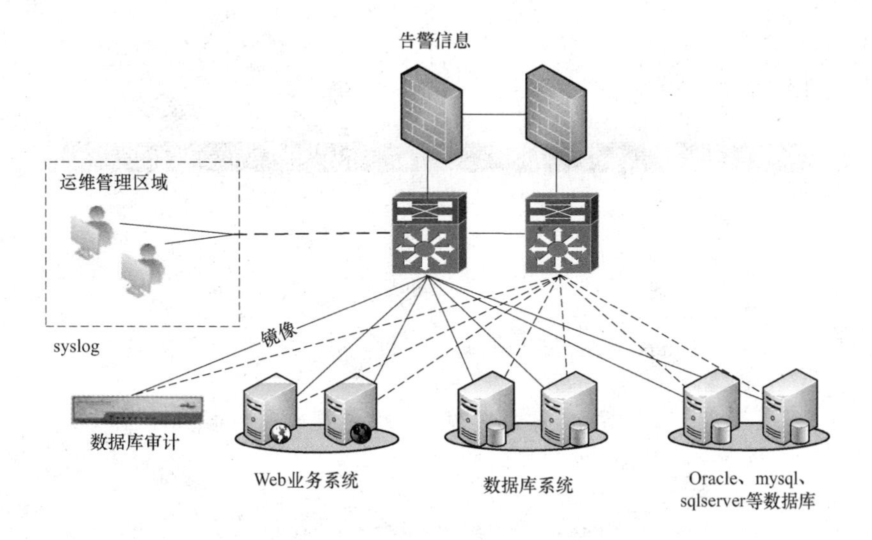

图 8.9　旁路接入数据库审计与风险控制系统

表 8.6　　　　　　　　**设　备　清　单**

序号	设备名称	说　明	数量	负责方
1	数据库审计	全 1000M 设备，带 4 光 4 电，支持 oracle、mysql、sqlserver、DB2 等主流数据库	1	
2	Web 业务系统	用于做业务审计测试，可选用客户方在用的 Web 业务系统，也可临时搭建一个网站进行测试。只要是 Web 系统即可，另要求 Web 服务器和数据库是部署在不同的硬件服务器上	1	客户方
3	Web 业务数据库	备份 Web 业务系统的数据库，要求部署主流数据库	1	客户方
4	交换机	连接上述所有设备，要求支持端口镜像	1	客户方

2. 管理员权限控制功能测试

（1）测试目的。验证数据库审计与风险控制系统是否支持三权分立，管理员权限控制。

（2）测试步骤及结果。见表 8.7。

表 8.7　　　　　　　　**管理员权限控制功能测试步骤及结果**

测试步骤	（1）账户信息查看，查看已有账户信息及超级管理员、配置管理员和审计管理员对应权限； （2）添加配置管理员和审计管理员及对应密码，查看账户对应权限； （3）修改已有账户信息，查看权限对应； （4）删除已有账户，查看账户是否存在； （5）检索账户，使用账户名检索账户信息； （6）测试完成，被测设备恢复到测试前状态
预期结果	支持三权分立，管理员权限控制
测试结果	■通过　　□部分通过　　□失败　　□未测试
备注	

（3）测试记录如图 8.10 所示。

用户	状态	角色	认证方式	邮件	手机	操作
admin	启用	审计查看员,规则配置员,系统管理员,操作日志查看员	密码	admin@sample.com		编辑
policy	启用	规则配置员	密码	policy@sample.com		编辑 删除
audit	启用	审计查看员	密码	audit@sample.com		编辑 删除
opelog	启用	操作日志查看员	密码	opelog@sample.com		编辑 删除

编辑用户

基本信息

状态 启用 禁用

用户 admin

描述 Administrator 长度 0~128

密码 ********** 修改

认证方式 密码 密码 + 动态令牌

联系方式

Email admin@sample.com * 可填多值,多个值间以逗号','分隔

手机 可填多值,多个值间以逗号','分隔

角色

审计查看员 规则配置员 系统管理员 操作日志查看员

保存 关闭

注: 如果您改变了某用户的权限，该用户的权限将在下次登录时生效!

编辑用户

基本信息

状态 启用 禁用

用户 policy

描述 policy 长度 0~128

密码 ********** 修改

认证方式 密码 密码 + 动态令牌

联系方式

Email policy@sample.com * 可填多值,多个值间以逗号','分隔

手机 可填多值,多个值间以逗号','分隔

角色

审计查看员 规则配置员 系统管理员 操作日志查看员

保存 关闭

注: 如果您改变了某用户的权限，该用户的权限将在下次登录时生效!

编辑用户

基本信息

状态 启用 禁用

用户 audit

描述 audit 长度 0~128

密码 ********** 修改

认证方式 密码 密码 + 动态令牌

联系方式

Email audit@sample.com * 可填多值,多个值间以逗号','分隔

手机 可填多值,多个值间以逗号','分隔

角色

审计查看员 规则配置员 系统管理员 操作日志查看员

保存 关闭

注: 如果您改变了某用户的权限，该用户的权限将在下次登录时生效!

图 8.10　管理员权限控制功能测试记录

3. 自身安全性测试

（1）测试目的。验证系统是否具备自身安全性的防护策略。

（2）测试步骤及结果见表 8.8。

表 8.8　　自身安全性测试步骤及结果

测试步骤	（1）登录系统，验证系统是否支持用户登录鉴权； （2）验证系统是否支持强口令要求； （3）查看系统审计记录，生成自身审计记录（操作日志）； （4）登录系统，不进行操作，验证支持超时重新鉴别机制
预期结果	具备自身安全性的防护策略
测试结果	■通过　□部分通过　□失败　□未测试
备注	

（3）测试记录见图 8.11。

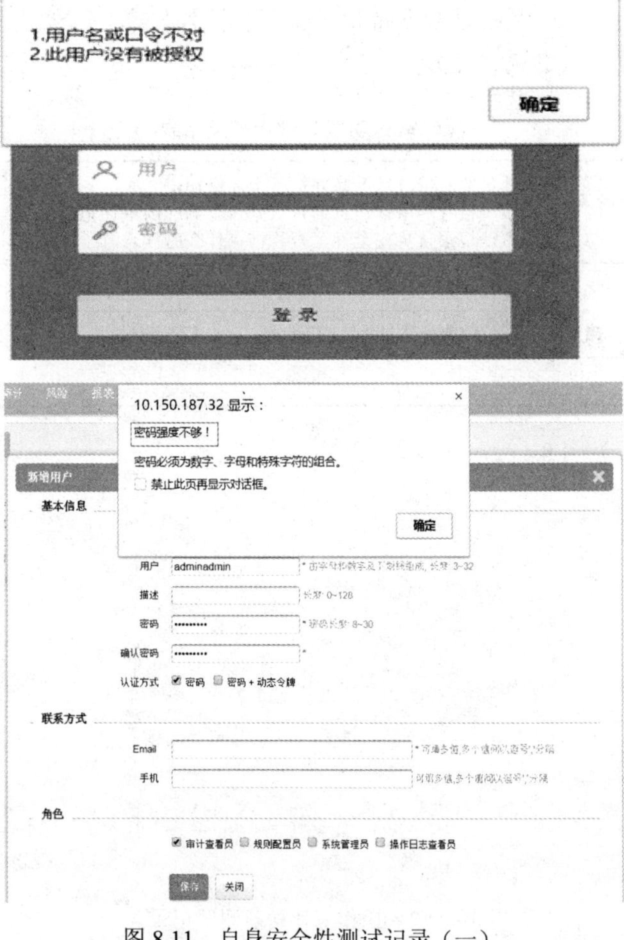

图 8.11　自身安全性测试记录（一）

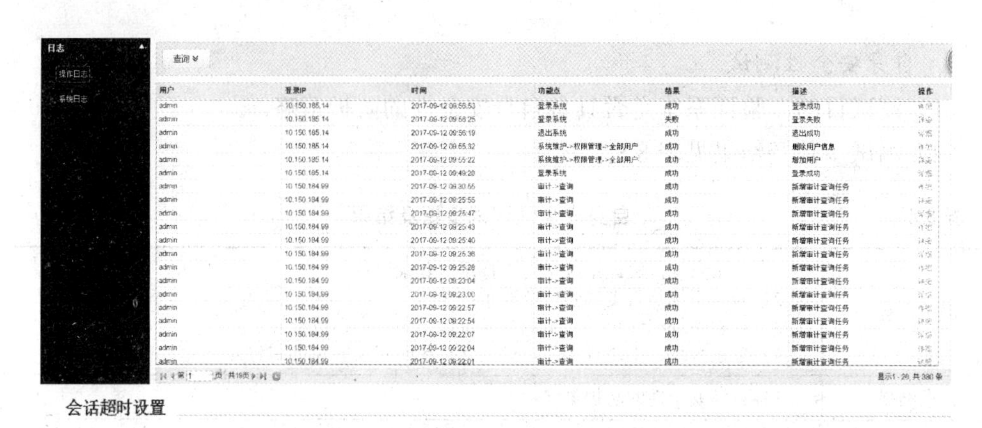

图 8.11 自身安全性测试记录（二）

4. 操作审计功能

（1）测试目的。验证系统是否支持记录管理员操作日志。

（2）测试步骤及结果见表 8.9。

表 8.9　　　　操作审计功能测试步骤及结果

测试步骤	（1）以管理员的身份登录产品并执行上述操作； （2）查看系统自身的审计信息，查看是否有响应的审计记录； （3）为了审计记录自身安全性，查看谁在什么时候查看了什么审计记录是否有操作日志
预期结果	支持记录管理员操作日志
测试结果	■通过　　□部分通过　　□失败　　□未测试
备注	

（3）测试记录见图 8.12。

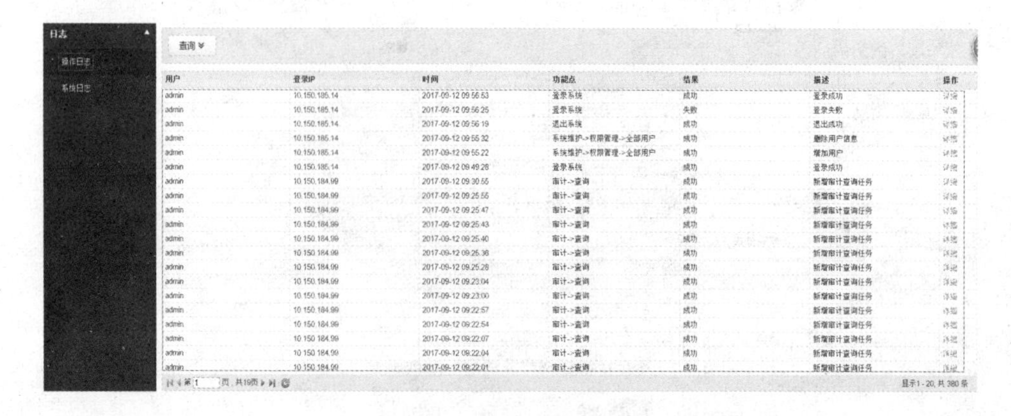

图 8.12 操作审计功能测试记录

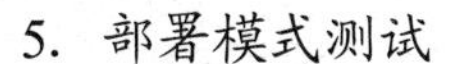

5. 部署模式测试

（1）测试目的。测试是否支持旁路镜像方式部署，无需安装任何插件即可完成对传统环境数据库的审计。

（2）测试步骤及结果见表 8.10。

表 8.10　　部署模式测试步骤及结果

测试步骤	（1）镜像目标数据库的流量到审计设备； （2）配置数据库审计设备相关配置； （3）查看是否能通过对流量的解析还原具体的数据库操作
预期结果	支持旁路镜像方式部署，无需安装任何插件即可完成对传统环境数据库的审计
测试结果	■通过　　□部分通过　　□失败　　□未测试
备注	

（3）测试记录见图 8.13。

6. 协议支持情况测试

（1）测试目的。验证是否支持环境中数据库及常见协议的审计。

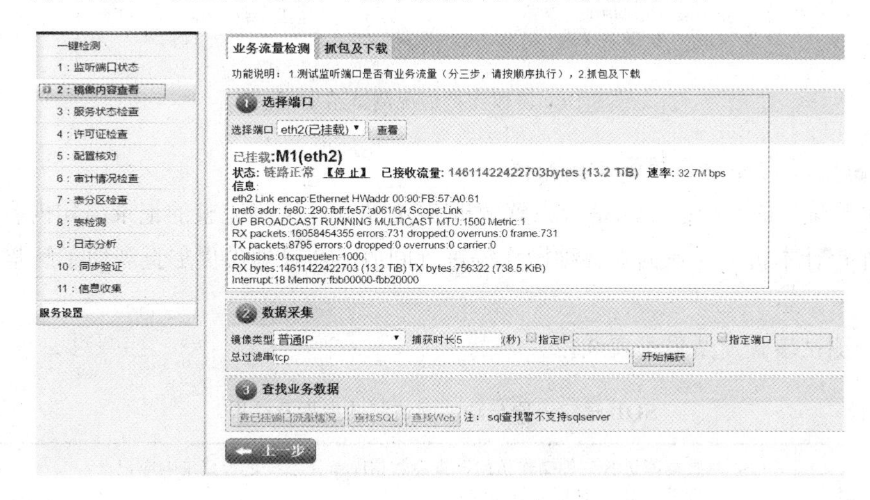

图 8.13　部署模式测试结果

（2）测试步骤及结果见表 8.11。

表 8.11　　协议支持情况测试步骤及结果

测试步骤	（1）加载各种不同类型的数据库协议； （2）模拟访问各种类型的数据库，检测是否能够正确审计到操作行为
预期结果	支持环境中数据库及常见协议的审计
测试结果	■通过　　□部分通过　　□失败　　□未测试
备注	

（3）测试结果记录见图 8.14。

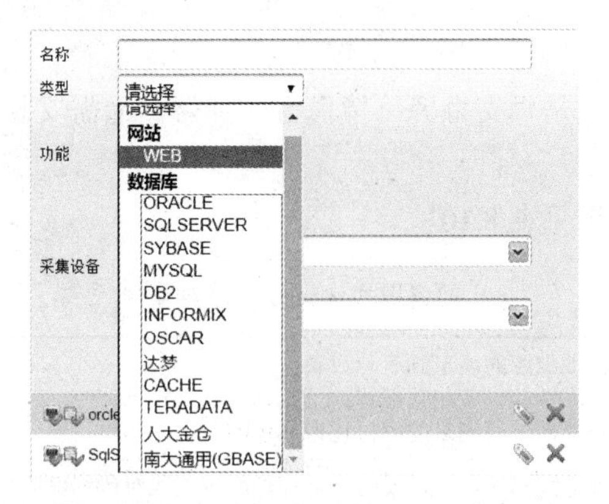

客户端IP	服务端IP	账号	报文	执行结果	时间	操作
10.150.187.116	10.150.187.171		SET TRANSACTION READ WRITE		2017-09-12 09:23:16	
10.150.187.116	10.150.187.171		SELECT iobject,ltime,itype,ievent FROM ns_changed W...	ORA-01403: 未找到任何数据	2017-09-12 09:23:12	
10.150.187.116	10.150.187.171		SET TRANSACTION READ WRITE		2017-09-12 09:23:12	
10.150.187.116	10.150.187.171		SET TRANSACTION READ WRITE	ORA-01403: 未找到任何数据	2017-09-12 09:22:43	
10.150.187.116	10.150.187.171		SELECT iobject,ltime,itype,ievent FROM ns_changed W...	ORA-01403: no data found	2017-09-12 09:22:43	
10.150.187.116	10.150.187.171		SET TRANSACTION READ WRITE		2017-09-12 09:22:43	
10.150.187.116	10.150.187.171		SELECT iobject,sto,suser,sname,scontent,ssendtime,st...	ORA-01403: no data found	2017-09-12 09:22:15	
10.150.187.116	10.150.187.171		SELECT iobject,ltime,itype,ievent FROM ns_changed W...	ORA-01403: 未找到任何数据	2017-09-12 09:22:15	
10.150.187.116	10.150.187.171		SET TRANSACTION READ WRITE	ORA-01403: 未找到任何数据	2017-09-12 09:22:15	
10.150.187.116	10.150.187.171		SET TRANSACTION READ WRITE		2017-09-12 09:22:15	
10.150.187.116	10.150.187.171		SELECT iobject,sto,suser,sname,scontent,ssendtime,st...	ORA-01403: no data found	2017-09-12 09:22:15	

图 8.14 协议支持情况测试结果记录

7. SQL 语句还原与功能回访测试

（1）测试目的。验证产品是否完整解析 SQL 语句，准确完整的记录语句内容，支持在数据库审计本机上对数据库各种操作等进行回放，让管理员更加直观地了解整个操作过程。

（2）测试步骤及结果见表 8.12。

表 8.12　　SQL 语句还原与功能回访测试步骤及结果

测试步骤	（1）对数据库进行各种操作访问，查看数据库审计系统是否记录响应记录； （2）查询某个 IP 地址的审计记录； （3）选择某条审计记录，回放本次会话过程
预期结果	支持在数据库审计本机上对数据库各种操作等进行回放，让管理员更加直观地了解整个操作过程
测试结果	■通过　　□部分通过　　□失败　　□未测试
备注	

（3）测试结果记录见图 8.15。

8. 审计对象捕获测试

（1）测试目的。验证对 SQL 语句的执行者的多个指标进行捕获，从而从多方面定位事件的执行者。验证系统是否支持数据库登录用户、服务器 IP 地址、MAC 地址审计。

（2）测试步骤及结果见表 8.13。

表 8.13　　审计对象捕获测试步骤及结果

测试步骤	选择任意一条审计记录，查看 SQL 语句执行者的 IP 地址、MAC 地址
预期结果	支持数据库登录用户、服务器 IP 地址、MAC 地址审计
测试结果	■通过　　□部分通过　　□失败　　□未测试
备注	

（3）测试结果记录见图 8.16。

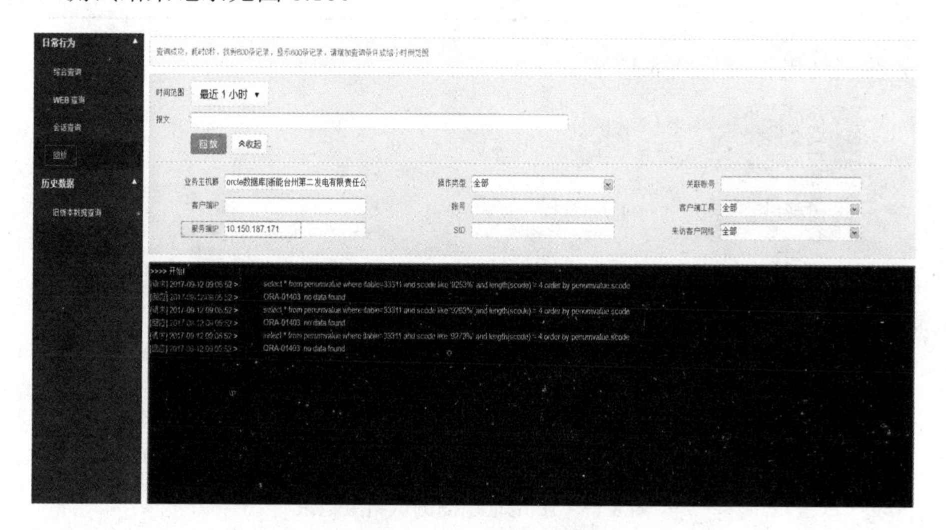

图 8.15　SQL 语句还原与功能回访测试结果记录

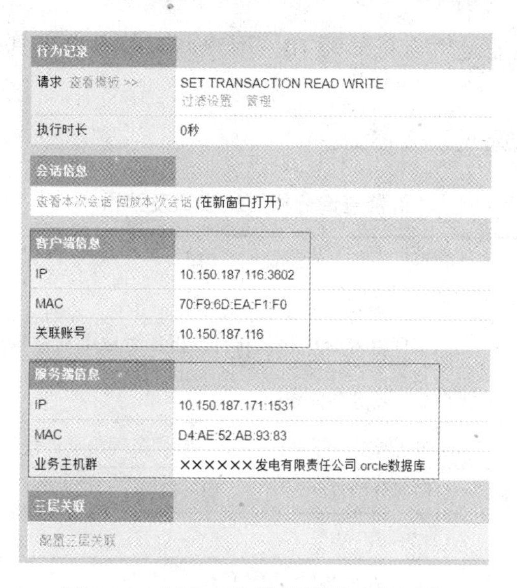

图 8.16　审计对象捕获测试结果记录

9. IP 地址过滤测试

（1）测试目的。验证是否能够针对某些 IP 地址进行过滤，同时也可以仅针对某些特定的 IP 地址进行审计。

（2）测试步骤及结果见表 8.14。

表 8.14　　IP 地址过滤测试步骤及结果

测试步骤	（1）设置 IP 地址过滤或指定某些 IP 地址进行审计； （2）通过制定的 IP 地址进行数据库操作，看能否正常审计
预期结果	对某些 IP 地址进行过滤，同时也可以仅针对某些特定的 IP 地址进行审计
测试结果	■通过　　□部分通过　　□失败　　□未测试
备注	

（3）测试结果记录见图 8.17。

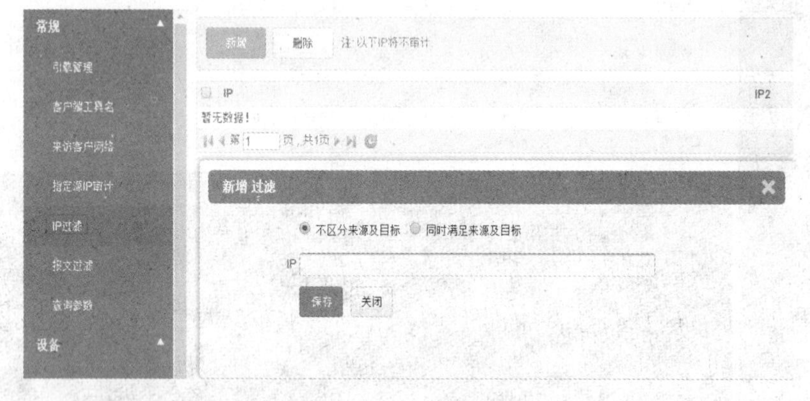

图 8.17　IP 地址过滤测试结果记录

10. 告警查询分析测试

（1）测试目的。验证是否支持从源 IP、用户名、客户端工具名、规则名等角度进行分类聚合。

（2）测试步骤及结果见表 8.15。

表 8.15　　告警查询分析测试步骤及结果

测试步骤	（1）在本地管理机上登录产品管理界面； （2）定义要统计的时间周期； （3）测试是否支持源 IP、用户名、客户端工具名、规则名等角度进行分类聚合查询告警； （4）测试是否支持根据 SQL 模板排行分析各类 SQL 模板告警情况； （5）测试统计告警查询功能，可根据统计时长、统计次数、统计条件、会话 ID、客户端 IP、账号、客户端工具等条件查询
预期结果	支持从源 IP、用户名、客户端工具名、规则名等角度进行分类聚合
测试结果	■通过　　□部分通过　　□失败　　□未测试
备注	

（3）测试结果记录见图 8.18。

（二）APT 预警平台

1. 测试环境

本次测试设备为 APT 预警平台，将分为基础功能测试、高级功能及性能测试等几个方面进行，以全面考察 APT 预警平台产品的功能和可用性，并探讨产品提供整体解决方案的可行性。

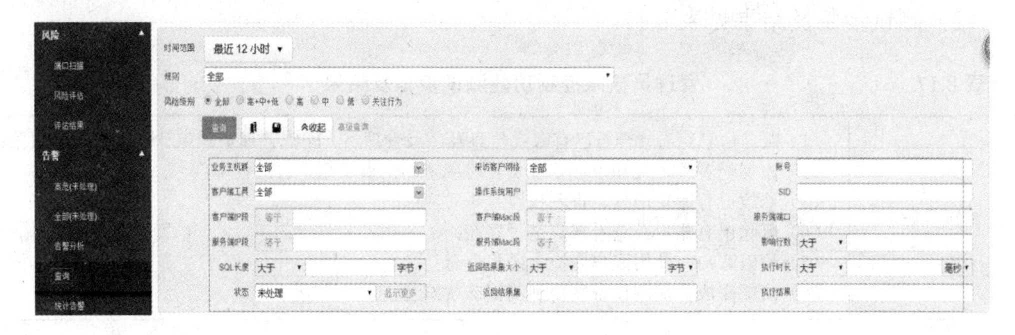

图 8.18　告警查询分析测试结果记录

设备的部署方式采用旁路接入四区核心交换机上，如图 8.19 所示，设备清单见表 8.16。

表 8.16　　　　设　备　清　单

设备名称	说　明	软　件	其　他
攻击端 PC1	Windows 系统	浏览器 漏洞扫描工具 数据包播放器 数据包抓取工具	
攻击端 PC2	Linux 系统	TCP REPLAY 工具	部分测试项用到
内网服务器 PC3	无要求	HTTP server SMTP server FTP server	
交换机	支持端口镜像		
APT 产品	APT 攻击预警产品		

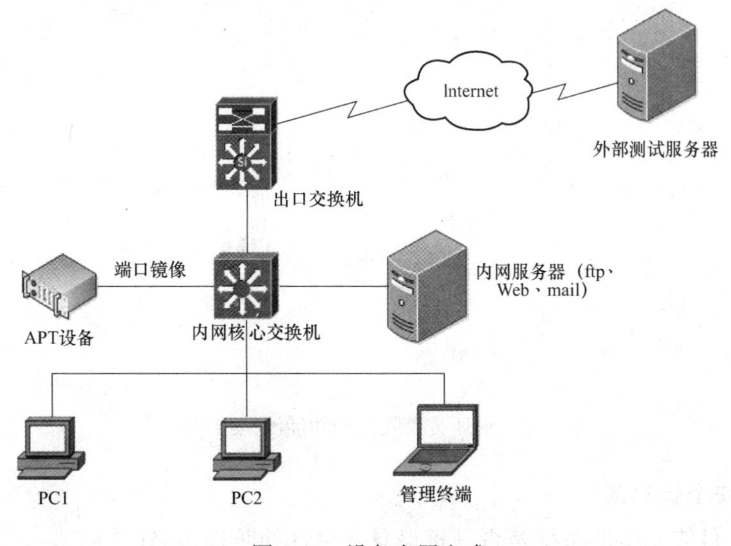

图 8.19　设备布置方式

2. 管理员权限控制功能测试

（1）测试目的。验证 APT 预警平台是否支持三权分立，管理员权限控制。

（2）测试步骤及结果见表 8.17。

表 8.17　　管理员权限控制功能测试步骤及结果

测试步骤	（1）账户信息查看，查看已有账户信息及超级管理员、配置管理员和审计管理员对应权限； （2）添加配置管理员和审计管理员及对应密码，查看账户对应权限； （3）修改已有账户信息，查看权限是否对应； （4）删除已有账户，查看账户是否存在； （5）检索账户，使用账户名检索账户信息； （6）测试完成，被测设备恢复到测试前状态
预期结果	支持三权分立，管理员权限控制
测试结果	■通过　　□部分通过　　□失败　　□未测试
备注	

（3）测试结果记录见图 8.20。

图 8.20　管理员权限控制功能测试结果记录

3. 自身安全性测试

（1）测试目的。验证系统是否具备自身安全性的防护策略。

（2）测试步骤及结果见表 8.18。

表 8.18　　自身安全性测试步骤及结果

测试步骤	（1）登录系统，验证系统是否支持用户登录鉴权； （2）验证系统是否支持强口令要求； （3）查看系统审计记录，生成自身审计记录（操作日志）； （4）登录系统，不进行操作，验证支持超时重新鉴别机制
预期结果	具备自身安全性的防护策略
测试结果	■通过　　□部分通过 □失败　　□未测试
备注	

（3）测试结果记录见图 8.21。

图 8.21　自身安全性测试结果记录

4. 部署模式测试

（1）测试目的。主要测试是否支持旁路镜像方式部署，无需安装任何插件即可完成对网络攻击行为的预警。

（2）测试步骤及结果见表 8.19。

表 8.19　　部署模式测试步骤及结果

测试步骤	（1）镜像目标数据库的流量到 APT 预警平台； （2）配置 APT 预警平台相关配置； （3）查看是否能在设备前台页面查看到流量大小
预期结果	支持旁路镜像方式部署，无需安装任何插件即可完成对网络攻击行为的预警
测试结果	■通过　□部分通过　□失败　□未测试
备注	

（3）测试结果记录见图 8.22，测试结果正常。

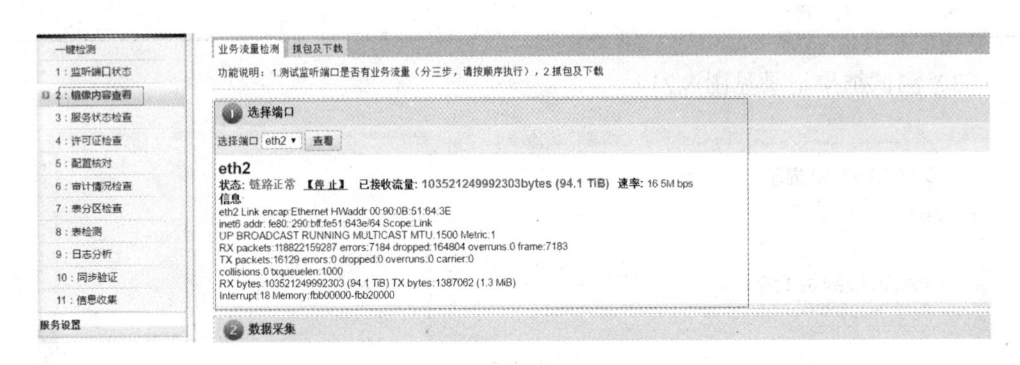

图 8.22　部署模式测试结果记录

5. WEB SQL 注入攻击行为

（1）测试目的。测试 APT 系统能否审计到 Web 攻击方式 SQL 的攻击行为。

（2）测试步骤及结果见表 8.20。

表 8.20　　Web SQL 注入攻击行为测试步骤及结果

测试步骤	（1）配置 APT 预警平台相关配置； （2）在 PC 发送 HTTP 请求，看系统能否审计到 Web 攻击行为； （3）通过风险页面去查询 Web 攻击行为
预期结果	可审计到 Web 攻击方式 SQL 的攻击行为
测试结果	■通过　□部分通过　□失败　□未测试
备注	

（3）测试结果记录见图 8.23。

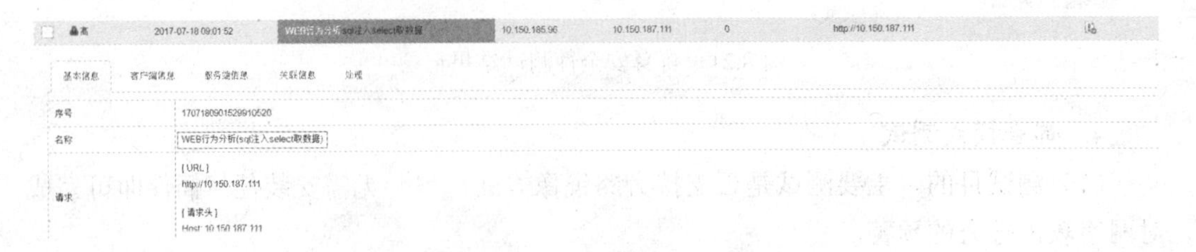

图 8.23　Web SQL 注入攻击行为测试结果记录

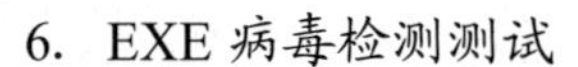

6. EXE 病毒检测测试

（1）测试目的。检验系统能否对用户上传或下载的附件进行文件扫描并发现恶意代码攻击的文件。

（2）测试步骤及结果见表 8.21。

表 8.21　　EXE 病毒检测测试步骤及结果

测试步骤	（1）配置 APT 预警平台相关配置； （2）通过 ftp 把样本附件放到 http 服务器上面或通过邮件发送样本附件； （3）看 APT 预警平台能否检测出恶意代码攻击行为
预期结果	支持对用户上传或下载的附件进行文件扫描并发现恶意代码攻击的文件
测试结果	■通过　　□部分通过　　□失败　　□未测试
备注	

（3）测试结果记录见图 8.24。

风险级别	时间	名称	客户端IP	服务端IP	响应码	报文	操作
高	2017-06-28 08:43:19	病毒恶意文件攻击	10.150.186.198	10.150.187.90	200	GET http://zntemail.zhenergy.com.cn/mail/znte/u13109.nsf/0/E9588FD71F7800294825814C003018B1/$file/2017年XX月上报环保数据（XX电厂报股份）.xls	
高	2017-06-28 08:41:51	病毒恶意文件攻击	10.150.186.198	10.150.187.90	200	GET http://zntemail.zhenergy.com.cn/mail/znte/u13109.nsf/0/E9588FD71F7800294825814C003018B1/$file/2017年XX月上报环保数据（XX电厂报股份）.xls	
高	2017-06-27 18:27:46	病毒恶意文件攻击	10.150.187.19	10.150.187.90	200	GET http://zntemail.zhenergy.com.cn/mail/znte/U07209.nsf/0/E9588FD71F7800294825814C003018B1/$file/2017年XX月上报环保数据（XX电厂报股份）.xls	

图 8.24　EXE 病毒检测测试结果记录

7. 木马类样本检测测试

（1）测试目的。检验系统能否对用户上传或下载的附件进行文件扫描并发现恶意代码攻击的文件。

（2）测试步骤及结果见表 8.22。

表 8.22　　木马类样本检测测试步骤及结果

测试步骤	（1）配置 APT 预警平台相关配置； （2）通过 ftp 把样本附件放到 http 服务器上面或通过邮件发送样本附件； （3）看 APT 预警平台能否检测出恶意代码攻击行为
预期结果	对用户上传或下载的附件进行文件扫描并发现恶意代码攻击的文件
测试结果	■通过　　□部分通过　　□失败　　□未测试
备注	

（3）测试结果记录见图 8.25。

8. 邮件恶意附件攻击监测测试

（1）测试目的。验证系统能否捕获发件人攻击邮件中隐藏的恶意附件，检测出欺骗行为。

（2）测试步骤及结果见表 8.23。

图 8.25 木马类样本检测测试结果记录

表 8.23 邮件恶意附件攻击监测测试步骤及结果

测试步骤	（1）配置 APT 预警平台相关配置； （2）在 PC1 构造一封邮件，并在附件添加含有恶意代码的样本的文件发送； （3）通过“风险”页面查询告警，看 APT 预警平台能否查询到该行为
预期结果	可捕获发件人攻击邮件中隐藏的恶意附件，检测出欺骗行为
测试结果	■通过　　□部分通过　　□失败　　□未测试
备注	

（3）测试结果记录。测试环境不具备，图 8.26 所示为产品离线测试的测试截图。

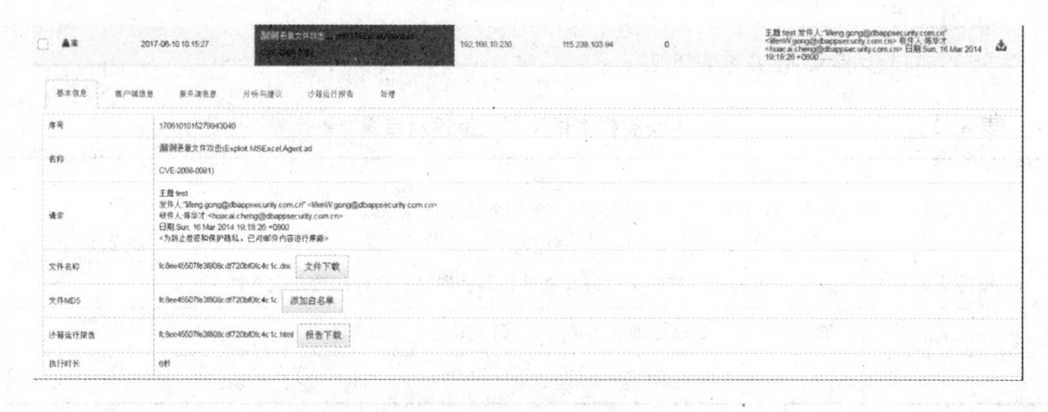

图 8.26 邮件恶意附件攻击监测测试结果记录

9. C&C 木马回连行为测试

（1）测试目的。测试系统能否识别 C&C IP/URL 行为。

（2）测试步骤及结果见表 8.24。

（3）测试结果记录见图 8.27。

表 8.24　C&C 木马回连行为测试步骤及结果

测试步骤	（1）配置 APT 预警平台相关配置； （2）在 APT 上构造木马回连数据包； （3）看系统能否发现主机外连 C&C IP/URL 的行为
预期结果	可识别 C&C IP/URL 行为
测试结果	■通过　□部分通过　□失败　□未测试
备注	

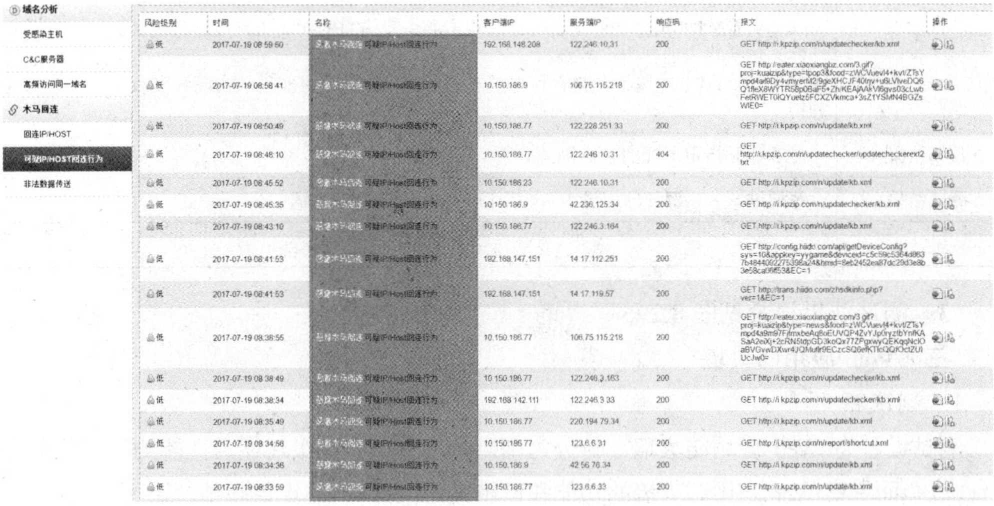

域名分析
受感染主机
C&C服务器
高频访问同一域名
木马回连
回连IP/HOST
可疑IP/HOST回连行为
非法数据传送

风险级别	时间	名称	客户端IP	服务端IP	响应码	报文	操作
低	2017-07-19 08:59:50	可疑IP/Host回连行为	192.168.148.208	122.246.10.31	200	GET http://i.kpzip.com/n/updatechecker/kb.xml	
低	2017-07-19 08:58:41	可疑IP/Host回连行为	10.150.186.9	106.75.115.218	200	GET http://eater.xiaoxiangbz.com/3.gif?proj=kuaizip&type=tpop3&food=zWCVuevl4+kvt/ZTsYmpd4al9Dy4vmyerM2/9geXHCJF40tqv+u6LVlveDQ6Q1fleX8WYTR58p0BaF5+Zh/KEAjAAkVl6gvs03cLwbFetRWET0IQYuelz5FCXZVkmca+3sZ1YSMN4BGZsWlE0=	
低	2017-07-19 08:50:49	可疑IP/Host回连行为	10.150.186.77	122.228.251.33	200	GET http://i.kpzip.com/n/update/kb.xml	
低	2017-07-19 08:48:10	可疑IP/Host回连行为	10.150.186.77	122.246.10.31	404	GET http://i.kpzip.com/n/updatechecker/updatecheckerext2.txt	
低	2017-07-19 08:45:52	可疑IP/Host回连行为	10.150.186.23	122.246.10.31	200	GET http://i.kpzip.com/n/update/kb.xml	
低	2017-07-19 08:45:35	可疑IP/Host回连行为	10.150.186.9	42.236.125.34	200	GET http://i.kpzip.com/n/updatechecker/kb.xml	
低	2017-07-19 08:43:10	可疑IP/Host回连行为	10.150.186.77	122.246.3.164	200	GET http://i.kpzip.com/n/update/kb.xml	
低	2017-07-19 08:41:53	可疑IP/Host回连行为	192.168.147.151	14.17.112.251	200	GET http://config.hiido.com/api/getDeviceConfig?sys=10&appkey=yygame&deviceid=c5c59c5364d8637b4844092275398a24&hmid=8eb2452ea87dc29d3e8b3e58ca06f53&EC=1	
低	2017-07-19 08:41:53	可疑IP/Host回连行为	192.168.147.151	14.17.119.57	200	GET http://trans.hiido.com/zhsdkinfo.php?ver=1&EC=1	
低	2017-07-19 08:38:55	可疑IP/Host回连行为	10.150.186.77	106.75.115.218	200	GET http://eater.xiaoxiangbz.com/3.gif?proj=kuaizip&type=news&food=zWCVuevl4+kvt/ZTsYmpd4a9m97FitmxbeAq8oEUVQP4ZvYJp0ryztbYnfKASaA2eiXj+2cRN5tdpGD3koQx77ZPgxwyQEKqqNclOaBVGvwDXwr4JQMuflr9ECzcSQ6efKTlcQQ/OctZUIUcJw0=	
低	2017-07-19 08:38:49	可疑IP/Host回连行为	10.150.186.77	122.246.3.163	200	GET http://i.kpzip.com/n/updatechecker/kb.xml	
低	2017-07-19 08:38:34	可疑IP/Host回连行为	192.168.142.111	122.246.3.33	200	GET http://i.kpzip.com/n/updatechecker/kb.xml	
低	2017-07-19 08:35:49	可疑IP/Host回连行为	10.150.186.77	220.194.79.34	200	GET http://i.kpzip.com/n/update/kb.xml	
低	2017-07-19 08:34:56	可疑IP/Host回连行为	10.150.186.77	123.6.6.31	200	GET http://i.kpzip.com/n/report/shortcut.xml	
低	2017-07-19 08:34:36	可疑IP/Host回连行为	10.150.186.9	42.56.76.34	200	GET http://i.kpzip.com/n/update/kb.xml	
低	2017-07-19 08:33:59	可疑IP/Host回连行为	10.150.186.77	123.6.6.33	200	GET http://i.kpzip.com/n/update/kb.xml	

图 8.27　C&C 木马回连行为测试结果记录

10. 方程式入侵样本监测

（1）测试目的。检验系统能否对方程式攻击行为识别。

（2）测试步骤及结果见表 8.25。

表 8.25　方程式入侵样本监测测试步骤及结果

测试步骤	（1）配置 APT 预警平台相关配置； （2）通过在 APT 设备上构造方程式攻击数据包； （3）看 APT 预警平台能否识别方程式样本恶意行为
预期结果	可对方程式攻击行为识别
测试结果	■通过　□部分通过　□失败　□未测试
备注	

（3）测试结果记录。测试环境不具备，图 8.28 所示为产品离线测试的测试截图。

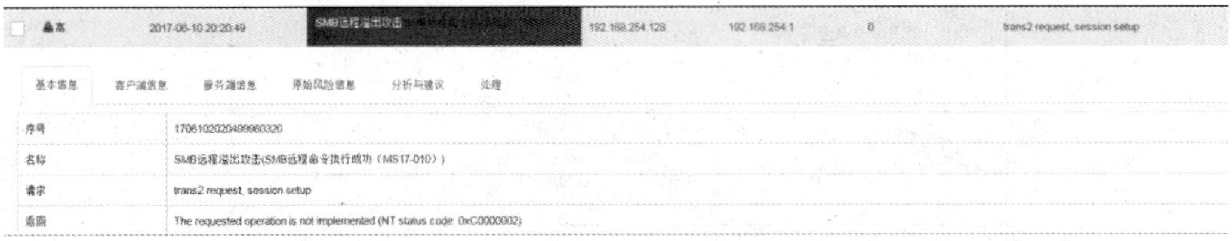

高	2017-06-10 20:20:49	SMB远程溢出攻击	192.168.254.128	192.168.254.1	0	trans2 request, session setup

基本信息　客户端信息　服务端信息　原始风险信息　分析与建议　处理

序号	1706102020499960320
名称	SMB远程溢出攻击(SMB远程命令执行成功（MS17-010）)
请求	trans2 request, session setup
返回	The requested operation is not implemented (NT status code: 0xC0000002)

图 8.28　方程式入侵样本监测测试结果记录

11. 攻击溯源分析

（1）测试目的。验证 APT 预警平台是否能够针对指定周期的攻击溯源分析。

（2）测试步骤及结果见表 8.26。

表 8.26　　攻击溯源分析测试步骤及结果

测试步骤	（1）配置 APT 预警平台相关配置； （2）在本地管理机上登录产品管理界面； （3）定义要统计的时间周期； （4）查看 APT 预警平台是否可通过攻击源、攻击目的对攻击路线进行统计； （5）包括攻击的行为、告警； （6）查看 APT 预警平台是否可根据不同威胁指数的主机实现攻击溯源和攻击过程的可视化分析
预期结果	能够针对指定周期的攻击溯源分析
测试结果	■通过　　□部分通过　　□失败　　□未测试
备注	

（3）测试结果记录见图 8.29。

（三）Web 应用防火墙

1. 测试环境

测试设备为 Web 应用防火墙，将分为基础功能测试、高级功能及性能测试等几个方面进行，以全面考察 Web 应用防火墙的功能和可用性，并探讨产品提供整体解决方案的可行性。

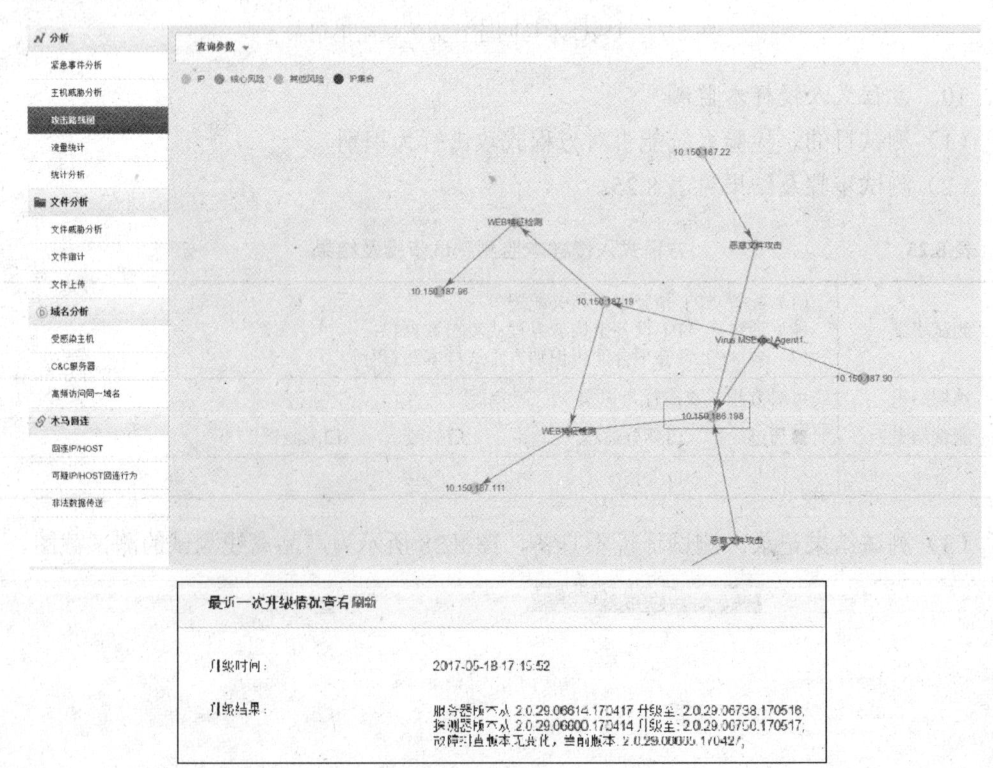

图 8.29　攻击溯源分析测试结果记录

设备的部署方式采用串接的方法部署在四区，大致拓扑图如图 8.30 所示。

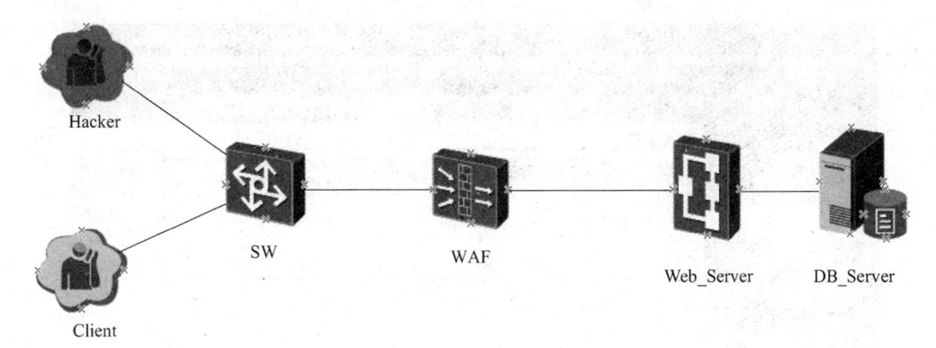

图 8.30　拓扑图

需要设备列表见表 8.27。

表 8.27　设　备　列　表

设备名称	数量	简　介
PC 服务器	1 台	搭建 Web 服务器，如 IIS、Apache，并搭建酷维、WebGoat 等系统
测试机	1 台	测试防护能力
管理机	1 台	用于管理 Web 应用防火墙
明御 Web 应用防火墙产品	1 台	测试 HA 需要准备两台
JBroFuzz	1 套	产生 Web 攻击
Web 扫描器	1 套	用于爬站及攻击
PC 服务器	1 台	搭建 Web 服务器，如 IIS、Apache，并搭建 CMS 系统，如酷维、织梦等系统
wireshark	2 套	用于网络抓包
Httpwatch	2 套	用于 HTTP 包分析
http test	1 套	发包工具

2. 管理员权限控制功能测试

（1）测试目的。验证 Web 应用防火墙是否支持三权分立，管理员权限控制。

（2）测试步骤及结果见表 8.28。

表 8.28　管理员权限控制功能测试步骤及结果

测试步骤	（1）查看已有账户信息及超级管理员、配置管理员和审计管理员对应权限； （2）添加配置管理员和审计管理员及对应密码，查看账户对应权限； （3）修改已有账户信息，查看权限是否对应； （4）删除已有账户，查看账户是否存在； （5）检索账户，使用账户名检索账户信息； （6）测试完成，被测设备恢复到测试前状态
预期结果	支持三权分立，管理员权限控制
测试结果	■通过　　□部分通过　　□失败　　□未测试
备注	

（3）测试结果记录见图 8.31。

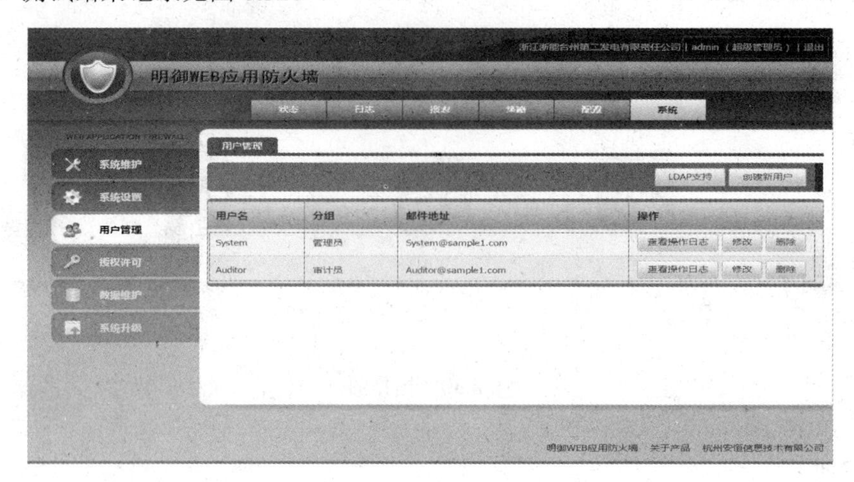

图 8.31　管理员权限控制功能测试结果记录

3. 自身安全性测试

（1）测试目的。验证系统是否具备自身安全性的防护策略。

（2）测试步骤及结果见表 8.29。

表 8.29　　自身安全性测试步骤及结果

测试步骤	（1）登录系统，验证系统是否支持用户登录鉴权； （2）验证系统是否支持强口令要求； （3）查看系统审计记录，生成自身审计记录（操作日志）； （4）登录系统，不进行操作，验证支持超时重新鉴别机制
预期结果	具备自身安全性的防护策略
测试结果	■通过　　□部分通过　　□失败　　□未测试
备注	

（3）测试结果记录见图 8.32。

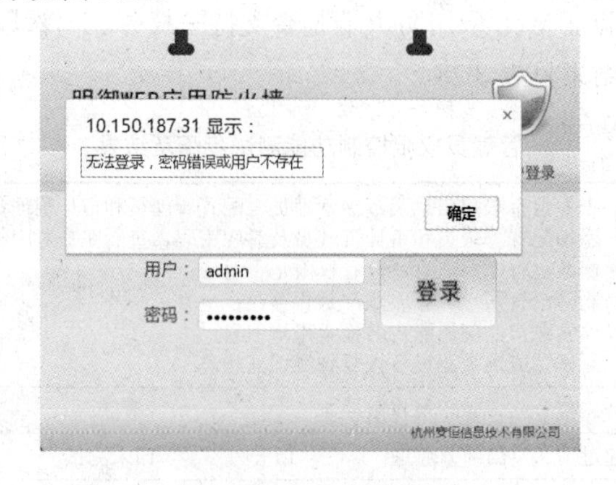

图 8.32　自身安全性测试结果记录（一）

图 8.32　自身安全性测试结果记录（二）

4. HTTP 协议规范性检测测试

（1）测试目的。Web 应用防火墙可对 HTTP 协议规范性进行检查，发现不规范的 HTTP 协议数据（如非法的 HTTP 版本和主机名、过长的 HTTP 请求和 HTTP 参数等），验证它的合规性检测能力。

（2）测试步骤及结果见表 8.30。

表 8.30　　HTTP 协议规范性检测测试步骤及结果

测试步骤	（1）使用 Jbrofuzz 构造非法的 HTTP 报文； 攻击样本如下： GET / HTTP/0.9 Host: www.test.com User-Agent: Mozilla/5.0 (Windows; U; Windows NT 6.0; en-GB; rv:1.9.0.10) Gecko/2009042316 Firefox/3.0.10 (.NET CLR 3.5.30729) JBroFuzz/2.5 Accept: text/html, application/xhtml+xml, application/xml;q=0.9, */*;q=0.8 Accept-Language: en-gb，en;q=0.5 Accept-Charset: ISO-8859-1, utf-8;q=0.7, *;q=0.7 （2）使用工具发包； （3）验证 Web 应用防火墙是否检测到这组非法报文
预期结果	可对 Http 协议规范性进行检查，发现不规范的 Http 协议数据，如非法的 Http 版本、非法主机名、过长的 Http 请求、过长的 Http 参数等，验证合规性检测能力
测试结果	■通过　　□部分通过　　□失败　　□未测试
备注	

（3）测试结果记录见图 8.33。

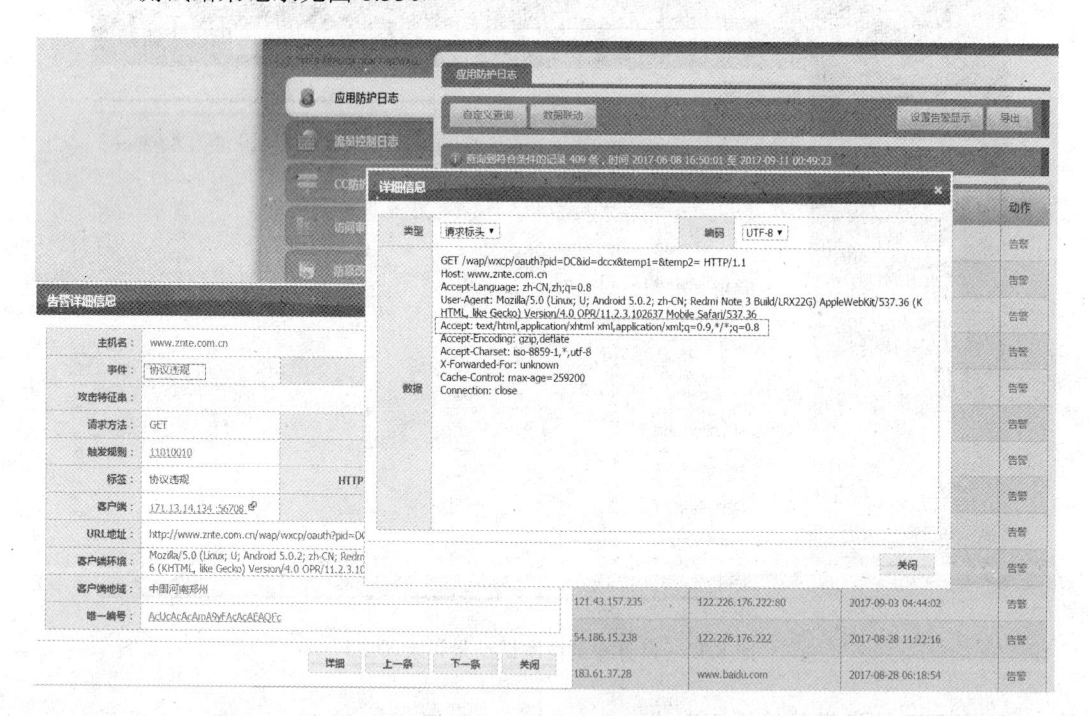

图 8.33　HTTP 协议规范性检测测试结果记录

5. 智能攻击者锁定测试

（1）测试目的。验证智能攻击者锁定，攻击者在一定时间内发起多次攻击后，Web 应用防火墙将该攻击者 IP 锁定黑名单中，防止持续攻击。

（2）测试步骤及结果见表 8.31。

表 8.31　　　　智能攻击者锁定测试步骤及结果

测试步骤	（1）配置 Web 应用防火墙开启智能防护，并配置锁定条件，当发现同一 IP 60s 内触发 10 次以上攻击服务器的行为，Web 应用防火墙将智能地锁定此 IP，并限制 60min（匹配算法和时间参数均可配置）； （2）使用 appscan 自动化工具进行扫描，查看扫描是否被拦截； （3）使用 IE 浏览器查看是否能正常访问被保护的服务器
预期结果	智能攻击者锁定，攻击者在一定时间内发起多次攻击后，Web 应用防火墙将该攻击者 IP 锁定黑名单中，防止持续攻击
测试结果	■通过　　□部分通过　　□失败　　□未测试
备注	

（3）测试结果记录见图 8.34。

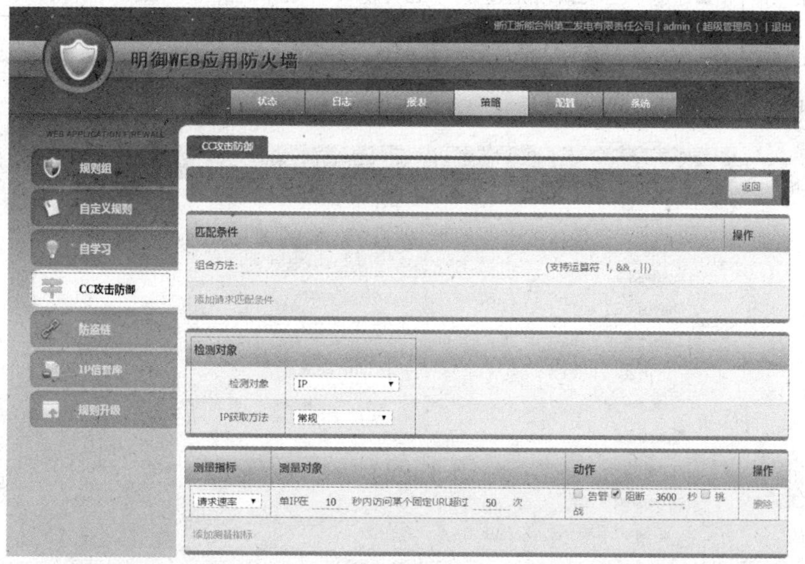

告警详细信息

主机名：	122.226.176.222		
事件：	扫描工具	发生时间：	2017-09-12 06:26:24
攻击特征串：			
请求方法：	GET	威胁：	低
触发规则：	17010008	动作：	告警
标签：	扫描工具	HTTP/S响应码：	404
客户端：	112.133.220.188 :11215	服务器：	192.168.172.10 :80
URL地址：	http://122.226.176.222/w00tw00t.at.blackhats.romanian.anti-sec:)		
客户端环境：	ZmEu		
客户端地域：	印度		
唯一编号：	AcAUeoAcA5AcAcAcFc9cAIAc		

详细　上一条　下一条　关闭

图 8.34　智能攻击者锁定测试结果记录

6. 阻断主流扫描器扫描测试

（1）测试目的。验证 Web 应用防火墙是否阻断主流的扫描器对网站的扫描，如 appscan、wvs、nessus、nikto、Hp WebInspect 等扫描器的扫描。

（2）测试步骤及结果见表 8.32。

表 8.32　　阻断主流扫描器扫描测试步骤及结果

测试步骤	（1）开启 Web 应用防火墙，防扫描器规则； （2）使用扫描器进行扫描器发包； （3）查看是否被 Web 应用防火墙拦截
预期结果	可阻断主流的扫描器对网站的扫描，如 appscan、wvs、nessus、nikto、Hp WebInspect 等扫描器的扫描
测试结果	■通过　　□部分通过　　□失败　　□未测试
备注	

（3）测试结果记录见图 8.35。

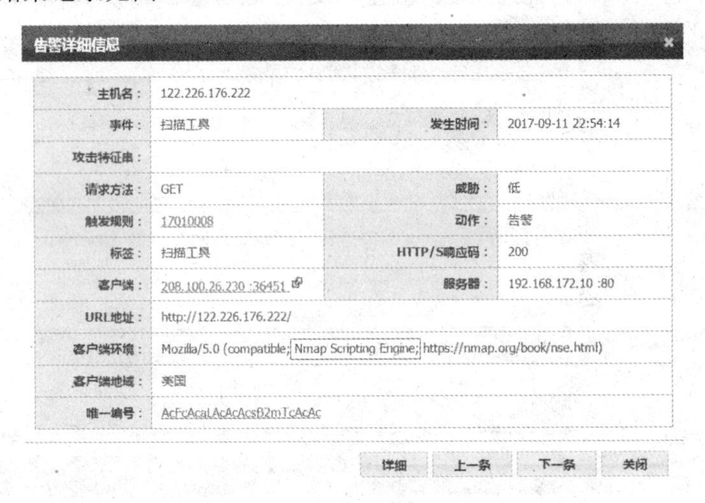

图 8.35　阻断主流扫描器扫描测试结果记录

7. Web 防命令注入攻击测试

（1）测试目的。网站程序与服务器操作系统进行交互，会导致黑客可以直接对操作系统进行命令注入。验证 Web 应用防火墙防命令注入攻击的功能。

（2）测试步骤及结果见表 8.33。

表 8.33　　Web 防命令注入攻击测试步骤及结果

测试步骤	（1）开启 Web 应用防火墙的相关策略规则； （2）篡改正常 Web 访问，构造 Web 命令注入攻击； （3）验证命令注入是否成功
预期结果	验证 Web 应用防火墙防命令注入攻击的功能
测试结果	■通过　　□部分通过　　□失败　　□未测试
备注	

（3）测试结果记录见图 8.36。

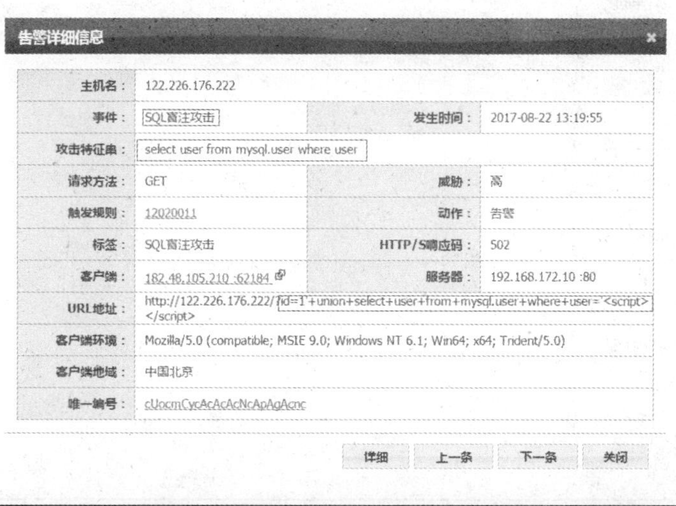

图 8.36　Web 防命令注入攻击测试结果记录（一）

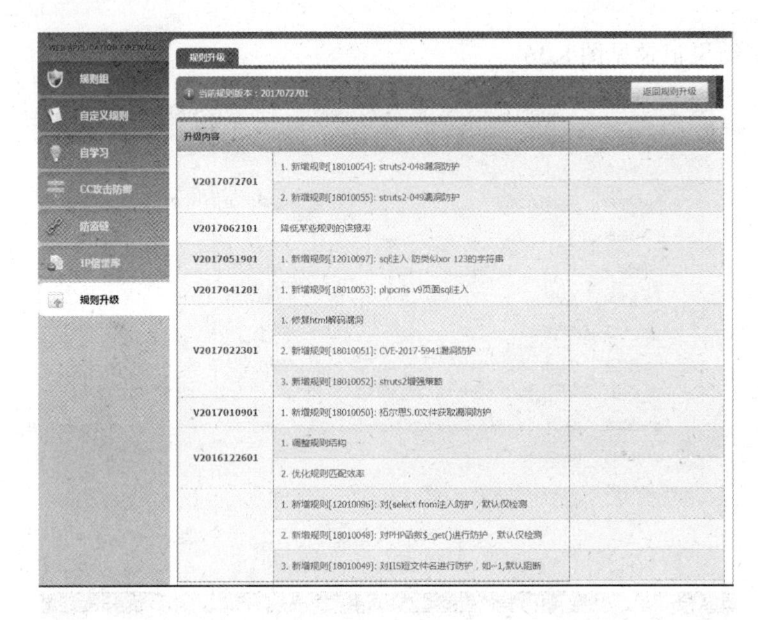

图 8.36　Web 防命令注入攻击测试结果记录（二）

8. 包分片攻击防护能力测试

（1）测试目的。攻击者通过将数据包放在不同的数据包分片中，当所有分片到达服务器后进行重组并形成攻击，验证 Web 应用防火墙防包分片攻击能力。

（2）测试步骤及结果见表 8.34。

表 8.34　　包分片攻击防护能力测试步骤及结果

测试步骤	（1）开启 Web 应用防火墙的相关策略规则； （2）构造攻击报文，添加到 HTTPTest 工具的“发送报文”框，并通过 GET 或者 POST 提交； 测试样本： GET /test.asp?testdata=+and+union+select+1%2C2%2C3+from+admin& Submit=TEST HTTP/1.1 Accept: image/gif, image/jpeg, image/pjpeg, image/pjpeg, application/x-shockwave-flash, */* Accept-Language: zh-cn User-Agent: Mozilla/4.0 (compatible; MSIE 8.0; Windows NT 5.1; Trident/4.0; .NET CLR 2.0.50727) Host: 192.168.27.164 Connection: close （3）构造发送碎片，设置碎片为 10 个字节，然后进行发送； （4）验证防护策略是否成功
预期结果	验证 Web 应用防火墙防包分片攻击能力
测试结果	■通过　　□部分通过　　□失败　　□未测试
备注	

（3）测试结果记录见图 8.37。

9. 静态防篡改测试

（1）测试目的。攻击者通过静态篡改修改页面信息，本测试验证 Web 应用防火墙静态防篡改能力。

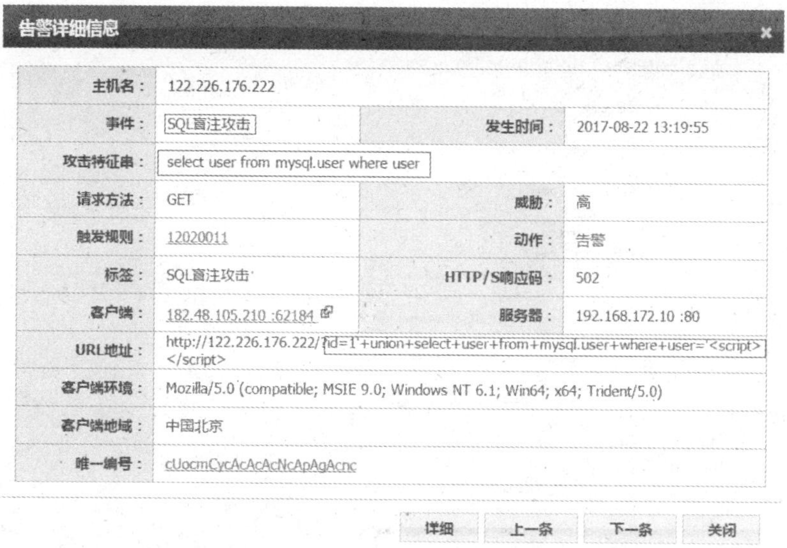

告警详细信息

主机名：	122.226.176.222		
事件：	SQL盲注攻击	发生时间：	2017-08-22 13:19:55
攻击特征串：	select user from mysql.user where user		
请求方法：	GET	威胁：	高
触发规则：	12020011	动作：	告警
标签：	SQL盲注攻击	HTTP/S响应码：	502
客户端：	182.48.105.210 :62184	服务器：	192.168.172.10 :80
URL地址：	http://122.226.176.222/?id=1'+union+select+user+from+mysql.user+where+user='<script></script>		
客户端环境：	Mozilla/5.0 (compatible; MSIE 9.0; Windows NT 6.1; Win64; x64; Trident/5.0)		
客户端地域：	中国北京		
唯一编号：	cUocmCycAcAcAcNcApAgAcnc		

详细　上一条　下一条　关闭

图 8.37　包分片攻击防护能力测试结果记录

（2）测试步骤及结果见表 8.35。

表 8.35　静态防篡改测试步骤及结果

测试步骤	（1）开启 Web 应用防火墙的相关策略规则； （2）启用防篡改的自学习模式，并通过客户端访问一个静态页面（如 http://Website/test.txt）； （3）将防篡改切换到“启用”模式，改变 test.txt 文件的内容，通过客户端对该页面进行访问
预期结果	验证 Web 应用防火墙静态防篡改能力
测试结果	■通过　□部分通过　□失败　□未测试
备注	

（3）测试结果记录见图 8.38。

（四）工控网络审计与监测平台评估测试

1. 测试环境

测试设备为工控网络审计与监测平台，将分为基础功能测试、高级功能等几个方面进行，以全面考察工控网络审计与监测平台产品的功能，并探讨产品提供整体解决方案的可行性，还需要防护产品不影响生产控制网络的可用性。

设备的部署方式采用旁路接入的生产大区的 Ovation DCS 机组以及辅网控制系统的核心交换机上，如图 8.39 所示，设备清单见表 8.36。为避免发包程序对工程师站的软件环境造成影响，在测试时会在交换机上接入一台试验机，用于发送构造的测试报文。

2. 管理员权限控制功能测试

（1）测试目的。验证工控网络审计与监测平台是否支持三权分立，管理员权限控制。

（2）测试步骤及结果见表 8.37。

WEB加速及防篡改	
数据压缩	☐ 禁止服务器进行压缩 ☐ 传输至客户端时压缩
缓存加速	不启用 ▾
防篡改	启用 ▾
运行模式	学习模式 ▾
默认页面	test.txt
文件类型	☐ *.xls *.xla Microsoft Excel Dateien
	☐ *.hlp *.chm Microsoft Windows Hilfe Dateien
	☐ *.ppt *.ppz *.pps *.pot Microsoft Powerpoint Dateien
	☐ *.doc *.dot Microsoft Word Dateien
	☐ *.bin *.exe *.com *.dll *.classAusführbare Dateien
	☐ *.pdf Adobe PDF-Dateien
	☐ *.swf *.cab Flash Shockwave-Dateien
	☐ *.zip ZIP-Archivdateien
	☐ *.gif GIF-Dateien
	☐ *.jpeg *.jpg *.jpe JPEG-Dateien
	☐ *.css CSS Stylesheet-Dateien
	☐ *.htm *.html *.shtml HTML-Dateien
	☑ *.txt reine Textdateien

图 8.38　静态防篡改测试结果记录

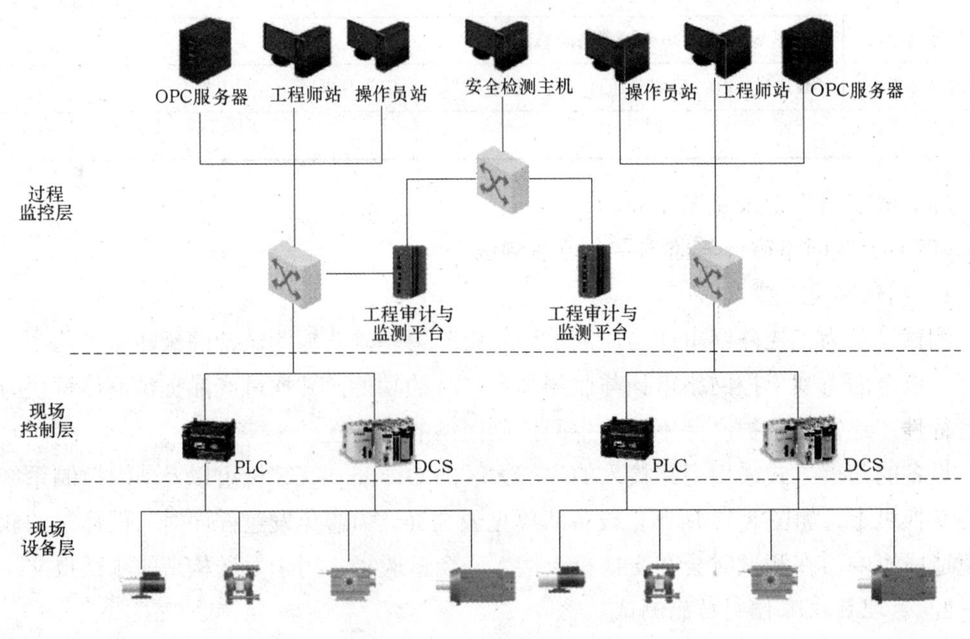

图 8.39　设备部署分式

表 8.36　　设　备　清　单

设备名称	数量	简　介
测试机	1 台	辅助测试
管理机	1 台	用于管理工控网络审计与监测平台
工控网络审计与监测平台	1 台	全网流量审计与监测

表 8.37　　管理员权限控制功能测试步骤及结果

测试步骤	（1）账户信息查看，查看已有账户信息及超级管理员、配置管理员和审计管理员对应权限； （2）添加配置管理员和审计管理员及对应密码，查看账户对应权限； （3）修改已有账户信息，查看权限对应； （4）删除已有账户，查看账户是否存在； （5）检索账户，使用账户名检索账户信息； （6）测试完成，被测设备恢复到测试前状态
预期结果	支持三权分立，管理员权限控制
测试结果	■通过　　□部分通过　　□失败　　□未测试
备注	

（3）测试结果记录见图 8.40。

图 8.40　管理员权限控制功能测试结果记录

3. 自身安全性测试

（1）测试目的。验证系统是否具备自身安全性的防护策略。

（2）测试步骤及结果见表 8.38。

表 8.38　　自身安全性测试步骤及结果

测试步骤	（1）登录系统，验证系统是否支持用户登录鉴权； （2）验证系统是否支持强口令要求； （3）查看系统审计记录，生成自身审计记录（操作日志）； （4）登录系统，不进行操作，验证支持超时重新鉴别机制
预期结果	具备自身安全性的防护策略
测试结果	■通过　　□部分通过　　□失败　　□未测试
备注	

（3）测试结果记录见图 8.41。

4. 基于 IP 地址及端口号的检测测试

（1）测试目的。验证工控网络审计与监测平台基于 IP 地址及端口号的检测能力。

（2）测试步骤及结果见表 8.39。

表 8.39　　基于 IP 地址及端口号的检测测试步骤及结果

测试步骤	（1）配置工控网络审计与监测平台； （2）查看审计记录，查看是否基于 client 和 Server 的源、目的 IP 及源、目的端口及通信协议（FTP）生成审计记录； （3）观察审计日志，验证能否正确统计基于 IP 地址和端口号的流量结果
预期结果	验证工控网络审计与监测平台基于 IP 地址及端口号的检测能力
测试结果	■通过　　□部分通过　　□失败　　□未测试
备注	

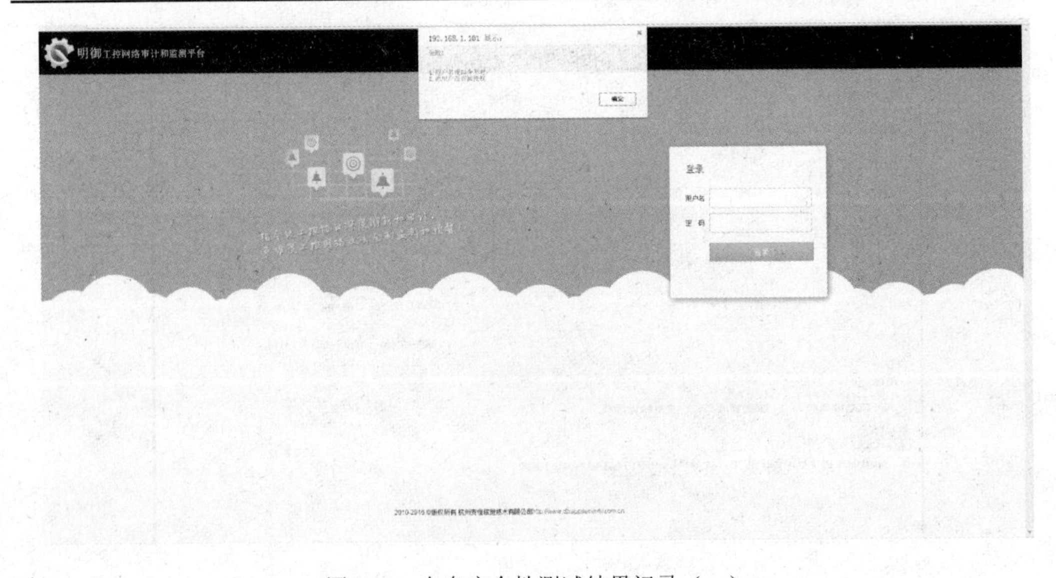

图 8.41　自身安全性测试结果记录（一）

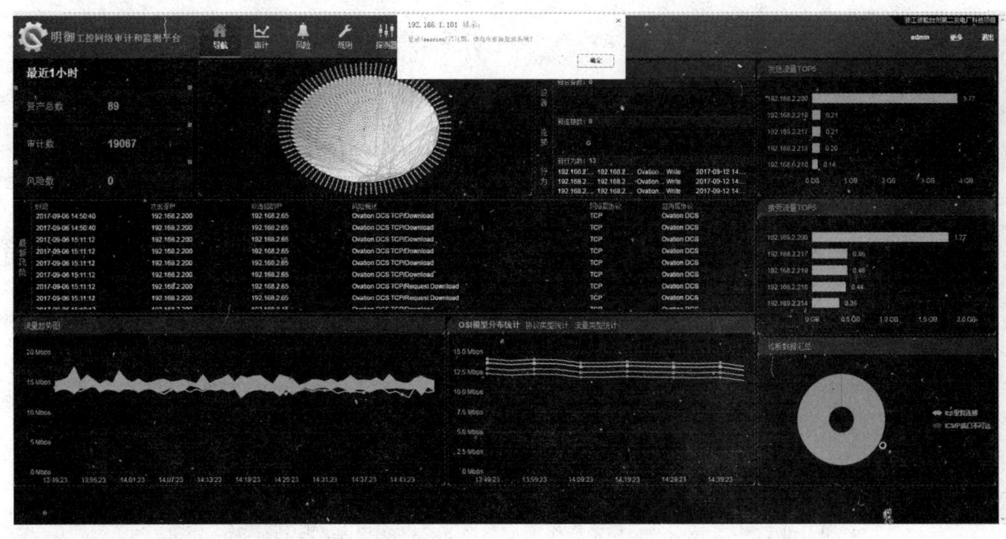

图 8.41　自身安全性测试结果记录（二）

（3）测试结果记录见图 8.42。

查询

时间	客户端IP	服务端IP	协议类型	命令码	功能码	响应码	功能描述	操作
2017-03-15 17:03:21	192.168.2.217:53032	192.168.2.80:12100	Ovation DCS	Read	0	0	Read (0x82), SystemID : 00005885H	详细
2017-03-15 17:03:21	192.168.2.217:53032	192.168.2.80:12100	Ovation DCS	Read	0	0	Read (0x82), SystemID : 0000501fH	详细
2017-03-15 17:03:21	192.168.2.217:53032	192.168.2.80:12100	Ovation DCS	Read	0	0	Read (0x82), SystemID : 0000501dH	详细
2017-03-15 17:03:21	192.168.2.217:53032	192.168.2.80:12100	Ovation DCS	Read	0	0	Read (0x82), SystemID : 00005884H	详细
2017-03-15 17:03:21	192.168.2.217:53032	192.168.2.80:12100	Ovation DCS	Read	0	0	Read (0x82), SystemID : 00005883H	详细
2017-03-15 17:03:21	192.168.2.217:53032	192.168.2.80:12100	Ovation DCS	Read	0	0	Read (0x82), SystemID : 00005016H	详细
2017-03-15 17:03:21	192.168.2.217:53032	192.168.2.80:12100	Ovation DCS	Read	0	0	Read (0x82), SystemID : 00005014H	详细
2017-03-15 17:03:21	192.168.2.217:53032	192.168.2.80:12100	Ovation DCS	Read	0	0	Read (0x82), SystemID : 00005882H	详细
2017-03-15 17:03:21	192.168.2.217:53032	192.168.2.80:12100	Ovation DCS	Read	0	0	Read (0x82), SystemID : 00005881H	详细
2017-03-15 17:03:21	192.168.2.217:53032	192.168.2.80:12100	Ovation DCS	Read	0	0	Read (0x82), SystemID : 00005880H	详细
2017-03-15 17:03:21	192.168.2.217:53032	192.168.2.80:12100	Ovation DCS	Read	0	0	Read (0x82), SystemID : 0000587fH	详细
2017-03-15 17:03:21	192.168.2.217:53032	192.168.2.80:12100	Ovation DCS	Read	0	0	Read (0x82), SystemID : 0000587eH	详细
2017-03-15 17:03:21	192.168.2.217:53032	192.168.2.80:12100	Ovation DCS	Read	0	0	Read (0x82), SystemID : 0000587dH	详细
2017-03-15 17:03:21	192.168.2.217:53032	192.168.2.80:12100	Ovation DCS	Read	0	0	Read (0x82), SystemID : 0000587cH	详细
2017-03-15 17:03:21	192.168.2.217:53032	192.168.2.80:12100	Ovation DCS	Read	0	0	Read (0x82), SystemID : 0000587bH	详细
2017-03-15 17:03:21	192.168.2.217:53032	192.168.2.80:12100	Ovation DCS	Read	0	0	Read (0x82), SystemID : 0000587aH	详细
2017-03-15 17:03:21	192.168.2.217:53032	192.168.2.80:12100	Ovation DCS	Read	0	0	Read (0x82), SystemID : 00005879H	详细
2017-03-15 17:03:21	192.168.2.217:53032	192.168.2.80:12100	Ovation DCS	Read	0	0	Read (0x82), SystemID : 00005878H	详细
2017-03-15 17:03:21	192.168.2.217:53032	192.168.2.80:12100	Ovation DCS	Read	0	0	Read (0x82), SystemID : 00005877H	详细
2017-03-15 17:03:21	192.168.2.217:53032	192.168.2.80:12100	Ovation DCS	Read	0	0	Read (0x82), SystemID : 00005876H	详细

每页 20 条 30 /30页 共600条

图 8.42　基于 IP 地址及端口号的检测测试结果记录（一）

图 8.42 基于 IP 地址及端口号的检测测试结果记录（二）

5. 建立工控行为模型

（1）测试目的。验证工控网络审计与监测平台工控行为模型展现能力。

（2）测试步骤及结果见表 8.40。

表 8.40 建立工控行为模型测试步骤及结果

测试步骤	（1）配置工控网络审计与监测平台； （2）通信数据进行长时间的监听； （3）查看是否建立工控网络的通信模型基线，判断是否与实际相符
预期结果	支持工控网络审计与监测平台工控行为模型展现
测试结果	■通过　　□部分通过　　□失败　　□未测试
备注	

（3）测试结果记录见图 8.43。

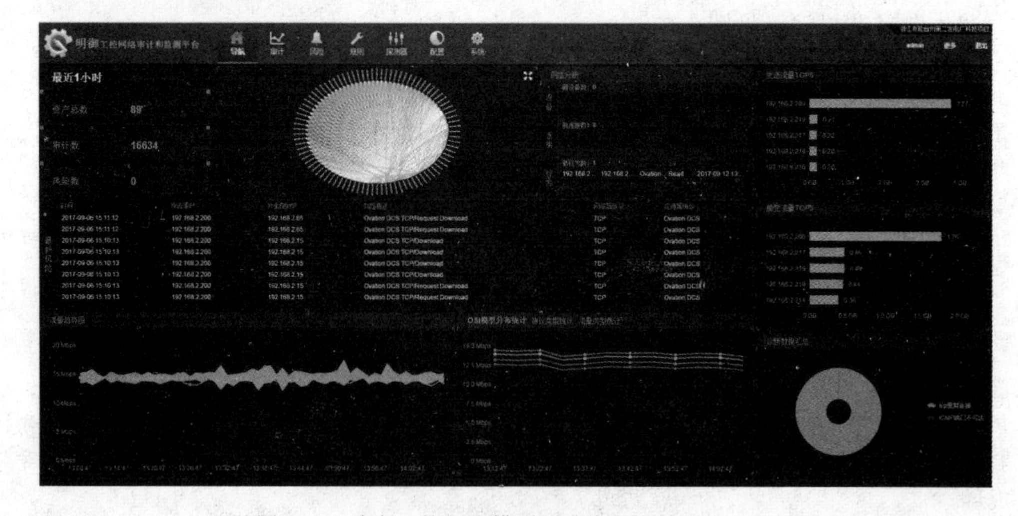

图 8.43 建立工控行为模型测试步骤及结果（一）

 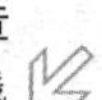

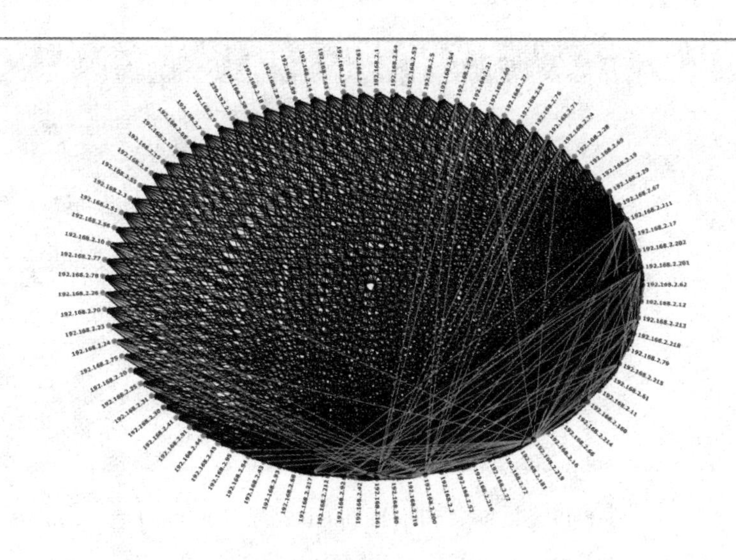

图 8.43　建立工控行为模型测试步骤及结果（二）

6. 工控系统事件回溯

（1）测试目的。验证工控网络审计与监测平台对工控系统事件回溯能力。

（2）测试步骤及结果见表 8.41。

表 8.41　　工控系统事件回溯测试步骤及结果

测试步骤	（1）进入工控审计与监测平台的审计页面； （2）查询某个 IP 地址的审计记录，检测是否能够正确审计到操作行为
预期结果	支持工控网络审计与监测平台对工控系统事件回溯
测试结果	■通过　　□部分通过　　□失败　　□未测试
备注	

（3）测试结果记录见图 8.44。

明御工控网络审计和监测平台　导航　审计　风险　规则　探测器　配置　系统　浙江浙能台州第二发电厂科技项目　admin　更多　退出

审计　审计　网络分析　设备　连接　行为　数据分析　流量分析　统计分析　流量威胁分析报告　文件上传　pcap文件上传

查询

时间	客户端IP	服务端IP	协议类型	命令码	功能码	响应码	功能描述	操作
2017-09-12 14:59:53	192.168.2.210:51024	192.168.2.12:12100	Ovation DCS	Read	0	0	Read (0x82), SystemID : 0000ea9cH	详细
2017-09-12 14:59:53	192.168.2.210:51024	192.168.2.62:12100	Ovation DCS	Read	0	0	Read (0x82), SystemID : 0000ea9cH	详细
2017-09-12 14:59:47	192.168.2.210:51024	192.168.2.12:12100	Ovation DCS	Read	0	0	Read (0x82), SystemID : 0000e60bH	详细
2017-09-12 14:59:47	192.168.2.210:51024	192.168.2.62:12100	Ovation DCS	Read	0	0	Read (0x82), SystemID : 0000e60bH	详细
2017-09-12 14:59:13	192.168.2.213:51312	192.168.2.14:12100	Ovation DCS	Read	0	0	Read (0x82), SystemID : 0000214aH	详细
2017-09-12 14:59:13	192.168.2.213:51312	192.168.2.14:12100	Ovation DCS	Read	0	0	Read (0x82), SystemID : 00002148H	详细
2017-09-12 14:59:13	192.168.2.213:51312	192.168.2.70:12100	Ovation DCS	Read	0	0	Read (0x82), SystemID : 00002c77H	详细
2017-09-12 14:59:13	192.168.2.213:51312	192.168.2.70:12100	Ovation DCS	Read	0	0	Read (0x82), SystemID : 00002565H	详细
2017-09-12 14:59:13	192.168.2.213:51312	192.168.2.70:12100	Ovation DCS	Read	0	0	Read (0x82), SystemID : 00002cabH	详细
2017-09-12 14:59:13	192.168.2.213:51312	192.168.2.70:12100	Ovation DCS	Read	0	0	Read (0x82), SystemID : 00002caaH	详细
2017-09-12 14:59:13	192.168.2.213:51312	192.168.2.70:12100	Ovation DCS	Read	0	0	Read (0x82), SystemID : 00002ca9H	详细
2017-09-12 14:59:13	192.168.2.213:51312	192.168.2.70:12100	Ovation DCS	Read	0	0	Read (0x82), SystemID : 00002587H	详细
2017-09-12 14:59:13	192.168.2.213:51312	192.168.2.70:12100	Ovation DCS	Read	0	0	Read (0x82), SystemID : 00002ca8H	详细
2017-09-12 14:59:13	192.168.2.213:51312	192.168.2.20:12100	Ovation DCS	Read	0	0	Read (0x82), SystemID : 00002582H	详细
2017-09-12 14:59:13	192.168.2.213:51312	192.168.2.70:12100	Ovation DCS	Read	0	0	Read (0x82), SystemID : 00002ca7H	详细
2017-09-12 14:59:13	192.168.2.213:51312	192.168.2.20:12100	Ovation DCS	Read	0	0	Read (0x82), SystemID : 00002c77H	详细
2017-09-12 14:59:13	192.168.2.213:51312	192.168.2.70:12100	Ovation DCS	Read	0	0	Read (0x82), SystemID : 00002ca6H	详细
2017-09-12 14:59:13	192.168.2.213:51312	192.168.2.20:12100	Ovation DCS	Read	0	0	Read (0x82), SystemID : 00002565H	详细
2017-09-12 14:59:13	192.168.2.213:51312	192.168.2.70:12100	Ovation DCS	Read	0	0	Read (0x82), SystemID : 00002ca5H	详细
2017-09-12 14:59:13	192.168.2.213:51312	192.168.2.20:12100	Ovation DCS	Read	0	0	Read (0x82), SystemID : 00002cabH	详细

每页 20 条　1 /50页 共1000条

图 8.44　工控系统事件回溯测试结果记录（一）

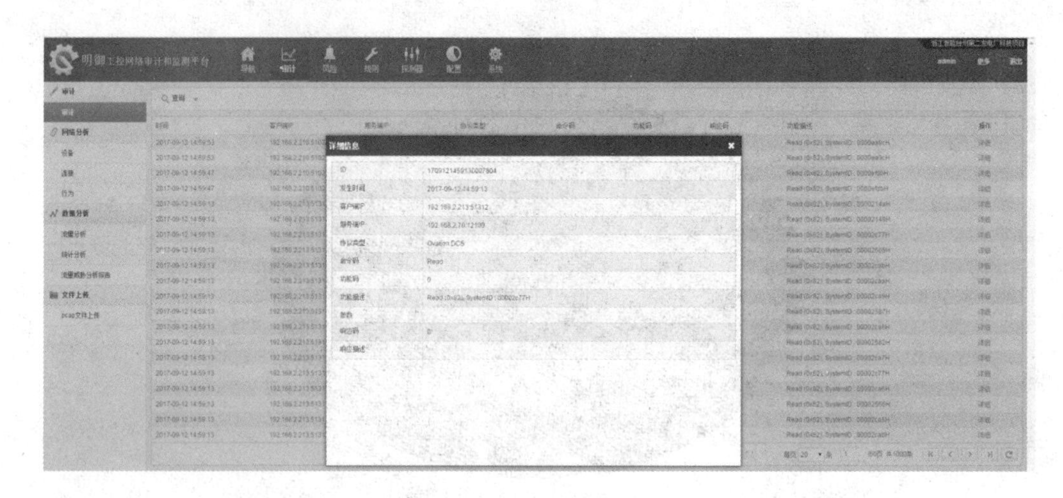

图 8.44　工控系统事件回溯测试结果记录（二）

7. 异常通信连接检测测试

（1）测试目的。验证工控网络审计与监测平台检测违背正常通信基线行为的功能，验证检测违规接入设备的功能。

（2）测试步骤及结果见表 8.42。

表 8.42　　异常通信连接检测测试步骤及结果

测试步骤	（1）配置工控网络审计与监测平台安全规则； （2）在测试机上发送测试报文，尝试连接网络中的控制器或者操作员站； （3）查看工控网络审计与监测平台日志或告警信息，验证能否正常检测
预期结果	支持工控网络审计与监测平台检测违背正常通信基线行为的功能，验证检测违规接入设备的功能
测试结果	■通过　　□部分通过　　□失败　　□未测试
备注	

（3）测试结果记录见图 8.45。

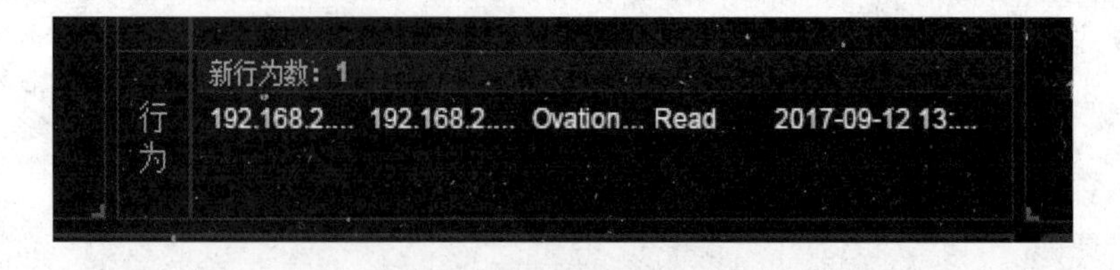

图 8.45　异常通信连接检测测试结果记录

8. Ovation DCS 私有协议深度解析测试

（1）测试目的。验证工控网络审计与监测平台深度解析 Ovation DCS 私有协议深度解析的能力，能够识别 DCS 通信报文的操作指令、报文内容。

（2）测试步骤及结果见表 8.43。

表 8.43　Ovation DCS 私有协议深度解析测试步骤及结果

测试步骤	（1）配置工控网络审计与监测平台安全规则； （2）在测试机上发送测试报文，尝试连接网络中的控制器或者操作员站； （3）查看工控网络审计与监测平台日志或告警信息，验证能否正常检测
预期结果	支持深度解析 Ovation DCS 私有协议深度解析的能力，能够识别 DCS 通信报文的操作指令、报文内容
测试结果	■通过　□部分通过　□失败　□未测试
备注	

（3）测试结果记录见图 8.46。

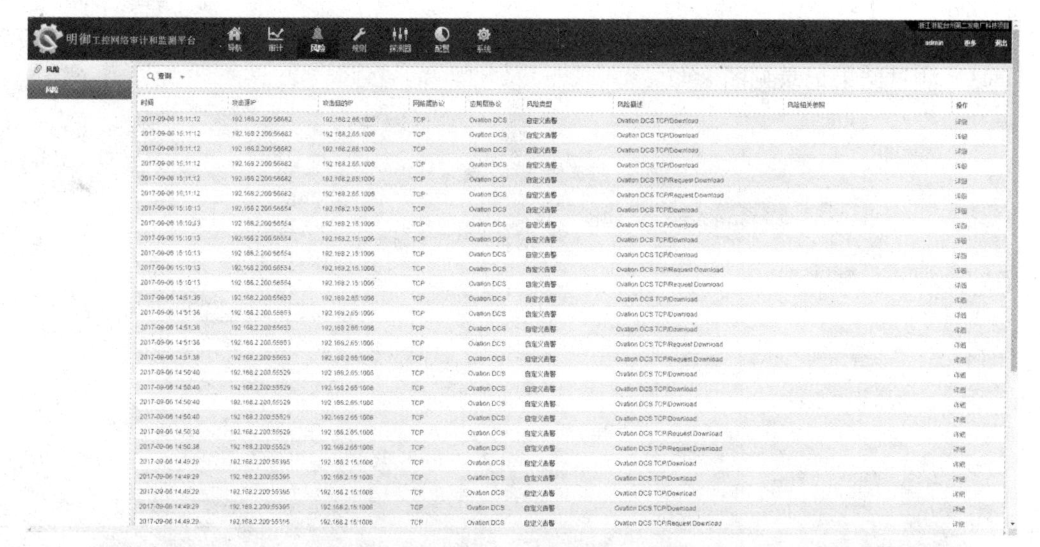

图 8.46　Ovation DCS 私有协议深度解析测试结果记录

9. 工控网络审计与监测平台日志查询和统计测试

（1）测试目的。验证工控网络审计与监测平台的日志查询和统计能力。

（2）测试步骤及结果见表 8.44。

表 8.44　　工控网络审计与监测平台日志查询和统计测试步骤及结果

测试步骤	（1）查看工控网络审计与监测平台的审计页面； （2）查看审计结果，判断是否支持自定义时间查询审计结果； （3）查看审计结果，判断是否可根据自定义时间进行事件查询； （4）查看审计结果，判断是否可根据流量大小统计； （5）查看审计结果，判断是否可根据 IP 地址统计
预期结果	支持日志查询和统计
测试结果	■通过　　□部分通过　　□失败　　□未测试
备注	

（3）测试结果记录见图 8.47。

图 8.47　工控网络审计与监测平台日志查询和统计测试结果记录（一）

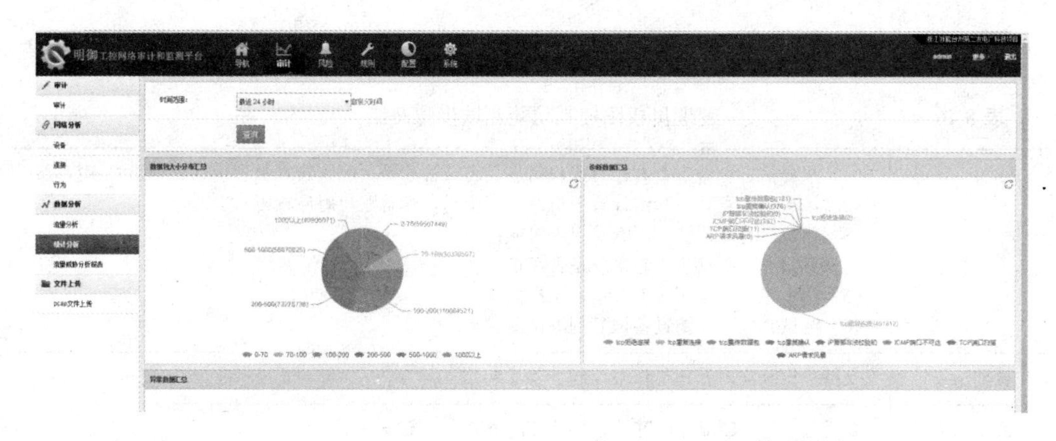

图 8.47　工控网络审计与监测平台日志查询和统计测试结果记录（二）

（五）工业防火墙测试评估

1. 测试环境

本次测试设备为工控网络审计与监测平台，将分为基础功能测试、高级功能等几个方面进行，以全面考察工控网络审计与监测平台产品的功能，并探讨产品提供整体解决方案的可行性，还需要防护产品不影响生产控制网络的可用性。

设备的部署方式采用串接方式接入生产大区的 Ovation DCS 机组以及辅网控制系统的核心交换机上，如图 8.48 所示，设备清单见表 8.45。

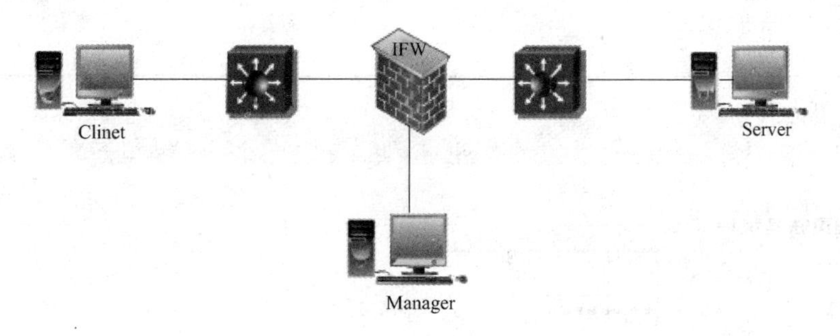

图 8.48　设备部署方式

表 8.45　　　　　　**设　备　示　意**

设备名称	数量	简　　介
测试机	1 台	发送攻击报文
管理机	1 台	用于管理工控网络审计与监测平台
工业防火墙	1 台	流量检测过滤
wireshark	1 套	用于网络抓包
Xcap	1 套	发包工具

2. 管理员权限控制功能测试

（1）测试目的。验证工业防火墙是否支持三权分立，管理员权限控制。

（2）测试步骤及结果见表 8.46。

表 8.46　　管理员权限控制功能测试步骤及结果

测试步骤	（1）账户信息查看，查看已有账户信息及超级管理员、配置管理员和审计管理员对应权限； （2）添加配置管理员和审计管理员及对应密码，查看账户对应权限； （3）修改已有账户信息，查看权限对应； （4）删除已有账户，查看账户是否存在； （5）检索账户，使用账户名检索账户信息； （6）测试完成，被测设备恢复到测试前状态
预期结果	支持三权分立，管理员权限控制
测试结果	■通过　　□部分通过　　□失败　　□未测试
备注	

（3）测试结果记录见图 8.49。

图 8.49　管理员权限控制功能测试结果记录

3. 自身安全性测试

（1）测试目的。验证系统是否具备自身安全性的防护策略。

（2）测试步骤及结果见表 8.47。

表 8.47　　自身安全性测试步骤及结果

测试步骤	（1）登录系统，验证系统是否支持用户登录鉴权； （2）验证系统是否支持强口令要求； （3）查看系统审计记录，生成自身审计记录（操作日志）； （4）登录系统，不进行操作，验证支持超时重新鉴别机制
预期结果	具备自身安全性的防护策略
测试结果	■通过　　□部分通过　　□失败　　□未测试
备注	

（3）测试结果记录见图 8.50。

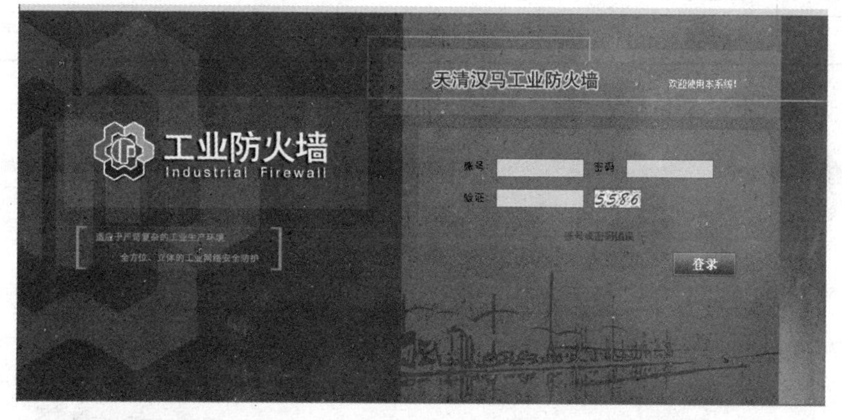

位置：系统管理 >> 系统设置 >> 管理员设置 >> 设置

管理员账号　管理员安全策略　管理主机　设置　管理证书

管理方式

启用远程SSH
启用TELNET

超时设置

帐号空闲超时　600　(60-86400)秒
帐号解锁超时　10　(10-600)分钟
确定

位置：日志审计 >> 安全日志 >> 日志访问

日志访问

日志类型：所有　级别：所有　关键字：　查询

日志查看

日期 / 时间	类型	级别	详细信息
2017/09/12 13:34:04	管理日志	通知	管理员[administrator]执行命令，删除流量自学习/流量自学习/资产auto_Wistr18。
2017/09/12 13:34:04	管理日志	通知	管理员[administrator]执行命令，删除流量自学习/流量自学习/资产auto_multic17。
2017/09/12 13:34:04	管理日志	通知	管理员[administrator]执行命令，删除流量自学习/流量自学习/资产auto_multic16。
2017/09/12 13:34:04	管理日志	通知	管理员[administrator]执行命令，删除流量自学习/流量自学习/资产auto_multic2。
2017/09/12 13:34:04	管理日志	通知	管理员[administrator]执行命令，删除流量自学习/流量自学习/资产auto_Dell12。
2017/09/12 13:34:04	管理日志	通知	管理员[administrator]执行命令，删除流量自学习/流量自学习/资产auto_Dell11。
2017/09/12 13:34:04	管理日志	通知	管理员[administrator]执行命令，删除流量自学习/流量自学习/资产auto_Dell8。
2017/09/12 13:34:04	管理日志	通知	管理员[administrator]执行命令，删除流量自学习/流量自学习/资产auto_Cisco10。
2017/09/12 13:34:04	管理日志	通知	管理员[administrator]执行命令，删除流量自学习/流量自学习/资产auto_brodc19。
2017/09/12 13:34:04	管理日志	通知	管理员[administrator]执行命令，删除流量自学习/流量自学习/资产auto_brodc9。

刷新　导出　清空　设置日志服务器　　每页显示 10 行　首页　上一页　1　2　3　…140　下一页　尾页　跳转到第 1 页　GO

图 8.50　自身安全性测试步骤及结果

4. 基于五元组防护测试

（1）测试目的。验证工业防火墙基于五元组生成策略的防护能力。

（2）测试步骤及结果见表 8.48。

表 8.48　　基于五元组防护测试步骤及结果

测试步骤	（1）配置防火墙，规划网络 IP； （2）基于 client 和 Server 的源、目的 IP 及源、目的端口及通信协议（FTP）生成安全策略； （3）在线查看流量符合安全策略的流量是否完整传输； （4）基于五元组的任一元素进行安全防护策略测试结果
预期结果	具备基于五元组生成策略的防护能力
测试结果	■通过　　□部分通过　　□失败　　□未测试
备注	

（3）测试结果记录见图 8.51。

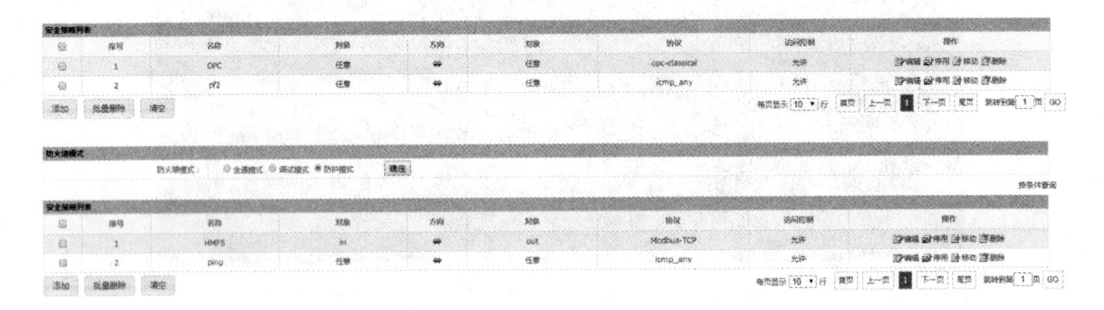

图 8.51　基于五元组防护测试结果记录

5. 异常掉电 BYPASS 测试

（1）测试目的。验证验证工业防火墙 BYPASS 功能。

（2）测试步骤及结果见表 8.49。

表 8.49　　异常掉电 BYPASS 测试步骤及结果

测试步骤	（1）配置防火墙； （2）从操作站端 ping 控制器端； （3）人为干预设备掉电； （4）查看从操作站端 ping 控制器端的结果
预期结果	支持工业防火墙 BYPASS 功能
测试结果	■通过　　□部分通过　　□失败　　□未测试
备注	

（3）测试结果记录见图 8.52。

6. 流量自学习功能测试

（1）测试目的。验证工业防火墙流量自学习能力。

（2）测试步骤及结果见表 8.50。

```
正在 Ping 172.16.2.10 具有 32 字节的数据:
来自 172.16.2.10 的回复: 字节=32 时间<1ms TTL=255
来自 172.16.2.10 的回复: 字节=32 时间=1ms TTL=255
来自 172.16.2.10 的回复: 字节=32 时间=1ms TTL=255
来自 172.16.2.10 的回复: 字节=32 时间=1ms TTL=255
来自 172.16.2.10 的回复: 字节=32 时间=1ms TTL=255
来自 172.16.2.10 的回复: 字节=32 时间<1ms TTL=255
来自 172.16.2.10 的回复: 字节=32 时间=1ms TTL=255
来自 172.16.2.10 的回复: 字节=32 时间=1ms TTL=255
来自 172.16.2.10 的回复: 字节=32 时间=1ms TTL=255
来自 172.16.2.10 的回复: 字节=32 时间=1ms TTL=255
来自 172.16.2.10 的回复: 字节=32 时间=1ms TTL=255
来自 172.16.2.10 的回复: 字节=32 时间=1ms TTL=255
来自 172.16.2.10 的回复: 字节=32 时间=1ms TTL=255
来自 172.16.2.10 的回复: 字节=32 时间<1ms TTL=255
来自 172.16.2.10 的回复: 字节=32 时间<1ms TTL=255
来自 172.16.2.10 的回复: 字节=32 时间<1ms TTL=255
来自 172.16.2.10 的回复: 字节=32 时间<1ms TTL=255
来自 172.16.2.10 的回复: 字节=32 时间=1ms TTL=255
来自 172.16.2.10 的回复: 字节=32 时间=1ms TTL=255
来自 172.16.2.10 的回复: 字节=32 时间=1ms TTL=255
来自 172.16.2.10 的回复: 字节=32 时间=1ms TTL=255
```

图 8.52　异常掉电 BYPASS 测试结果记录

表 8.50　　流量自学习功能测试步骤及结果

测试步骤	（1）配置防火墙，开启流量自学习模式； （2）查看是否形成以资产为通信主体的网络关系图； （3）查看是否形成以资产为通信主体的协议关系图； （4）查看基于工业协议指令级的学习结果，是否自动生成工业控制器的安全操作指令白名单规则
预期结果	支持工业防火墙流量自学习能力
测试结果	■通过　　□部分通过　　□失败　　□未测试
备注	

（3）测试结果记录见图 8.53。

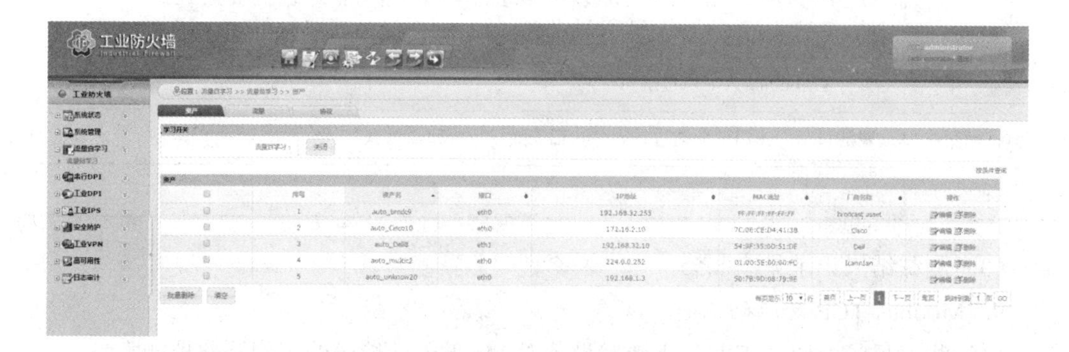

图 8.53　流量自学习功能测试结果记录

7. OPC 动态端口解析测试

（1）测试目的。OPC 通信协议是控制网络中使用率较高的通信协议，该测试设备对 OPC 协议的动态端口解析功能。

（2）测试步骤及结果见表 8.51。

表 8.51　　OPC 动态端口解析测试步骤及结果

测试步骤	（1）配置防火墙，开启 OPC 协议规则，利用 opc 仿真软件来完成此次测试； （2）建立 OPC 连接，Client 应用软件上关联读取这些 item 信息； （3）在 OPC Server 主机和 Client 端查看端口是否和防火墙动态解析出的端口一致； （4）查看防火墙日志； （5）测试完成，系统恢复到测试前状态
预期结果	支持 PC 协议的动态端口解析功能
测试结果	■通过　　□部分通过　　□失败　　□未测试
备注	

（3）测试结果记录见图 8.54。

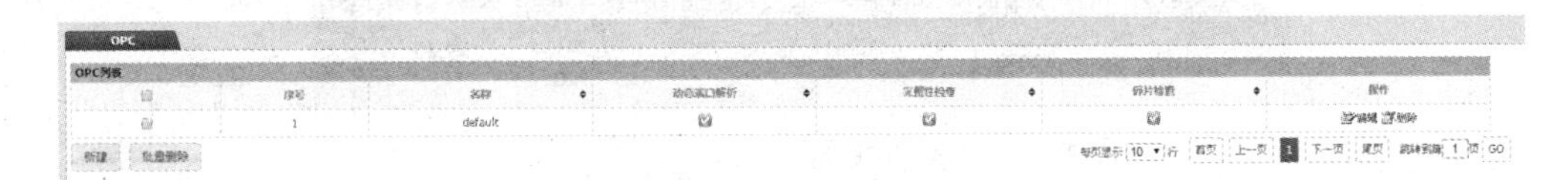

图 8.54　OPC 动态端口解析测试

8. Modbus-TCP 深度解析测试

（1）测试目的。验证工业防火墙对 Modbus-TCP 深度解析能力。

（2）测试步骤及结果见表 8.52。

表 8.52　　Modbus-TCP 深度解析测试步骤及结果

测试步骤	（1）利用仿真软件进行 Modbus 协议测试； （2）配置防火墙，会话控制测试：放行 Modbus 流量，PLC 发送一个跳变的开关； （3）量数据，用操作员站查看结果； （4）配置策略：功能码 01（读线圈）通过，白名单，查看测试流量是否通过； （5）配置策略：功能码 01（读线圈）通过，黑名单，查看测试流量是否被阻止； （6）测试完成，系统恢复到测试前状态
预期结果	支持 PModbus-TCP 深度解析
测试结果	■通过　　□部分通过　　□失败　　□未测试
备注	

（3）测试结果记录见图 8.55。

9. Modbus-TCP 功能码识别测试

（1）测试目的。验证工业防火墙对设备对 Modbus 功能码的识别及防护能力。

（2）测试步骤及结果见表 8.53。

图 8.55　Modbus-TCP 深度解析测试结果记录

表 8.53　　Modbus-TCP 功能码识别测试步骤及结果

测试步骤	（1）配置防火墙，在线进行 Modbus 协议测试； （2）配置策略：保证 PLC 与上位机之间流量全部通过，查看防火墙是否识别所有流量的功能码； （3）查看防火墙是否支持现阶段工业环境中所使用主流功能码； （4）测试完成，系统恢复到测试前状态
预期结果	支持 Modbus 功能码的识别及防护能力
测试结果	■通过　　□部分通过　　□失败　　□未测试
备注	

（3）测试结果记录见图 8.56。

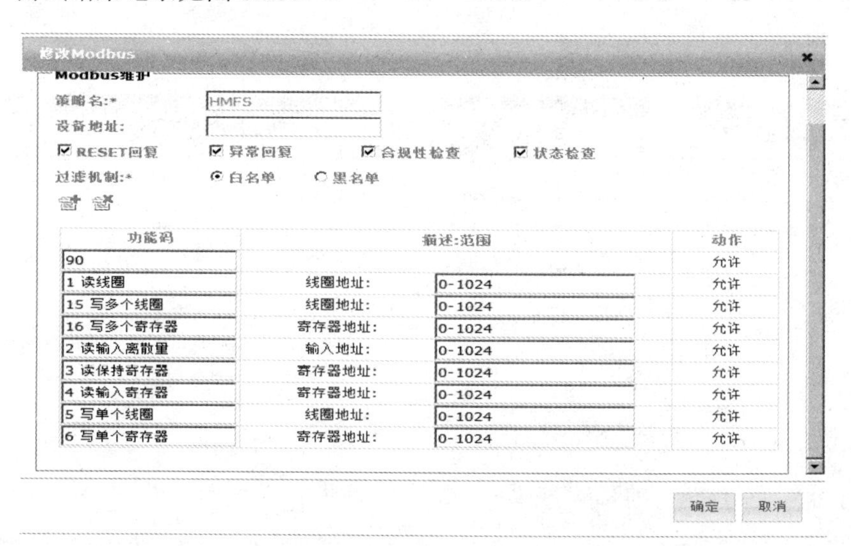

图 8.56　Modbus-TCP 功能码识别测试结果记录（一）

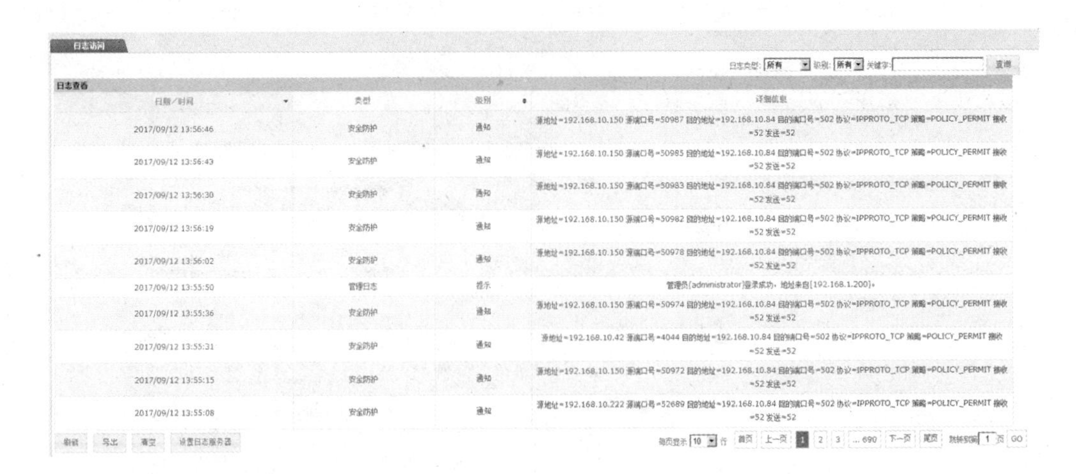

图 8.56　Modbus-TCP 功能码识别测试结果记录（二）

10. 防火墙日志查询和统计测试

（1）测试目的。验证工业防火墙集中管理的日志查询和统计能力。

（2）测试步骤及结果见表 8.54。

表 8.54　　防火墙日志查询和统计测试步骤及结果

测试步骤	（1）设备加入集中管理，日志上报至集中管理； （2）查询设备日志，查询条件包括设备、优先级、日志类型、时间等； （3）查看日志统计结果，可根据设备、时间、类型进行统计
预期结果	支持集中管理的日志查询和统计
测试结果	■通过　　□部分通过　　□失败　　□未测试
备注	

（3）测试结果记录见图 8.57。

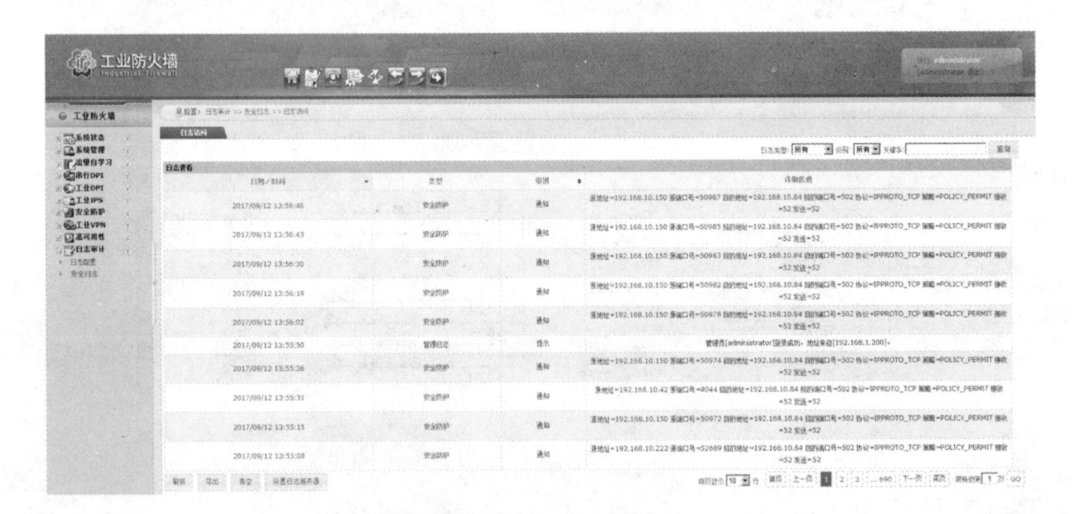

图 8.57　防火墙日志查询和统计测试结果记录（一）

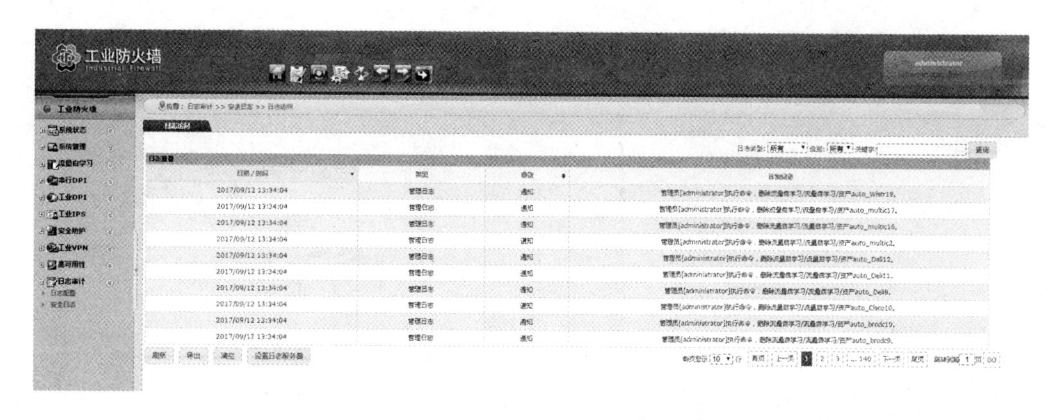

图 8.57　防火墙日志查询和统计测试结果记录（二）

（六）工业安全感知中心

1. 测试环境

测试设备为工业安全感知中心，将分为基础功能测试、高级功能等几个方面进行，以全面考察工业安全感知中心产品的功能，并探讨产品提供整体解决方案的可行性，还需要防护产品不影响生产控制网络的可用性。

2. 管理员权限控制功能测试

（1）测试目的。验证工业安全感知中心是否支持三权分立，管理员权限控制。

（2）测试步骤及结果见表 8.55。

表 8.55　　管理员权限控制功能测试步骤及结果

测试步骤	（1）账户信息查看，查看已有账户信息及超级管理员、配置管理员和审计管理员对应权限； （2）添加配置管理员和审计管理员及对应密码，查看账户对应权限； （3）修改已有账户信息，查看权限对应； （4）删除已有账户，查看账户是否存在； （5）检索账户，使用账户名检索账户信息； （6）测试完成，被测设备恢复到测试前状态
预期结果	支持三权分立，管理员权限控制
测试结果	■通过　　□部分通过　　□失败　　□未测试
备注	

（3）测试结果记录见图 8.58。

□	用户名	角色类型	姓名	手机号	操作
□	System	操作员	系统管理员		
□	Auditor	审计员	审计员		
□	guest2	审计员	guest		
□	guest1	操作员	znteuserl		
□	guest	操作员	guest		
□	admin	超级管理员	超级管理员	13800000000	

图 8.58　管理员权限控制功能测试结果记录（一）

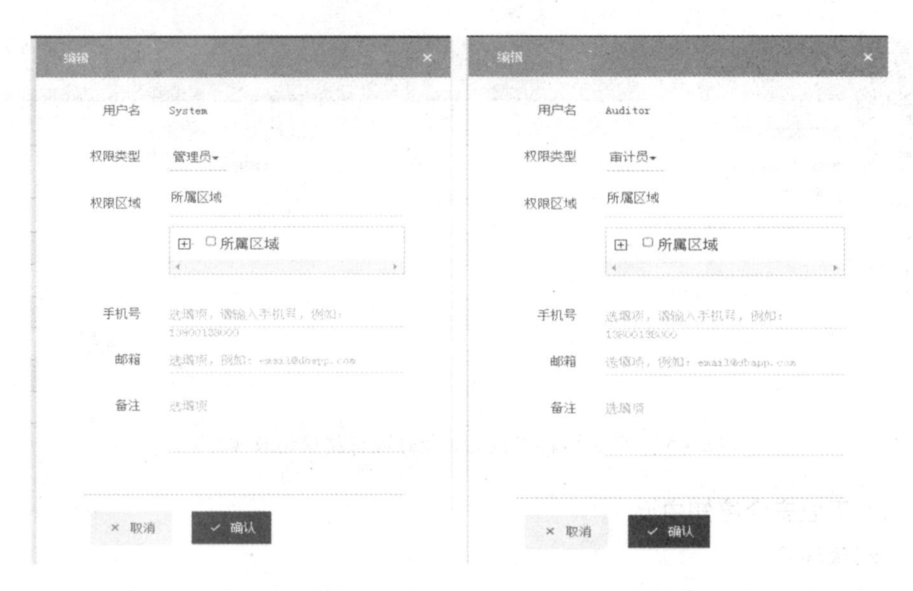

图 8.58　管理员权限控制功能测试结果记录（二）

3. 自身安全性测试

（1）测试目的。验证系统是否具备自身安全性的防护策略。

（2）测试步骤及结果见表 8.56。

表 8.56　　自身安全性测试步骤

测试步骤	（1）登录系统，验证系统是否支持用户登录鉴权； （2）验证系统是否支持强口令要求； （3）查看系统审计记录，生成自身审计记录（操作日志）
预期结果	具备自身安全性的防护策略
测试结果	■通过　　□部分通过　　□失败　　□未测试
备注	

（3）测试结果记录见图 8.59。

4. 资产查询功能测试

（1）测试目的。验证工业安全感知中心资产查询功能有效性。

（2）测试步骤及结果见表 8.57。

（3）测试结果记录见图 8.60。

表 8.57　　资产查询功能测试步骤及结果

测试步骤	（1）登录系统，点击资产管理，进入查询； （2）检测资产列表是否可按“设备名称、设备类型（控制器\工作站\网络设备\安全设备）、IP、所属区域”分别或联合做查询
预期结果	具备资产查询功能
测试结果	■通过　　□部分通过　　□失败　　□未测试
备注	

导出日志

用户名	姓名	操作IP	时间	内容	状态	操作
admin	超级管理员	10.150.185.14	2017-09-12 15:55:37	日志管理	成功	
admin	超级管理员	10.150.185.14	2017-09-12 15:55:30	资产管理	成功	
admin	超级管理员	10.150.185.14	2017-09-12 15:55:29	区域管理	成功	
admin	超级管理员	10.150.185.14	2017-09-12 15:55:25	系统设置	成功	
admin	超级管理员	10.150.185.14	2017-09-12 15:55:23	日志管理	成功	
admin	超级管理员	10.150.185.14	2017-09-12 15:55:04	用户管理	成功	
admin	超级管理员	10.150.185.14	2017-09-12 15:54:42	区域管理	成功	
admin	超级管理员	10.150.185.14	2017-09-12 15:54:18	资产管理	成功	
admin	超级管理员	10.150.185.14	2017-09-12 15:53:03	风险管理	成功	
admin	超级管理员	10.150.185.14	2017-09-12 15:53:00	区域管理	成功	

显示第 1 到第 20 条记录，总共 22736 条记录 每页显示 20 条记录　上页 1 2 3 4 5 … 1137 下页

图 8.59　自身安全性测试结果记录

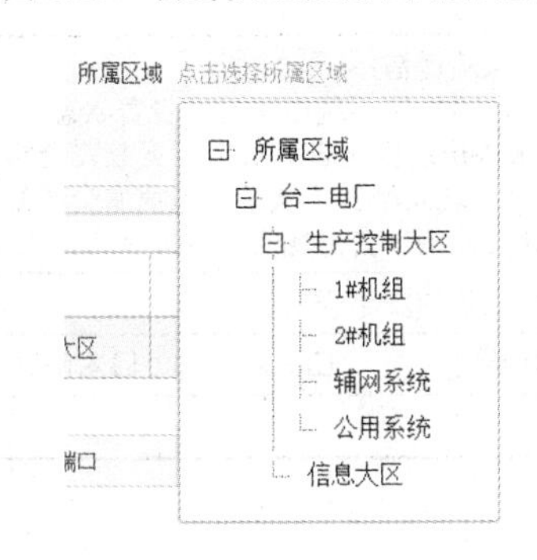

Home / 资产管理

资产管理

设备类型 全部　所属区域 点击选择所属区域　关键字 请输入关键字　查询

+ 新增　删除　批量导入　批量导出

设备名称	设备类型	IP	所属区域	责任人	操作
行政楼二楼POE	网络设备	192.168.140.80	所属区域/台二电厂/信息大区		
行政楼四楼POE	网络设备	192.168.140.81	所属区域/台二电厂/信息大区		
行政楼七楼POE	网络设备	192.168.140.82	所属区域/台二电厂/信息大区		
生产楼POE	网络设备	192.168.140.83	所属区域/台二电厂/信息大区		
现场临时办公楼信息中心接入	网络设备	192.168.140.200	所属区域/台二电厂/信息大区		
现场临时办公楼63房间103端口接入	网络设备	192.168.140.201	所属区域/台二电厂/信息大区		
4楼财务办公室接入交换机01	网络设备	192.168.140.202	所属区域/台二电厂/信息大区		
集控临时接入	网络设备	192.168.140.203	所属区域/台二电厂/信息大区		
[illegible]	网络设备	192.168.140.225	所属区域/台二电厂/信息大区		

显示第 1 到第 20 条记录，总共 556 条记录 每页显示 20 条记录　上页 1 2 3 4 5 … 28 下页

图 8.60　资产查询功能测试结果记录（一）

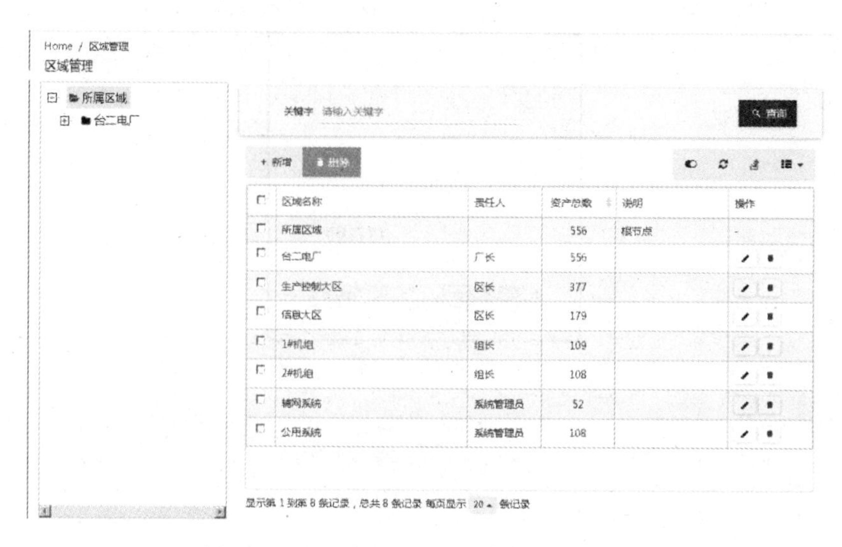

图 8.60　资产查询功能测试结果记录（二）

5. 风险感知的联动测试

（1）测试目的。验证工业安全感知中心与其他安全防护设备的安全联动能力。

（2）测试步骤及结果见表 8.58。

表 8.58　　风险感知的联动测试步骤及结果

测试步骤	（1）登录系统，查看风险详情； （2）当数据库审计与风险控制系统出现安全告警状态，工业安全感知中心是否也能提示告警； （3）当 Web 应用防火墙出现安全告警状态，工业安全感知中心是否也能提示告警； （4）当 APT 预警平台出现安全告警状态，工业安全感知中心是否也能提示告警； （5）当工控网络审计与监测平台出现安全告警状态，工业安全感知中心是否也能提示告警
预期结果	具备与其他安全防护设备的安全联动能力
测试结果	■通过　　□部分通过　　□失败　　□未测试
备注	

（3）测试结果记录见图 8.61。

6. 风险管理功能测试

（1）测试目的。验证工业安全感知中心具备风险管理的能力。

（2）测试步骤及结果见表 8.59。

表 8.59　　风险管理功能测试步骤及结果

测试步骤	（1）登录系统，进入风险管理； （2）感知中心的风险是否能提供设备名称、IP、区域、风险级别（紧急、高危、中危、低危）、状态（已处置和未处置的状态）、时间、风险描述的数据； 进入分析管理，选择未处置风险，进行处置操作，查看风险的状态是否发生变化； （3）验证感知中心是否可按“风险级别（高、中、低、信息）、所属区域、状态（未查看、已查看、已忽略）、时间、关键字”分别或联合做查询
预期结果	具备风险管理的能力
测试结果	■通过　　□部分通过　　□失败　　□未测试
备注	

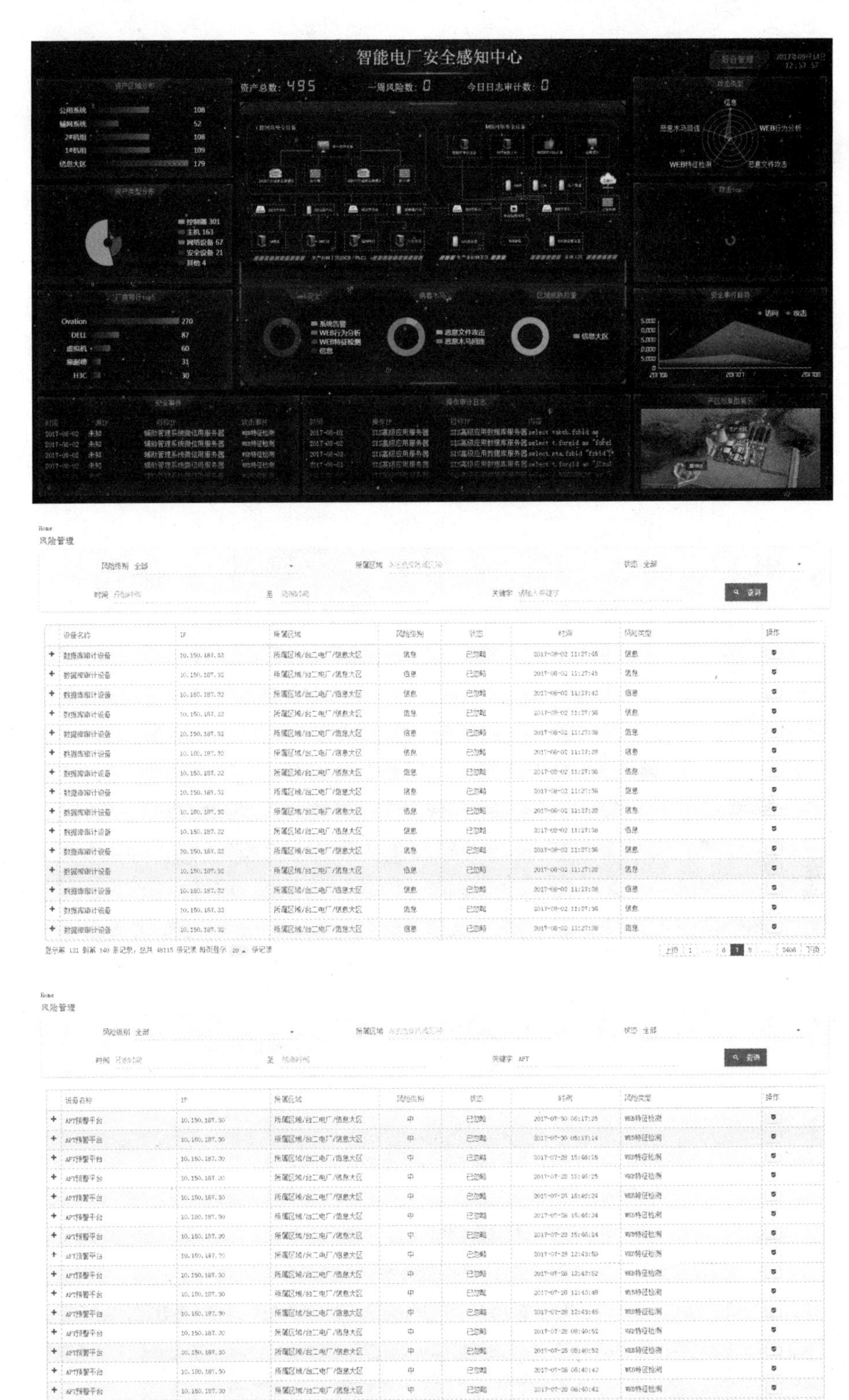

图 8.61　风险感知的联动测试结果记录

（3）测试结果记录见图 8.62。

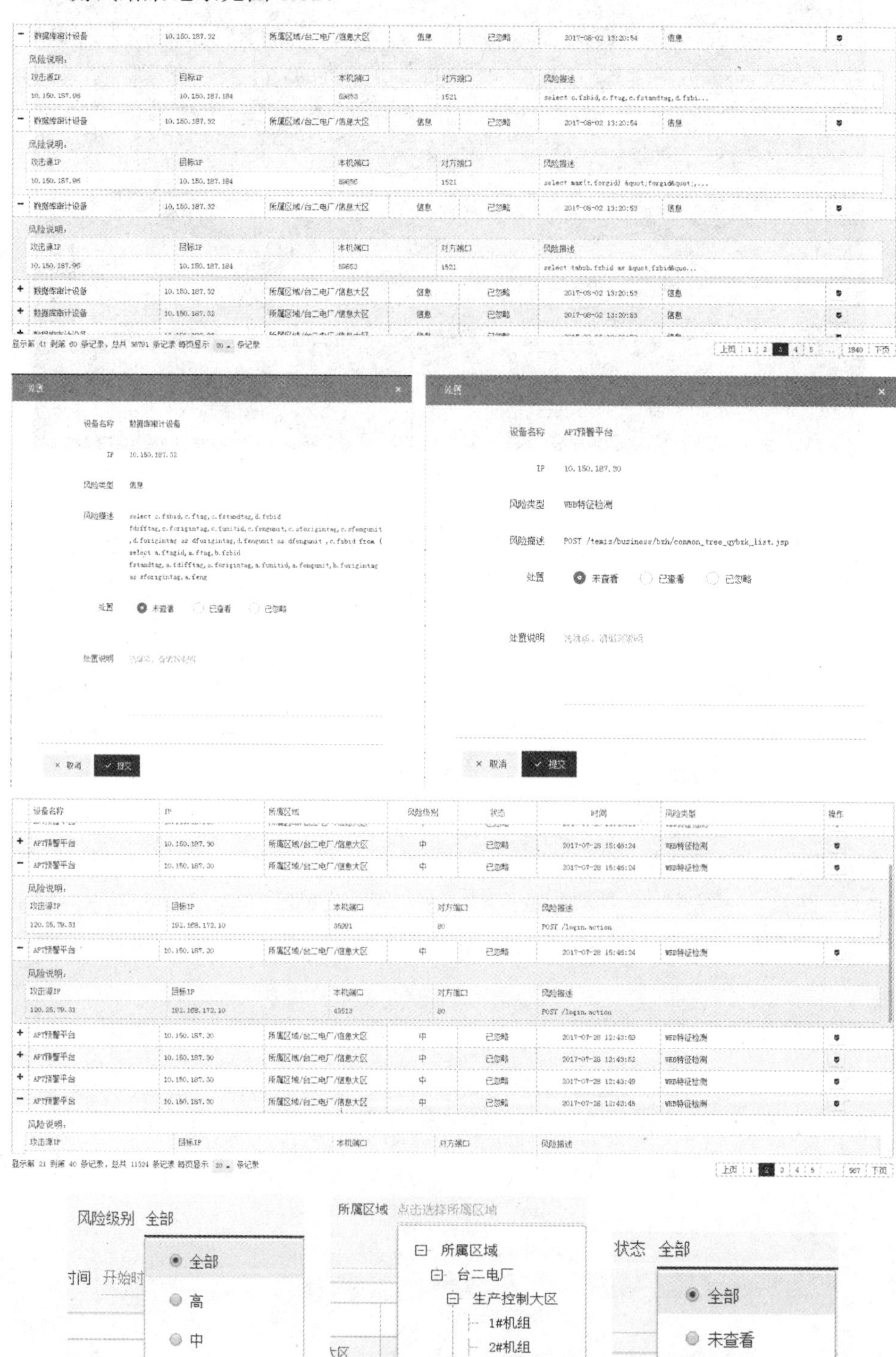

图 8.62　风险管理功能测试结果记录

三、评估测试结论

评估测试组通过对试点发电厂实施的“发电厂工控网络和信息安全智能防护系统研究与应用”项目实际测试，结合运行记录查看和运行人员交流，给出评估测试结论如下：

（1）根据该项目测试方案测试，整个测试过程顺利，防护系统运行正常，通信可靠。

（2）设计应用的明御数据库审计与风险控制系统、APT 预警平台、Web 应用防火墙、工控网络审计与监测平台和工业防火墙及工业安全感知中心的各项功能及指标，实测结果满足该项目测试方案的功能及指标要求，能实现对管理信息大区安全加固，对生产控制大区安全防护及安全防护可靠运行的目的。

试点发电厂实施发电厂工控系统信息安全防护体系建设过程经验，表明发电厂控制系统信息安全不仅是一个技术问题，也是一个安全防护意识，涉及管理、流程、架构、技术、产品、培训等各方面的系统工程。需要国家政策层、生产管理层、设备集成商与安全服务供应商的共同参与、协同工作，在部署有效防御设备的同时，提高全体人员的信息安全意识，充分认识到信息安全在电生产和管理过程的重要性。此外，工控系统的信息安全，需要在工控系统生命周期的各个阶段中持续实施、不断改进，才能最终保障电厂控制系统的持续安全。